무한으로 가는 안내서

THE INFINITE BOOK
by John D. Barrow

Copyright © 2005 by John D. Barrow
Korean translation copyright © 2011 by Bookhouse Publishers Co.
All rights reserved.

This Korean edition was published by arrangement with Random House Group Ltd.
through Eric Yang Agency.

이 책의 한국어판 저작권은 에릭양 에이전시를 통해 Random House Group Ltd.와 독점 계약한
(주)북하우스 퍼블리셔스에 있습니다. 저작권법에 의해 한국 내에서 보호를 받는 저작물이므로
무단 전재 및 무단 복제를 금합니다.

THE INFINITE BOOK
무한으로 가는 안내서
가없고 끝없고 영원한 것들에 관한 짧은 기록

존 배로 지음 | 전대호 옮김

∞

∞

∞

∞

∞

∞

∞

∞

∞

해나무

끝없는 상상력의 소유자 루카 론코니에게

많은 영국 작가들이 캠든에서 일어난 간통에 대해서나 쓰는 이유는
다른 곳에는 정말 큰 글감들이 있기 때문이다.
―데이먼 갤것[1]

차례

머리말 · 13

1장 | 이유 있는 소동

무한에 대한 간략한 안내 · 21 | 무한의 암시 · 24 | 제논의 시간 · 42

2장 | 잠재적 무한과 현실적 무한, 지어낸 무한과 참된 무한

정오의 어둠 · 47 | 아리스토텔레스의 무한 · 50 | 무한과 신 · 56
칸트의 무한 · 64

3장 | 무한 호텔에 오신 것을 환영합니다

호텔 · 69 | 무한 호텔 체험 · 70 | 무한 호텔의 회계 · 78

4장 무한은 큰 수가 아니다

순박한 오해 · 83 | 작센의 알베르트의 역설 · 84 | 갈릴레이의 역설 · 87
카드무스와 하모니아 · 94 | 터미네이터 0, $\frac{1}{2}$, 1 · 97
셀 수 있는 무한 · 101 | 셀 수 없는 무한 · 103 | 무한의 탑 · 106

5장 칸토어의 광기

칸토어와 그의 아버지 · 113 | 칸토어와 크로네커의 악연 · 115
칸토어, 신, 무한-가까운 관계에 있는 셋 · 122 | 슬픈 결말 · 127

6장 무한은 세 가지 모습으로 온다

세 봉우리 · 131 | 물리적으로 논의하자 · 133 | 벌거벗은 무한 · 144
푸른 하늘 저 너머 · 149 | 뒷발에 차인 무한 · 153

7장 우주는 무한할까?

존재하는 모든 것 · 157 | 지하로 들어간 우주론 · 165 | 휘어진 우주 · 173
위상수학적 문제 · 178 | 균일성 문제 · 183 | 가속 문제 · 190
우리가 아는 것과 모르는 것 · 193 | 밤하늘의 어둠 · 194

8장 무한 복제 역설

원본이 없는 우주 · 203 | 위대한 탈출 · 207
시간적인 무한 복제 역설 · 210 | 끝없는 이야기 · 213 | 무한의 윤리학 · 218

9장 무한히 많은 세계들

다른 세계들의 역사 · 229 | 이 세계 밖으로 · 236
인플레이션-이곳, 저곳, 그리고 모든 곳 · 245
의식이 있는 존재의 개입-맨 인 블랙 · 251 | 시뮬레이션된 우주 · 256
그렇다면 우리는 어떻게 살아야 할까? · 263

10장 무한기계 만들기

슈퍼태스크 · 269 | 톰슨 램프 문지르기 · 274 | 노르웨이 코드 · 280
게임 종결 문제 · 283 | 상대성이론과 축소되는 사람 · 285
때맞춤의 문제 · 289 | 뉴턴식 슈퍼태스크 · 291
상대성이론과 슈퍼태스크 · 295 | 빅뱅과 빅크런치 · 300

11장 영원한 삶

유년기의 끝 · 307 | 영생의 사회학 · 309 | 끝없는 미래의 문제 · 314
낯선 사람, 친숙한 사람, 잊힌 사람 · 318 | 금지된 시간 여행 · 321
할머니 역설 · 324 | 일관된 역사 · 326 | 미래에서 온 관광객 · 327
경제계에 뛰어든 시간 여행자들 : 영원한 현금인출기 · 330
당신이 과거를 바꿀 수 없는 이유 · 332 | 무한-그것은 어디에서 끝날까? · 336

옮긴이의 말 · 339
주 · 341
찾아보기 · 371

머리말

나는 무한을 그리는 중이다.

빈센트 반 고흐[2]

이 책은 세상에서 가장 큰 주제를 다룬다. 있을 수 있는 모든 것으로 여행자를 안내하는 궁극적인 안내서, 때로는 버겁고 때로는 쉬운 무한(無限)으로 가는 안내서이다. 무한은 수천 년 동안 인류의 정신에 나타났다. 무한을 이해하면서 무한의 콧대를 꺾는 것, 무한이 다양한 모습과 크기로 등장하는지 살펴보는 것, 우리 인간이 기술하는 우주에 무한을 기꺼이 포함할지 혹은 배제할지를 결정하는 것은 신학자들과 과학자들에게 공히 부여된 과제이다. 무한은 문제일까, 아니면 해답일까?

무한은 또한 지금 우리 곁에 살아 있는 주제이다. 물리학자들이 추구하는 '만물의 이론'의 방향은 일차적으로 무한에 대한 태도에 따라 결정된다. 무한의 등장은 당신이 진리를 향해 가는 도중에 막다른 골목에 도달했음을 알려주는 경고일 수 있다. 끈이론들이 열렬한 환영을 받은 까닭은, 이전의 이론들과 달리 그 이론이 무한의 문제를 멋지게 우회했기 때문이다.

그 새롭고 흥미진진한 이론들은 물질이 무한히 분할되리라고 기대해야 할지, 또는 말아야 할지에 대한 판단을 우리에게 맡긴다. 우리는 언제나 더 작고 더 기본적인 입자들을 발견할 수 있을까? 마치 러시아의 인형처럼 입자 속에 항상 더 작은 입자가 있을까? 아니면 한계가 있을까? 더는 나눌 수 없는 가장 작은 것, 가장 작은 크기, 가장 짧은 시간이 있을까? 혹시 세계를 이루는 근본 요소는 작은 입자가 아니라 무언가 전혀 다른 것이 아닐까?

우주론자들은 무한과 관련한 또 다른 기이한 문제들을 다루어야 한다. 지난 수십 년 동안 그들은 우주가 온도와 밀도를 비롯한 거의 모든 수치가 무한대인 '특이점'에서 시작되었다는 믿음으로 만족했다. 그러나 상대성이론과 양자이론이 통합되면, 정말로 실무한(완성된 무한)이 허용될까? 무한의 등장은 성공이나 실패의 신호일까? 무한은 우리가 찾아낸 퍼즐 조각들이 부족하다는 신호에 불과할까? 혹시 무한은 우주의 시작과 끝, 빅뱅과 빅크런치(Big Crunch, 대붕괴)를 비롯한 궁극적인 문제들에 대한 해답의 필수요소가 아닐까?

우주론자들이 숙고해야 하는 또 다른 문제는 무한한 미래이다. 우주는 이대로 영원히 지속할까? '영원히'는 무엇을 의미할까? 어떤 형태로든 생명이 영원히 존속할 수 있을까? 또 인간적인 수준에서 묻자면, 우리에게 영원한 삶은—사회적으로, 개인적으로, 정신적으로, 물질적으로, 그리고 심리적으로—무엇을 뜻할까?

수학자들은 무한의 실재성에 관한 문제도 다뤄야 한다. 그 문제는 수학자들이 맞닥뜨린 가장 큰 문제들 중 하나였다. 불과 70년 전, 수학자들은 무한의 의미와 관련해서 내전을 치렀고, 그 싸움은 사상자와 원한을 남긴 채 끝났다. 어떤 이들은 수학에서 무한을 배제하고 수학의 경계를 재정의하기를, 무한을 실재하는 '사물'처럼 다루는 모든 기법들을 추방하길 원했다. 무한을 수학에서 추방하려 한 탓에 여러 학술지가 폐간되었고, 여러 수학자들이 수학계를 떠났다.

이 모든 혼란의 뿌리에 한 사람의 업적이 있었다. 천재적인 게오르크 칸토어(Georg Cantor)는 300년 전에 갈릴레오 갈릴레이(Galileo Galilei)가 최초로 제기한 무한의 역설을 어떻게 이해할 수 있는지 보여주었다. 무한집합의 본성은 무엇일까? 무한집합에서 원소들을 빼내도, 그 집합은 여전히 무한한데, 어떻게 그럴 수 있을까? 한 무한이 다른 무한보다 클 수 있을까? 궁극적인 무한, 즉 그보다 더 큰 것을 생각할 수도 구성할 수도 없는 무한이 있을까, 아니면 무한들의 위계는 끝없이 이어질까? 그러나 칸토어는 자신의 천재성이 수학계에서 인정되고 열매를 맺는 것을 보지 못하고 생을 마감했다. 무한의 수학에 반기를 든 반대자들에 의해 고립되고 변방으로 밀려난 그는 오랫동안 수학에서 손을 뗐고, 가톨릭 신학자들이 자신의 사상을 열렬히 환영하는 것에 고무되기도 했으나, 우울증과 질병으로 장기간 고생하다가 요양소에서 외롭게 죽음을 맞았다. 이 책의 한 장에서 우리는 인정받지 못한 영웅, 재능 있는 예술가, 소박한 천재였던 칸토어에 관한 감동적인 이야기를 읽게 될 것이다.

고대와 현대를 막론하고 신학자들은 교리와 신앙 속에 숨어 있는 무한을 이해하기 위해 노력해왔다. 신은 무한할까? 신은 예컨대 모든 양의 정수의 끝없는 목록 같은 세속적인 무한보다 '더 커야' 하지 않을까? 다양한 종교들은 무한을 어떻게 대할까? 무한은 위협으로 간주될까, 아니면 무언가 초인간적인 것에 대한 암시로 간주될까? 칸토어는 전혀 예상치 못한 대답을 내놓는다.

제논(Zēnōn)을 필두로 고대의 철학자들은 많은 분야에서 무한의 역설에 맞닥뜨렸는데, 오늘날의 철학자들은 사정이 어떨까? 그들은 어떤 문제들을 고민할까? 우리는 유한한 시간에 무한한 개수의 과제들을 수행하는 것이 가능한지에 관한, 과학과 철학의 접점에 위치한 현재의 생생한 논의들을 소개할 것이다. 실제 컴퓨터가 슈퍼태스크(super-task)를 완수할 수 있을까? 만일 할 수 있다면, 어떤 일이 벌어질까? 물론 이 간단한 질문은 철학자들이 좀 더 명확하게 다듬을 필요가 있다. 예컨대 '가능한', '과제', '무한한', '개수', '유한한' 그리고 그 중요성을 결코 무시할 수 없는 '시간'이 정확히 무엇을 뜻하는지 명확히 규정해야 한다.

현대 과학을 폭넓게 조망하면, 무한과 관련한 기이한 문제들이 줄줄이 등장한다. 우주는 유한할까, 혹은 무한할까? 우주는 영원히 지속할까? 과거는 무한할까? 무한한 우주에서는 무슨 일이든 일어날 수 있을까? 컴퓨터로 풀어도 무한한 시간이 걸려야 풀리는 문제들이 있을까? 어떤 문제들이 그럴까?

많은 사람들은 무한(infinity)과 무계(boundlessness, 경계 없음)를 같은 것으로 생각한다. 이상하게 들릴 수도 있겠지만, 그 둘은 같지 않다. 당구공의 표면처럼 유한하면서 경계가 없는 것들이 있다. 파리가 당구공 위를 기어다닌다면, 끝에 도달함 없이 영원히 다닐 수 있다. 휘어진 공간들은 상식적인 공간과 다른 성질을 가진다. 그런데 무한하게 휘어진 공간은 어떤 성질을 가질까? 알베르트 아인슈타인(Albert Einstein)은 우주 공간이 휘어져 있음을 증명했다고 한다. 그 증명은 우주와 관련해서 우리에게 무엇을 얘기해줄까?

시간도 유한하면서 끝이 없을 수 있다. 우리는 대개 시간이 앞으로 곧장 뻗은 직선이라고 생각한다. 시간은 한 방향으로만 흐르는 것처럼 보인다. 모든 각각의 사건은 다른 사건보다 미래에 있거나 과거에 있다. 하지만 안타깝게도 우주는 그렇게 단순하지 않다. 일렬종대로 행진하는 군인들을 생각해보자. 각각의 군인은 누가 자신의 앞에 있고 누가 뒤에 있는지 말할 수 있다. 그러나 군인들이 원을 그리며 행진한다면, 각각의 군인은 임의의 다른 군인의 앞에 있고 또한 뒤에 있다. 순서는 더 이상 존재하지 않는다. 시간이 이런 식으로 원형이 된다면, 시간 여행이 가능해지고, 온갖 괴상한 역설들이 발생할 것이다. 예컨대 당신은 이 책을 읽은 후 시간을 거슬러 올라가서 나를 만나 이 책의 내용을 한 자도 빠짐없이 전해줄 수 있다. 이 경우에 이 책에 담긴 생각은 어디에서 왔을까? 당신은 그 생각을 나에게서 얻었다. 그런데 나는 그것을 당신에게서 얻었다. 결국 그것은 무(無, nothing)에서 창조된 것처럼 보인다. 마치 우주처럼.

이 책이 완성되기까지 여러 단계에서 도움과 조언을 준 루카 론코니, 세르조 에스코바르, 피노 동히, 브루나 토르토렐라, 세라피노 아마토, 길리오 조렐로, 폴 데이비스, 마이클 브룩스, 예리 헨스젠, 윌 설킨, 개리 기본스, 조지프 도 벤, 재나 레빈, 스티븐 클라크, 스티븐 브람스에게 감사의 뜻을 전한다. 열정적인 창조력으로 〈무한〉이 이탈리아에서 대성공을 거두게 만든 루카 론코니에게 이 책을 바친다. 더불어 작업이 진행되는 동안 무한한 인내심을 발휘해준 엘리자베스와 어느새 아이들이 아닌 내 아이들에게 감사한다.

1장

이유 있는 소동

맑은 날에 당신은 영원을 볼 수 있다.
앨런 러너[1]

무한에 대한 간략한 안내

만일 보편적이고 지고한 양심이 있다면, 나는 그 안에 있는 관념이다.
내가 죽은 후에도 신은 나를 기억할 것이다. 신이 나를 기억하는 것,
지고한 양심이 내 의식을 지탱하는 것, 어쩌면 그것이 불멸이 아닐까?
미겔 데우나무노[2]

    무한과 책은 묘하다. 끝없는 이야기들, 모든 책이 있는 도서관, 언젠가 일어난 일이, 그리고 일어나지 않은 일이 모두 씌어 있는 책, 스스로 써지는 책, 책 자신에 관한 책, 책이 없는 세상에 관한 책, 시작되기 전에 끝나는 책. 그러니 당신은, 내가 침착하게 무한에 관한 책을 쓰듯이, 무한에 관한 책을 읽으면서 놀라지 말아야 한다. 무한은 당신이 인터넷에서 구매할 수 있는 품목이 아니지만, 이상하게도 모든 곳에 있다. 무한은 목사님의 설교에 등장하고, 유명 대학의 강의에 등장하고, '생명, 우주와 만물'에 관한 대중 과학서적에 등장하고, 전 세계의 신비주의에 등장한다. 그러나 역사 속에는 무한을 언급한 대가로 화형당한 사람들도 있다. 무한은

존재에 관한 신비주의적 명상의 주제인 동시에 과학소설과 환상소설에 툭하면 등장하는 주제다. 이쯤 되면 무한은 정말 크기가 큰 모양이다.

수천 년 동안 서양에서 무한은 가장 불온한 관념이었다. 사물들이 시작도 끝도 없이, 중심도 가장자리도 없이, 영원히 지속될 수 있다는 생각은 서양의 지혜와는 상반되었다. 그 생각은 유일하게 무한한 지위를 점한 전능한 신을 위협했고, 모든 피조물 각각의 고유하고 특별한 의미를 위협했다. 그 생각은 한갓 가능한 것을 필연적인 것으로 만드는 잠재력을 지니고 있었다.

그러나 무한을 생각하게 만드는 유혹은 강하고 단순했다. 어떤 일을 계속 반복하다 보면, 만일 멈추지 않으면 어떻게 될까를 어렵지 않게 상상하게 된다. 이런 면에서 무한은 익숙한 대상이다. 이 단순함과 미묘함의 조합은 오늘날에도 여전하다. 무한은 미묘해서 확실히 파악하지 않으면 욕망에 물들기 십상인 관념이지만, 거리에서 만나는 보통 사람들에게 비슷한 수준의 다른 추상 관념들보다 더 익숙하고 이해하기 쉽다. 우리는 무한의 미묘함에 이미 면역이 되었다. 종교적인 전통이 선사한 친숙함 덕분에, 또는 그저 캄캄한 밤하늘을 바라보는 것만으로도, 또는 우리의 수 체계에서 가장 큰 수는 없다는 것을 확신함으로써 우리는 무한에 대한 면역성을 키웠다. 만약 의심이 생긴다면 당신이 생각한 가장 큰 수에 1을 더해보라. 아직도 의심이 생기는가?

무한은 매력적인 대상이다. 무한은 인간이 던지는 모든 근본적인 질문의 중심에 있다. 당신은 영원히 살 수 있을까? 우주에 끝이 있을까? 우주에 '경계'가 있을까, 아니면 우주는 한없이 클까? 끝없이 이어지는 수들이나 영원히 계속되는 시계의 똑딱 소리를 생각하기는 쉽다. 그러나 생각하기 어려운 무한도 있다. 무한한 온도나 무한한 밝기는 어떨까? 그런 물리적인 것들이 정말로 무한할 수 있을까? 혹시 무한은 단지 '유한하지만 엄청나게 큰 것'에 불과하지 않을까? 무한한 온도나 밝기는 전통 종교들을 믿는 이들에게 약속된 끝없는 미래보다 더 어려운 문제다. 왜냐하면 영원한 삶은 지금 여기에서 어떤 무한이 실현될 것을 요구하지 않기 때문이다. 영원한 삶은 다만 어떤 일이 항상—어느 때 어느 곳에서—일어날 것임을 뜻할 뿐이다.

종교에 뿌리를 둔 또 다른 무한은 한없는 힘과 지혜를 가진 신에 대한 생각과 느슨하게 연결되어 있다. 전지전능한 신은 서양의 여러 종교 전통의 핵심요소이며 우리 모두에게 익숙한 무한 개념이 의지하는 또 하나의 표준이다. 이런 유형의 초월적인 무한에 익숙해지기 위해 수학자가 될 필요는 없을 것이다.

그러나 또 다른 유형의 무한을 제대로 느끼려면 수학을 조금은 알아야 한다. 수는 한없이 계속된다. 무한은 영원히 수를 세면 도달하게 될 지점에 불과한 것처럼 보인다. 그러나 그 지점에 도달하기는 불가능하다. 그러므로 수학적 무한은 영원히 실현되지 않을 약속처럼 보인다. 수학 나라의 피터팬처럼, 영원히 도달할 수 없는 목표처럼, 가능하지만 현실이 아닌, 모든 수보다 큰 수처럼. 아니면 혹시 도달할 수 있을까?

여러 종류의 무한이 있음을 우리는 이미 눈치 채기 시작했다. 당신은 어떤 종류는 믿고 다른 종류는 믿지 않을지도 모른다. 이 책에서 우리는 여러 방향에서 다양한 무한을 탐험할 것이다. 미리 겁먹지 말고 어떻게 인간의 정신이 무한의 관념을 품게 되었는지 살펴보자. 우리는 참된 무한이 우리의 유한한 우주 속에서 실현될 수 있는지에 대한 논쟁을 살펴볼 것이다. 무한은 사건들을 부적절하게 기술할 때 생기는 헛것에 불과한지, 영원히 실현될 수 없는지, 우주의 논리적인 일관성을 지키는 숨은 원리에 의해 실재에서 추방당한 것인지에 대한 논쟁을 살펴볼 것이다. 우리는 수학자들이 마침내 무한을 실제 사물인 듯 익숙하게 다루게 되었고, 무한을 더하거나 **빼고**, 다양한 무한들의 목록을 만들고, 무한의 크기를 측정하고, 더 큰— 무한히 더 큰— 무한과 더 작은 무한을 구별하게 되었음을 알게 될 것이다. 또 무한의 역설을 부각하는 이야기들을 간간이 곁들일 것이다.

무한의 암시

넓게 생각하고 좁게 행동하라.
자동차 범퍼에 붙은 활동가들의 스티커[3]

무한을 나타내는 '누워 있는 8자' 기호, 즉 ∞는 어디에서 나왔을까. 이 기호는 영국 내전 당시 양편 모두를 위해 법전을 쓴 것으로 유명한 옥스퍼드 대학의 수학자인 존 월리스(John Wallis)가 1655년에 처음 만들었다. 그는 로마시대에 수 1000을 나타내는 M 대신에 가끔 사용된 기호 ⊂|⊃를 약간 변형해서 그 기호를 만들었다. 그 로마시대의 기호를 흘려 쓰니 ∞가 된 것이다. **그림 1-1**은 많은 연상을 자아내는 그 기호가 사용된 예들을 보여준다.

무한이라는 관념은 어디에서 나왔을까? 무한을 생각하는 사람은 생존할 가능성이 더 높을까? 아마 진화심리학자들은 100만 년 전 아프리카의 사바나 지역에서 어떤 생각이나 행동의 방식이 출현하여 인간의 생존에 기여했고 부산물로 끝없는 일반화의 욕구를 낳았다고 보고 그 생각이나

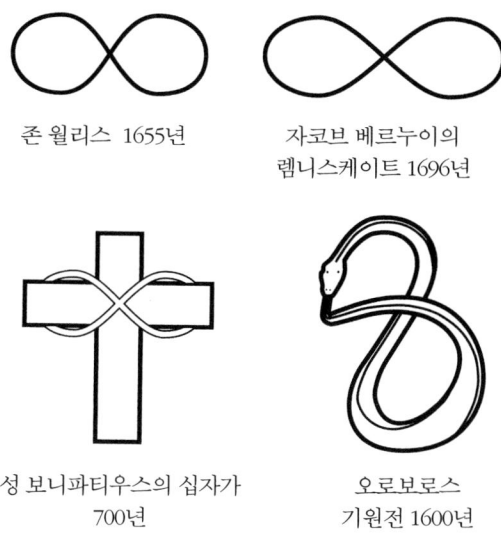

그림 1-1 '누워 있는 8자' 기호의 예. 월리스는 1655년에 이 기호를 수학적 무한을 나타내기 위해 사용했다. 자코브 베르누이는 1696년에 이 기호와 모양이 같은 렘니스케이트(Lemniscate)[4] 곡선을 만들었다. 특이한 모양을 한 성 보니파티우스의 십자가는 기원후 700년경에 등장했으며, 고대의 오로보로스(꼬리를 문 뱀) 상징은 이미 기원전 1600년에 등장했다.

행동의 방식이 무엇일지 탐구할 것이다. 그러나 곧장 떠오르는 답은 없다. 원시적인 삶은 단순하고 즉각적이었다. 행동이 필요했고, 성찰은 가치가 없었다. 무한을 생각하는 성향은 인류의 역사에서 훨씬 나중에, 우리를 둘러싼 우주에 대한 여러 반응 가운데 하나로 출현했다. 무엇이 인류를 무한으로 이끌었을까?

인간의 정신을 무한에 대한 생각으로 이끈 다양한 직관들은 공통된 패턴을 지녔다. 인간의 의식은 미래를 내다보고 패턴을 식별하는 능력이 있다. 그래서 우리는 경험을 간단한 공식이나 기호로 압축할 수 있다. 우리는 역사를 기록할 수 있다. 수학의 유용성은 궁극적으로 세계의 패턴과 압축 가능성에서 비롯된다. 우리는 분명한 패턴을 발견하여 수나 기호의 연쇄로 표현할 수 있다. 그런 연쇄들은 일반적으로 끝을 요구하지 않는다. 목록은 항상 추가될 수 있다. 수나 기호의 연쇄는 자연스럽게 사건들의 영원한 연쇄를 생각하게 만든다. 비록 그런 연쇄의 물리적 증거는 없다고 해도 말이다.

시간에 끝이 없다는 생각

영원을 생각하면 끔찍하다. 그곳은 모든 것이 끝나는 장소일 테니까.

톰 스토파드[5]

"불멸"에 대한 생각은 "인간이 미지의 세계를 향해 취하는 가장 용감한 몸짓"[6]이라는 말이 있다. 불멸의 관념은 일상에서 만나는 실재에 대한 평범한 반응이 아니다. 다른 생물과 마찬가지로 인간은 죽는다. 시간과 시간에 대한 우리의 경험을 명확하게 구별하기는 쉽지 않다. 그러나 다른 사람들이 죽을 때 우리에게는 시간이 계속된다고 생각하기는 비교적 쉽다. 계절들은 왔다가 가버릴지라도, 성장과 소멸과 재성장의 지속적인 순환이 존재한다. 이 사실에 대한 심리적인 반응은 다양했다. 어떤 이들은 인간의 죽음을 환상으로 간주하거나, 더 완벽하고 영원한 존재에 이르는 통로로 간주했다. 그 완벽한 존재의 핵심 속성은 끝없음이었다. 다른 이들은 인간의 생로병사가 다른 생물들과 유사하며 우리는 다시 태어나 영원한 순환에 참여하게 되리라고 생각했다. 이 두 생각은 우리가 끝없는 존재를 기대하게 하고 우리가 우주에서 중요한 지위를 차지한다는 만족스러운 생각을 품도록 했다. 이런 생각들은 사람들을 결속하고 도덕을 유지하고 동료를 위한 희생을 권하는 중요한 역할을 할 수 있다.

시간에 끝이 있다는 생각은 최소한 끝이 없다는 생각만큼 옹호하기 어렵다. 시간의 끝은 무엇을 의미할까? 시간의 끝은 어떠할까? 시간의 끝은 오직 미래에 모든 것을 파괴하는 거대한 재앙이 닥친다고 가정할 때만 유의미했다. 그러나 그런 드라마를 얘기하는 신화들조차도 항상 그 다음에 일어날 일을 말한다. 시간의 끝을 얘기하는 것은 세계의 운명을 결정하는 신도 영웅도 없는 때를 얘기하는 것과 마찬가지로 보였다. 신기하게도 기독교 세계에 속한 사람들은 시작과 끝이 있는 세계를 자연스럽게 믿으면서 성장하고, 시작도 끝도 없는 세계의 문제를 고민하지 않는다. 그러나 확실히 가장 이상한 것은 유한한 세계이다. 유한한 세계는 그 세계 바깥의 누군가 혹은 무언가를 필요로 한다. 그 무언가가 세계에 존재와 맥락과 이유를 주어야 한다. 우리의 종교적인 유산을 떨쳐버린다면, 지상의 사물들이 끝없이 존속한다고 믿는 것이 더 자연스러울 것이다. 그러나 역설적이게도 기독교 전통은 사물들이 우리의 존재 여부와 상관없이 영원히 존속할 것이라는 기대를 강화한다.

"끝없는 세계여,
 아멘."

순환

시작도 끝도 없이 영원한

소용돌이 속의 원처럼

바퀴 속의 바퀴처럼

당신 마음속 풍차의 원들처럼

끝없이 도는 물레에서

이미지들이 풀려나올 때

앨런 버그먼과 미첼 진 레그런드, 「당신 마음속의 풍차」,[7]

많은 문명들은 모든 변화가 순환적이라고 굳게 믿는다. 그렇게 믿을 이유는 충분하다. 매일매일의 삶이 그 생각을 지지한다. 탄생이 있고 삶이 있고 죽음이 있고 다시 탄생이 있다. 낮이 가면 밤이 오고 밤이 가면 낮이 오며, 계절은 자로 잰 듯 규칙적으로 반복된다. 우리도 잠들고 깨어나고 다시 잠들면서 끊임없는 순환을 반복한다. 우주의 근원적인 맥박을 이보다 더 잘 보여주는 사례가 있을까?

어떤 이들은 모든 생물이 다른 생물로 다시 태어난다는 특별한 형태의 순환성을 믿는다. 다른 종교들은 새로운 몸과 영원으로 바뀌는 부활을 믿는다. 부활과 재생에 대한 이 모든 종교 사상들은 본질적으로 끝이 없고 변화는 있는 미래를 가정한다. 영원히 다시 튀어 오르는 공처럼, 시작 없는 과거에서 유래한 끝없는 미래를 가정하는 것이다. 그리고 이 사상들은 한결같이 존재의 끝없는 순환 속에서 인간이 무언가 역할을 한다고 말한다.

삶은 과정이고 흐름이다. 우리는 그 속에서 잠시 머물다가 다른 생물에 의해 흡수되고 대체된다. 시작과 끝은 자연의 질서를 깨뜨리는 특이점일 것이다. 그런 단절은 자연적이지 않을 것이며, 무언가 다른 힘들을 창안하지 않고는 설명할 수 없을 것이다. 무한한 과정 속에 들어 있다는 생각은 무한한 질서에 참여한다는 믿음, 모든 생물과 함께 있다는 느낌, 개인적인 운명이 영원히 다시 새로워진다는 생각을 일으킨다.

최고의 존재

신은 표현되는 것보다 더 참되게 상상되고, 상상되는 것보다 더 참되게 존재한다.

성 아우구스티누스[8]

다른 많은 문명들은 우주를 지배하는 최고의 존재에 대한 생각을 가지고 있다. 대개 그 존재는 많은 신들 중 첫 번째 신이며 신들의 지도자이다. 반면에 최고의 존재가 전지전능한 유일신인 경우도 있다. 그런 신이 모든 것을 지배한다면, 심지어 공간과 시간도 지배한다면, 그 신은 시간과 공간의 제약을 받지 않으므로 영원해야 한다. 다시 말해 시간을 완전히 초월해야 한다. 여기에서 우리는 이른바 무한의 관념이 어떻게 발생하는지 또 한번 보게 된다. 무한은 특정한 종류의 신에게 필수적인 속성이다.

이런 유형의 무한을 추구하는 성향은 직접 보고 경험하는 것들 너머의 초월적인 무언가를 향한 인간의 욕구와 밀접하게 연결된다. 어떤 이는 우리의 직접적인 경험을 초월한 어떤 것이 존재하기 때문에 그런 욕구가 생긴다고 주장할 것이다. 주요 전통 종교들은 그런 입장을 취한다. 다른 이들은 그 욕구가 인간 정신의 이례적인 발전의 부산물이라고 주장한다. 진화의 한 단계에서 우리의 정신은 자기반성의 능력을 터득했다. 그 능력 덕분에 우리는 행동의 결과를 상상할 수 있게 되었다. 이것은 대단한 능력이다. 다른 동물은 이 능력이 없는 것처럼 보인다. 동물들은 상상한 경험이 아니라 직접적인 경험을 통해서 배운다. 미래를 상상할 줄 아는 인간의 의식은 온갖 부산물을 만들어내며, 단순한 정신은 겪지 않는 두려움과 심리적 문제들을 경험한다. 아는 것에서 모르는 것을 추론하고 더 나아가 알 수 없는 것을 추론하는 우리의 성향은 아는 것들을 연결하려고 끊임없이 애쓰는 정신에서 파생된 부산물일지도 모른다.

끝없는 공간

이 무한한 공간의 영원한 침묵이 나를 두렵게 한다.

파스칼, 『팡세』

고금을 막론하고 인류가 공유한 가장 큰 경험은 밤하늘의 광경이다.[9] 밤하늘의 어둠과 빛나는 별은 고대인들에게 경이로운 광경이었다. 별이 빛나는 밤하늘은 이야기를 지어내게 했고, 방향과 위치를 알려주었고, 신앙심을 불러일으켰다. 밤하늘은 더 큰 우주 속에 있는 인간의 지위를 느끼게 해주었다. 그 지위는 초라하기 그지없었다. 우리는 별이 반짝이는 밤의 어둠 속에 있는 미미한 점처럼 보였다. 어둠은 멀리멀리 이어졌다. 어쩌면 끝없이 이어질 것도 같았다. 그 어둠이 언제, 어떻게 끝날 수 있을까? 우주의 끝을 생각하는 것은 끝없는 우주를 생각하는 것보다 더 어렵다. 끝은 어디에 있을까? 그리고 그 끝 너머엔 무엇이 있을까? 어두운 밤하늘은 우리를 둘러싼 거대한 껍질일지도 모른다. 우리는 동굴 속에 있고, 별들은 동굴의 천장에 붙어 있을지도 모른다. 또는 만일 당신이 섬에서 살거나 부분적으로 바다와 접한 뭍에서 산다면, 당신은 환경이 어딘가에서 완전히 달라질 수 있음을 알 것이다. 육지의 끝이 있는 것처럼 공간의 끝이 있을 수 있을 것이다. 그 너머에 있는 것은 무가 아닐 것이다. 다만 무언가 다른 것, 우리가 공간이라고 부르지 않는 어떤 것일 터이다.

『성경』의 「창세기」에는 사람들이 하늘에 닿고 신과 비슷해지기를 열망하는 이야기가 나온다. 바벨탑[10] 이야기는 「창세기」의 저자들에 의해 인류가 사용하는 언어들의 기원을 설명하는 전설로 제시된다. 그 전설이 전하는 결말은 '꼭대기가 하늘에 닿는' 지구라트를 계획한 건축가들의 의도와 전혀 달랐다.[11] 그때 이후 바벨은 가망 없는 추구와 풍차를 향한 돌진과 고대 사람들의 오만의 상징이 되었다.

어떤 이들은 별이 빛나는 끝없는 공간을 보면서 어떤 초인간적인 것을 생각한다. 더 많은 이들은 그 우주적인 장관 앞에서 두려움과 경외감을 느낀다. 프랑스 철학자 블레즈 파스칼(Blaise Pascal)은 우리를 둘러싼 공간의 잠재적 무한성과 인생의 덧없음 앞에서 느낀 공포와 경외심을 표현했고, 러시아의 화가 바실리 칸딘스키(Wassily Kandinsky)는 "차갑고 파괴할 수 없는 벽처럼 무한히 이어지는 거대한 침묵"을 얘기했다.[12]

오늘날 우리는 공간의 광활함과 '저 밖에' 있는 것의 본성을 과거보다 훨씬 더 많이 이해한다. 여전히 미지의 것을 향한 유혹이 있지만, 전혀 다른 것도 있다. 우리는 우주에서 지구를 본 최초의 세대다. 광활한 공간 속에 있는 지구의 모습은 1960년대에 환경운동에 힘을 실어주는 중요한 역할을 했다. 무한 속에 있는 우리 자신의 유한성은 인간의 기술이 나아가는 방향과 지구의 미묘한 균형에 미치는 위협을 다시 생각하게 했다.

셈
동물들이 둘씩 짝지어 갔네,
만세, 만세!
전래동요

고대의 기록 체계를 연구하면, 당시 사람들이 무엇을 어떻게 셌는지 알 수 있다.[13] 가장 단순한 수 표기법들은 1과 2를 가리키는 단어를 출발점으로 삼고 그것들을 간단한 방식으로 결합하여 더 큰 양을 표현했다. 작은 수를 가리키는 단어들은 흔히 세는 물건에 따라 특별했다. 두 개의 돌과 두 개의 손을 가리키는 단어가 달랐다. 현대 영어에도 여전히 그 흔적이 남아 둘을 가리키는 단어들이 다양하게 존재한다. brace(동물 한 쌍), duet(조화로운 둘), pair(한 쌍), double(똑같은 것 한 쌍), twosome(한 덩어리가 된 둘), couple(짝을 이룬 둘), doublet(비슷한 것 한 쌍) 등이 있다. 매우 큰 수에 특별한 관심을 가진 고대 문명은 소수에 불과하다. 단순한 문명들은 '많음'을 언어적으로 또는 시각적으로 표현하는 것으로 만족했다. 이를테면 머리카락의 개수나 해변의 모래알의 개수가 비유로 쓰였다.

돌이나 진흙이나 종이에 덧셈을 적으려면 적당한 표기법이 필요하다. 수를 간단하게 기록하는 방법 말이다. 오늘날 우리가 사용하는 방법은 매우 간단하며 고대 인도에서 유래했다. 그 표기법은 기호 0, 1, 2, 3, 4, 5, 6, 7, 8, 9만으로 모든 유한한 양을 표기할 수 있다. 비법은 그 기호들의 상대적인 의미를 부여하는 것이다. 예를 들어 Ⅲ은 로마 군대의 대장에게는 3을 의미하겠지만, 우리에게는 111은 백십일(100＋10＋1)을 의미한다. 인도의 숫자 체계로 만들 수 있는 기호열의 길이에는 한계가 없다.

그러나 표기법 없이 수를 생각하는 또 다른 방식이 있었다. 가장 원시적인 직관은 당신이 가진 것에서 하나를 빼거나 더하는 것이다. 당신의 양 한 마리가 아침에 들로 나갈 때마다 땅에 돌을 하나씩 놓고, 해질녘에 양 한 마리가 돌아올 때마다 그 돌을 하나씩 치우면, 양들을 세지 않아도 양이 없어졌는지 알 수 있다. 당신이 셈에 쓰는 물건을 하나씩하나씩 더하다 보면, 당신은 그 더하기를 끝없이 반복할 수 있음을 깨닫게 된다. 매번 셈에 쓸 물건을 하나 더 구하기만 하면 되니까 말이다. 그러나 끝없이 셈을 계속하려면 셈에 쓸 물건이 한없이 많아야 할 것이다. 이제 당신이 셈을 영원히 계속할 수 있을지 없을지는, 당신이 이 사태를 어떻게 판단하는지에 달려 있다. 만일 당신이 물리적인 도구가 꼭 필요하다고 생각한다면, 세상에 물건이 한없이 많지 않은 한, 당신은 한계에 도달할 것이다.

그러나 만일 당신이 세상에 물건이 한없이 많다고 믿는다면, 당신은 이미 무한을 생각한 것이다. 또 만일 당신이 셈에 쓰는 도구가 꼭 필요하지 않다고 생각한다면, 당신의 더하기를 멈출 것은 아무것도 없다. 이 상황은 누가 가장 큰 수를 대는지를 겨루는 아이들의 놀이와 같다. 당신이 수 하나를 선택하면, 항상 1을 더해서 더 큰 수를 만들 수 있다. 그러나 이 전략을 실행하기 위해서는, 더 큰 수를 말로 표현할 수 있어야 하고, 그 수가 더 큰 수라는 것이 확실해야 한다. 우리의 십진수 체계에서는 항상 처음 수의 오른쪽 끝에 0을 덧붙여 10배 큰 수를 만들 수 있다. 예를 들어 34로 340을 만들 수 있다.

끝이 없는 수의 목록은 양을 표현하기 위해 우리가 고안한 표기법이 하는 필요불가결한 역할을 보여준다. 우리가 사용하는 인도 아라비아 숫자 체계는 놀랄 만큼 경제적이고 풍부하다. 그 체계를 이용할 경우 충분히 큰 종이만 있다면 아무리 큰 수라도 기록할 수 있다. 수들이 한계에 도달해서 갑자기 체계가 무너지는 일은 없다. 새로운 기호를 추가로 도입할 필요도 없다. 결과적으로 그 체계는 수들이 끝없이 계속 있다는 직관을 강화한다. 그러나 우리가 곧 보게 되겠지만, 끝없이 계속되는 수들과 무한은 완전히 동일하지 않다.

분할

그는 오랫동안 그녀를 바라보았고, 그녀는 그가 그녀를 바라보는 것을 알았고,

그는 그가 그녀를 바라보는 것을 그녀가 안다는 것을 알았고,

그는 그가 이것을 안다는 것을 그녀가 안다는 것을 알았다.

마주보는 거울에서 생기는 상처럼 상들은 일종의 무한으로 끝없이 이어졌다.

로버트 퍼식, 『라일라』[14]

무한에 대한 언급을 들으면 우리는 본능적으로 큰 것—별, 은하계, 그리고 끝없는 우주의 광활함—을 떠올리지만, 당신의 손바닥 안에도 무한한 내부 공간이 있다. 어떤 것을 계속 분할하면, 조각들은 점점 더 작아진다. 분할을 어디까지 계속할 수 있을까? 영원히 계속할 수 있을까, 아니면 가장 작은 궁극의 조각이 있을까? 만물의 기반에 분할 불가능한 요소가 있을까? 고대 그리스인들은 무한히 큰 것을 상상할 때 발생하는 수수께끼보다 공간과 시간을 무한히 분할할 때 발생하는 수수께끼를 더 좋아했다.

실제로 끝없는 분할의 관념은 한없는 우주나 경계 없는 공간의 개념보다 더 쉽고 익숙하다. 물론 사물을 둘로 나누는 작업에는 항상 실천적인 한계가 있다. 그래서 이를테면 더 작은 칼이나 파장이 더 짧은 레이저 광선이 필요하다. 그러나 우리는 그 한계의 극복을 쉽게 상상할 수 있다. 다른 한편, 분할을 반복하여 크기가 0인 점에 도달할 수는 없다. 요컨대 무한히 큰 우주는 실제로 무한한 반면, 무한히 작은 것은 대개 끝없는 분할 과정의 산물로 상상되어 잠재적으로 무한하다고 여긴다. 윌리엄 블레이크의 다음과 같은 시는 작은 것 속의 무한과 관련한 우리의 희망을 표현한다.

> 모래 알갱이 속에서 세계를
> 들꽃에서 천국을 보고
> 무한을 손 안에 쥐고
> 한 순간 속에 영원을 담는다[15]

그러나 분할은 현실적인 작업이기도 하다. 물건을 작고 얇게 만드는 것은 유익한 일이다. 얇은 칼날과 축소 모형을 예로 들 수 있다. 그런데 작은 물건을 만들다 보면 그 작업에 현실적인 한계가 있음을 알게 된다. 한계는 예상보다 더 빨리 찾아온다. 평범한 A4 용지를 반으로 접는 일을 일곱 번 반복해보라. 아마 안 될 것이다. 반으로 접기를 반복하면 곧 종이의 두께가 종이의 길이와 맞먹게 된다. 이번에는 A4 용지를 반복해서 반으로 잘라보라. 당신은 22번 자른 후 더 자르기 위해 무척 애를 써야 할 것이다. 결국 자르는 도구의 크기가 제한 요소가 된다. 바위나 나무를 자르는 과정도 마찬가지다. 무언가를 아주 잘게 나누는 분할 과정은 현실적인 한계에 도달하기 마련이다. 물론 우리는 분할 과정이 잠재적으로 영원히 계속될 수 있다고 생각하지만 말이다.

패턴

지금 거신 번호는 복잡하오니, 전화기를 90도 돌린 후 다시 걸어주십시오.

자동응답 메시지

우리의 미적 감각은 유한한 인간사 속에서 무한을 가장 집요하게 암시해온 증인들 중 하나이다. 인류의 모든 문명은 미술과 음악을 창조하려는 욕구를 드러냈다. 빈 공간은 패턴과 디자인을 만들고, 영감과 교훈을 주는 이미지를 창조하라고 부추긴다. 어떤 문명들에서는 생물을 표현하는 것이 종교적인 금기였다. 그래서 그 문명들은 유한한 형상을 통해 무한을 구현하는 방식으로 창조 역량을 발휘했다(**그림 1-2**). 가장 대표적인 예로 이슬람 세계를 들 수 있다. 그 문명은 오늘날 우리가 알고 있는 모든 가능한 수학적인 대칭을 평면과 곡면 모자이크에 담았다.

반복 패턴들은 무한을 두 가지 방식으로 암시한다.

그림 1-2 고대 이슬람의 타일 붙이기 작품.[16]

첫째, 무제한 반복을 통해 직접적으로 암시한다. 동일한 도안을 상하좌우로 반복하는 기법은 무한에 다가가는 알고리듬이다. 전체 패턴을 가두는 경계는 없다. 과거에 수학자들은 평면에 한두 가지 모양의 타일을 반복해서 붙이면 주기적인, 즉 동일한 것이 계속 반복되는 패턴이 나올 수밖에 없다고 생각했다. 가장 간단한 예는—당신의 집에도 아마 바닥이나 벽에 이런 패턴이 있을 것이다— 정사각형 타일만을 이용하는 것이다. 그러나 모험심을 약간 더 발휘한다면, 정삼각형이나 정육각형을 이용할 수도 있다(**그림 1-3**).

그러나 모든 정다각형으로 주기적인 패턴을 만들 수 있는 것은 아니다. 예컨대 욕실 바닥을 정오각형 타일로 덮을 수는 없다. 어떤 방법을 쓰더라도 항상 빈틈이 생기기 마련이다. 1974년에 로저 펜로즈(Roger Penrose)는 무한 평면을 두 가지 모양의 타일로 주기적인 반복 없이 덮을 수 있다는 놀라운 사실을 발견했다. 펜로즈가 발명한 여러 타일 중 한 쌍은 촉(dart)과 연(kite)이라고 불린다(**그림 1-4**).

둘째, 더 미묘한 반복 패턴들은 매번 반복할 때마다 규모를 달리하여 한정된 범위 안에서 무한을 암시한다. 그런 패턴을 프랙털(fractal)이라 부르는데, 프랙털은 나뭇가지나 식물이나 구름을 비롯해서 자연 세계의 모든 곳에서 발견할 수 있다. 실제로 프랙털은 한정된 공간을 매우 큰 표면으로 둘러쌀 필요가 있을 때 항상 등장한다. 예컨대 몸의 표현을 주름지게 만들면, 몸의 부피나 무게를 증가하지 않으면서 표면적만 넓혀서 열을 식히거나 영양분을 흡수하거나 환경과 상호작용하는 능력을 높일 수 있다. 물론 자연에서는 프랙털을 만드는 과정이 무한히 반복되지 않는다. 그러나 그 과정에서 만들어진 패턴은 무한을 암시한다. 예를 들어 우리는 정삼각형의 각 변의 중앙에 정삼각형 모양의 돌기를 덧붙이는 작업을 반

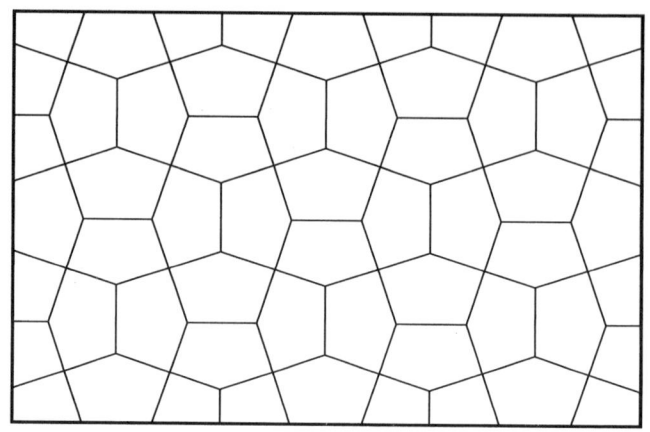

그림 1-3 오각형을 이용한 주기적인 타일 붙이기. 결합된 네 개의 오각형이 큰 육각형을 만든다.

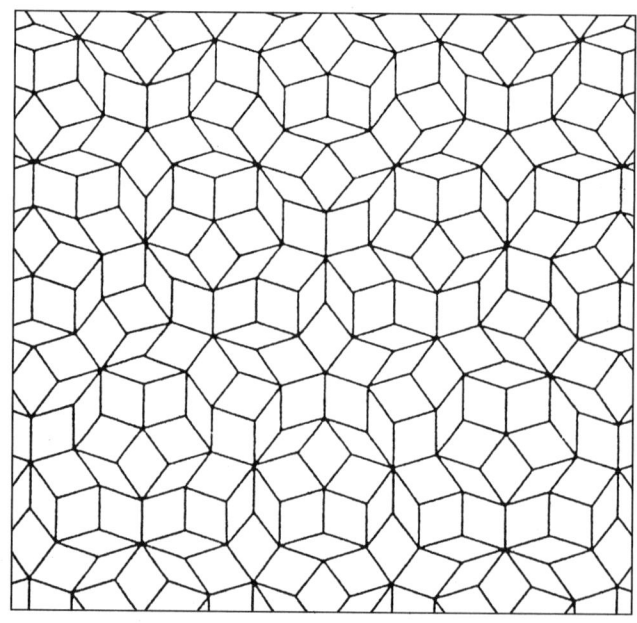

그림 1-4 '촉'과 '연'을 이용한 비주기적이고 무한한 타일 붙이기. 로저 펜로즈가 발견했다.[17]

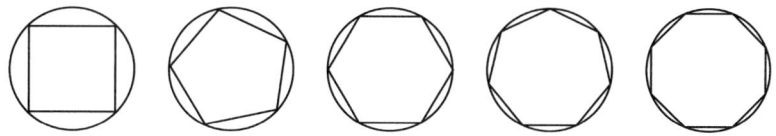

그림 1-5 몇 가지 정다각형. 정다각형의 종류는 무한히 많으며, 변의 개수는 2보다 큰 임의의 정수일 수 있다.

복할 수 있다. 놀랍게도 이 반복 과정에서 산출되는, 지그재그 형태의 경계선으로 둘러싸인 면적은 항상 유한하지만 그 경계선의 길이는 한계 없이 길어진다. 이 경우에도 패턴 산출 과정의 중간 산물들은 쉽게 상상할 수 있는 최종 산물을 암시한다.

거의 2500년 전 처음 발견되었을 때뿐만 아니라 오늘날에도 강한 흥미를 유발하는 무한 패턴에 관한 수수께끼가 있다. 이 종이의 표면과 같은 2차원 세계를 상상해보자. 그 세계에는 변의 길이가 같은 '정다각형'이 몇 가지나 존재할까? 먼저 세 변으로 정삼각형을 만들고, 이어서 네 변으로 정사각형을 만들고, 이어서 정오각형을 만들고, 그 과정을 '영원히' 계속해보자. **그림 1-5**는 몇 가지 정다각형을 보여준다. 변의 개수가 많아질수록 도형은 점점 더 원에 가까워진다.[18]

그 도형들을 보면 그릴 수 있는 정다각형의 가짓수에 한계가 없음을 분명히 알 수 있다. 그러나 이제 같은 질문을 3차원에서 던져보자. 동일한 면들로 둘러싸인 입체는 얼마나 다양할까? 가장 단순한 정다면체는 정삼각형 4개로 둘러싸인 정4면체이다. 그 다음으로 단순한 것은 정6면체이다. 그런데 그 다음이 예상 밖이다. 일찍이 고대 그리스인이 처음 깨달았듯이 더 이상의 정다면체는 정8면체, 정12면체, 정20면체가 전부다. **그림 1-6**은 모든 정다면체를 보여준다.

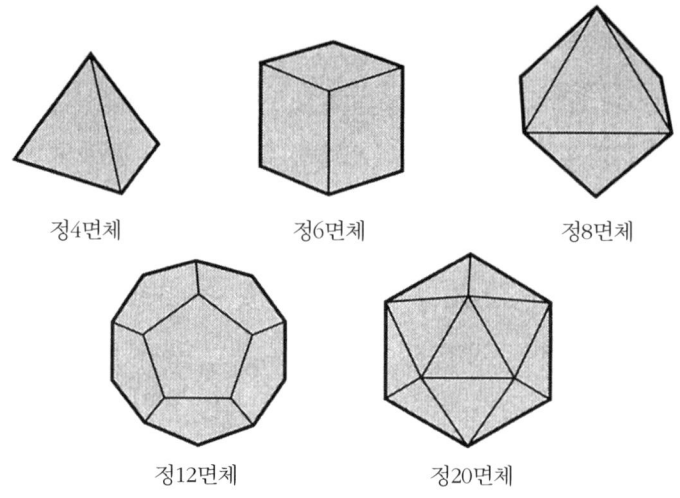

그림 1-6 정다면체는 오직 5개만 있다(이른바 '플라톤 입체').

이 다섯 가지 정다면체는 플라톤 입체라고도 한다. 이처럼 놀랍게도 2차원에서 3차원으로 옮겨가면 여유가 훨씬 많아질 것 같지만 실은 제약이 훨씬 많아진다. 2차원에는 무한히 많은 정다각형이 있지만, 3차원에는 소수의 정다면체만 있다.

가능성

의지는 무한하지만 실행은 제한된다. 욕망은 한이 없지만 행동은 한계의 구속을 받는다.

셰익스피어, 『트로일러스와 크레시다』

미래가 단지 다가오도록 내버려두지 않고 미래를 내다볼 수 있다면, 당신은 또 다른 방법으로 무한을 느낄 수 있을 것이다. 자유의지는 재미있는 개념이다. 우리는 우리에게 자유의지가 있다고 생각하지 않을 수 없다. 우리는 생각하고 싶은 것을 생각할 수 있는 듯하다. 우리의 생각과 상상은 한계가 없다. 상상은 시시할 수도 있고 쓸모없을 수도 있지만, 아무튼 항상 조금씩 다른 듯하다. 새로운 경험과 맥락과 상호작용은 세계에 관한 다양한 인상들과 생각들의 연속적인 스펙트럼을 산출한다. 그 스펙트럼이 우리로 하여금 무한히 많은 가능성들이 존재한다고 생각하도록 만든다고 나는 믿는다. 물론 우리가 지닐 수 있는 생각의 개수는 유한하다. 그 개수는 어마어마하지만 — 아마도 당신이 본 수 중에서 가장 클 것이다 — 여전히 유한하다. 인간의 뇌가 구현할 수 있는 신경 구조들에 대한 연구에서 추정한 바에 따르면 우리가 할 수 있는 '생각'은 약 $10^{70,000,000,000,000}$(10의 70조 제곱)가지이다. 참고로 가시적인 우주 전체에 있는 원자의 개수는 겨우 10^{80}개이다.[19] 뇌는 약 10^{27}개의 원자들로 이루어졌다. 그러나 우리가 할 수 있는 생각이 무한하다는 느낌은 그 개수에서 나오는 것이 아니라, 원자들의 집단 사이에 존재할 수 있는 연결의 엄청난 개수에서 나온다. 간단히 말해서 우리 정신의 복잡성에서 나온다. 그 복잡성 덕분에 우리는 우리가 경계 없는 우주의 중심에 있다고 느낀다. 그리 놀랄 일은 아니다. 만약에 우리의 정신이 지금보다 훨씬 더 단순하다면, 우리는 너무 단순해서 우리의 정신이 단순하다는 사실을 알 수조차 없을 것이다.[20]

제논의 시간

파리를 삼킨 할머니가 있었네.

아기에게 들려주는 노래

우리가 보는 대상들과 하는 행동들 중 일부는 미묘하게 무한을 암시한다. 하지만 간단하면서도 심오하게 무한을 암시하는 역설들도 있다. 가장 오래되고 유명한 역설은 가장 충격적이고 생명력이 강한 역설이기도 하다. 그 역설은 기원전 약 450년에 유명한 제논이 발명했다. 제논의 스승인 파르메니데스는 우주가 오직 하나라도, 단 하나의 사물로 이루어졌다고 주장했다. 그 하나의 사물은 시간 속에 있지 않고 변화하지 않는다. 그러므로 운동은 없다. 왜냐하면 운동이 있으려면 둘 이상의 사물이나 상태—운동이 일어나기 전의 상태와 운동이 끝난 후의 상태—가 있어야 하기 때문이다. 파르메니데스는 우리가 보는 모든 운동은 표면적인 환상에 불과하다고 주장했다. 바탕에 있는 참된 우주는 변화하지 않는 단일한 실재라고 말이다.

처음에 사람들은 파르메니데스의 주장을 진지하게 생각하지 않은 듯하다. 도처에 있는 운동을 생각할 때 그 주장은 설득력이 없었다. 그 주장은 명백한 오류에 불과해 보였다. 그때 제논이 스승을 돕기 위해 나섰다. 당연히 파르메니데스의 가르침에 영향을 받았고 그 사상의 심오함을 이해한 제논은 운동이 가능하다는 생각이 전혀 자명하지 않음을 증명하기 시작했다. 그는 운동이 불가능함을 보이는 네 개의 논증을 발명했다. 그 논증들, 이른바 '제논의 역설들'은 고대에 전혀 반박되지 않았고 심지어 오늘날에도 진지한 관심을 끈다. 첫 번째 역설과 두 번째 역설[21]은 전혀 문

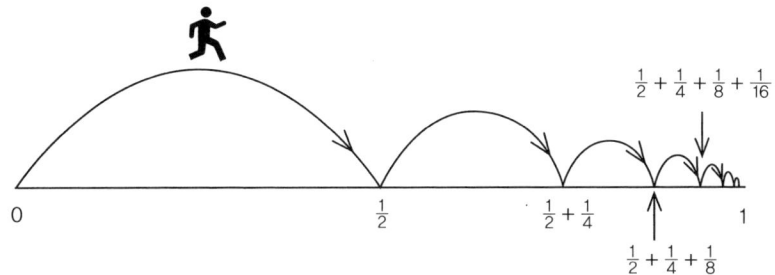

그림 1-7 제논의 첫 번째 역설 : 매 단계는 길이가 이전 단계의 절반이다. 당신이 1미터를 가려 한다면, 먼저 $\frac{1}{2}$미터를 가고, 이어서 $\frac{1}{4}$미터를 가고, 이어서 $\frac{1}{8}$미터를 가고, 또 $\frac{1}{16}$미터를 가는 등 끝없이 가야 하므로, 도착할 때까지 영원한 시간이 걸릴 것이다. 따라서 당신은 결코 도착할 수 없다고 제논은 주장한다.

제가 없을 듯한 간단한 전제에서 그 누구도 받아들이지 못할 결론을 도출하여 무한의 신비를 보여준다.

제논의 첫 번째 역설은 당신이 한 점에서 다른 점으로 이동하려면 먼저 두 점 사이 거리의 절반을 이동하고 이어서 나머지 거리의 절반을 이동하고, 또 나머지 거리의 절반을 이동해야 하는 등 무한히 많은 절반 거리를 이동해야 하기 때문에 운동은 불가능하다고 논증한다(**그림 1-7**). 만일 두 점 사이의 거리가 1킬로미터라면, 당신은 먼저 $\frac{1}{2}$킬로미터에 도달하고, 그 다음에 $\frac{3}{4}$킬로미터, 이어서 $\frac{7}{8}$킬로미터에 도달할 것이다. 이런 식으로 N 단계를 거치면 당신은 $1-\frac{1}{2^N}$킬로미터 지점에 도달할 것이다. 이때 N이 아무리 크다 할지라도, $1-\frac{1}{2^N}$은 항상 1보다 작고, 따라서 당신은 영원히 목적지에 도달하지 못할 것이라고 제논은 주장한다. 이 논증은 운동 거리가 아무리 작더라도 적용할 수 있다. 핵심은 무한히 많은 단계들을 거쳐야만 목적지에 도달할 수 있다는 점이다. 제논은 무한을 부정했고 따라서 운동을 부정했다.

제논의 두 번째 역설은 유명한 장군 아킬레우스와 그보다 더 느린 경쟁자의 경주 시나리오를 제시한다. 그 경쟁자는 전래 과정에서 거북으로 바뀌었다. 아킬레우스는 원래의 출발점에서 출발하고, 속도가 아킬레우스의 절반인 거북은 1킬로미터 앞선 위치에서 출발한다.

당신은 거북보다 두 배 빠른 아킬레우스가 2킬로미터 지점에서 거북을 따라잡을 것이라고 생각할 것이다. 그러나 아킬레우스가 1킬로미터 지점에 도달할 때 거북은 $1+\frac{1}{2}$ 킬로미터 지점에 도달한다. 아킬레우스가 $1+\frac{1}{2}$ 킬로미터 지점에 도달할 때, 거북은 $1+\frac{1}{2}+\frac{1}{4}$ 킬로미터 지점에 도달한다. 이처럼 거북은 항상 아킬레우스보다 앞선 위치에 있다. N 단계 후에 아킬레우스는 $2-\frac{1}{2^{N-1}}$ 킬로미터 지점에 도달하고, 거북은 $2-\frac{1}{2^N}$ 지점에 도달하므로, 여전히 거북이 앞서 있을 것이다. N(거리를 양분하는 횟수)이 아무리 커진다 할지라도 아킬레우스는 결코 거북을 따라잡지 못한다!

이 예들을 보면 무한은 단지 역설이고, 유한한 세계가 모두의 삶을 더 편하게 만든다는 생각이 들지도 모른다. 그러나 유한도 역설을 산출한다. 고대인들은 유한의 역설도 알았다. 유한한 우주에는 끝이 있을 것이다. 그렇다면 유한한 우주의 경계 너머로 돌을 던지면 어떤 일이 일어날까? 돌은 경계를 지나면서 사라질까? 경계 밖에는 무엇이 있을까? 또 만일 시간이 유한하다면, 시간은 어떻게 시작되고 끝날까? 곧 보게 되겠지만, 현대 우주론은 무한의 난점들을 극복하며 유한의 역설들도 상당 부분 누그러뜨린다.

2장

잠재적 무한과 현실적 무한, 지어낸 무한과 참된 무한

우리는 수들의 개수가 유한하다는 것이 거짓임을 아는 것처럼,
무한의 본성은 모르지만 무한이 존재함을 안다.
따라서 무한한 수가 있다는 것은 참이다.
그러나 우리는 그 수가 무엇인지 모른다.
블레즈 파스칼[1]

정오의 어둠

수학은 무한을 다루는 과학이다.

헤르만 바일[2]

우리가 소개한 무한에 관한 암시들은 인간이 왜 끝이 없는 것들에 매력을 느끼는지 훌륭하게 설명해준다. 우리의 정신은 미래를 단지 경험하는 것에 머물지 않고 상상하기 위해 패턴 인지 능력을 생산적으로 사용하도록 진화했다. 그 능력을 거침없이 발휘하여 우리는 끝이 없는 과정을 상상한다. 이를 위해 모든 단계를 일일이 상상해야 하는 것은 아니다. 우리는 단번에 심연으로 뛰어들어 그 너머에 무엇이 있을지 생각할 수 있다. 초월자에 대한 우리의 본능적인 감각도 중요하다. 우리는 우리 자신보다—어쩌면 모든 것보다—큰 어떤 것이 있다고 느낀다. 우리를 둘러싼 우주는 그 느낌을 부추긴다.

도시의 불빛과 멀리 떨어진 야영지에서 캄캄한 밤하늘을 바라보면, 우리가 지구라는 행성에 사는 인간이라는 존재임을 새삼 느끼게 된다. 먼 별과 행성이 내는 빛으로 장식된 캄캄한 밤하늘은 분명 경이로움을 불러일으킨다. 하늘의 규칙성은 우리가 시간을 따지고 날과 달을 셀 수 있게 해주었다. 그런데 밤하늘은 왜 캄캄할까? 당신은 해가 졌기 때문이라고 간단하게 대답할지도 모른다. 그러나 그것은 충분한 설명이 아니다. 우주를 향한 시선은 항상 별을 만나게 되어 있다. 이는 마치 울창한 숲을 향한 시선이 항상 나무를 만나는 것과 같다. 그렇다면 우리가 보는 밤하늘은 별의 표면처럼 환해야 할 것이다. 그런데 왜 그렇지 않을까? 그 대답은 현대 천문학에서 얻을 수 있다.

하늘이 캄캄한 것은 우주가 몹시 늙었고, 아주 크고, 따라서 거의 비어 있기 때문이다. 별들이 형성되고 원자에 기반을 둔 생명이 진화하고 존속하기 위해 필요한 모든 요소들이 산출되려면 수십억 년이 필요하다. 또 우주는 팽창하므로 우주의 크기는 수십억 광년에 도달하고 물질 밀도는 매우 낮아질 수밖에 없다. 우주의 물질 밀도는 1세제곱미터(1미터의 정육면체)에 겨우 원자 한 개가 있는 수준이다. 그렇게 성기게 분포한 물질 전체가 빛을 발한다 할지라도 우리는 거의 느끼지 못할 것이다. 그 빛은 밤하늘을 밝히기에는 너무 약하다.

곰곰이 생각해보면, 절묘한 연관성이 눈에 띈다. 우주 속에 생명이 살기 위해서는 우주의 나이와 크기가 거대해야 한다. 만일 어떤 행성의 표면에서 의식이 있는 생명체가 발생한다면, 틀림없이 그 생명체는 자신이 속한 우주의 거대함과 초월성을 생각하게 될 것이다. 이 광활하고 캄캄하고 거의 텅 빈 공간은 끝없이 펼쳐져 있을까?

고대인들은 이 질문을 궁리했고 다양한 대답에 도달했다. 그 대답들은 우주에 대한 실제 관찰에 기반을 두고 있지 않으며—망원경이 없던 시대에 어떻게 그럴 수 있겠는가—우리 눈에 보이는 것들을 의미하는 맥락

속에 넣어서 조화롭고 일관된 이야기를 구성하려 했다. 모든 것은 의미와 자리를 가져야 했다. 우연과 무작위성은 타당한 설명에 등장할 수 없었다. 그것들은 신의 작용과 동의어였다.[3] 그러나 의미 있는 것이 무엇인지에 대한 견해는 다양했다.

고대 서양에서 가장 영향력이 컸던 사상가는 아리스토텔레스(Aristoteles)였다. 그는 물질적인 우주가 무한한 허공으로 둘러싸여 있으며 유한하다고 믿었다. 이것은 많은 견해들 중 하나일 뿐이지만, 특별한 철학적 근거가 있었다. 지구는 만물의 중심에 있어야 하는데, 오직 유한한 우주만이 단일한 중심의 존재를 허용한다. 따라서 물질적인 우주는 유한해야 했다. 그러나 아리스토텔레스는 무한에 관해서 영향력이 큰 다른 주장들도 했다. 아리스토텔레스의 사상이 대체로 그렇듯이, 그 주장들은 상식적인 세계관을 대변한다.

가장 영향력이 크고 오래된 생각 중 하나는 이른바 '현실적(actual)' 무한과 '잠재적(potential, 가능적)' 무한을 구별하는 것이다. 일반적으로 그리스인들은 0을 끌어들이기를 피한 것과 마찬가지로 수학 체계 속에 무한을 허용하기를 두려워했다.[4] 0을 도입하는 것은 '아무것도 아닌 것(무無)'을 어떤 것으로 인정하는 일이고 논리학 체계 속에 트로이의 목마 같은 모순을 끌어들이는 일로 여겼다. 무한에 대한 입장도 거의 비슷했다. 무한은 다른 수처럼 일반적인 방법으로 덧셈할 수 없었고—무한에 1을 더하면 그대로 무한이 된다—무한의 등장은 곤란하게도 '무' 개념과 관련이 있어 보였다. 임의의 수를 무로 나누면 결과는 무한이다. 십진법 체계의 기호 0을 정의한 고대 인도의 수학자 브라마굽타(Brahmagupta)는 기원후 628년에 0과 무한의 철학적 의미들에 얽매이지 않고 다음과 같은 등식들을 확립할 수 있었다.

$$무한 = 1/0$$
$$0 = 1/무한$$

어떤 것의 크기가 계속 증가하거나 감소해 무한이 창조된 것은 매우 오래된 직관이다. 소크라테스 이전 철학자들 가운데 아낙사고라스(Anaxagoras)가 그 직관을 훌륭하게 표현했다.

작은 것들 중에서 가장 작은 것은 없고 큰 것들 중에서 가장 큰 것은 없다. 항상 더 작은 것과 더 큰 것이 있다.

그리스인들은 그들의 수학 체계에 무한을 수용하기 직전까지 갔지만, 결국 무한을 끌어안기 위해 필요한 마지막 도약을 할 수 없었다. 그들은 끝없이 계속되는 과정을 즐겨 생각했지만, 무한에 도달하는 과정에 도사린 위험을 알린 제논의 유명한 역설 앞에서 움츠러들었다. 결과적으로 무한의 등장은 역설과 수수께끼를 예견하게 했다. 그런데도 무한의 문제를 다루려면 대단한 용기가 필요했을 것이다.

아리스토텔레스의 무한

우리는 이 진리들이 자명하다고 여긴다.
미국독립선언문

아리스토텔레스는 어떤 탐구 영역도 문제를 일으킨다는 이유로 회피하지 않는 인물이었다. 플라톤(Platon)의 제자요 알렉산더 대왕(Alexander the Great)의 스승답게 그는 해 아래 있는 모든 것을 설명했고, 그 밖에 많은 것도 설명했다. 무한에 대한 그의 견해는 간결하고 명확하다.

무한은 잠재적으로 존재한다…… 현실적 무한은 존재하지 않을 것이다.[5]

이 말은 무슨 뜻일까? 우리는 끝없이 계속될 수 있는 수열에 익숙하다. 자연수들을 나열해보라. 1, 2, 3, 4, …… 가장 큰 수는 없다(만일 가장 큰 수가 있다고 생각한다면, 그 수에 1을 더해보라). 이 끝없는 수열은 잠재적 무한의 한 예다. 아리스토텔레스는 이 수열이 일종의 과정이며, 결코 완성되지 않는 잠재적 무한이며 현실에서는 항상 유한하다는 것을 알았다. 이 수열을 한꺼번에 쥐고 한눈에 조망할 수는 없다. 이런 끝없는 수열의 예는 많다. 그 예들은 미래 쪽으로 끝이 없을 수도 있고 과거 쪽으로 끝이 없을 수도 있다. 모든 음수의 수열을 생각해보라. ……−4, −3, −2, −1. 이 수열은 −1에서 끝나는 무한 수열이다. 여기에서도 왼쪽으로 이어지는 무한은 '잠재적'이다. 우리는 이 수열 전체를 보거나 수열의 시작을 지적할 수 없다. 왜냐하면 시작이 없기 때문이다.

아리스토텔레스는 무한히 큰 대상은 있을 수 없다고 주장했다. 그러나 무한한 시간은 부정하지 않았다. 왜냐하면 만일 시간이 유한하다면, 시간에 시작과 끝이 있고, 음수의 수열과 양수의 수열에 첫 번째 수와 마지막 수가 있어야 할 것이기 때문이다. 더 나아가 시간이 유한하다면 반으로 분할할 수 없는 가장 작은 물질 조각이 있어야 할 것이었다. 이것은 가장 큰 수가 있다고 하는 것만큼이나 이상했다. 아리스토텔레스는 다음과 같이 자세히 설명한다.

잠재적 존재와 현실적 존재가 있으며, 추가에 의한 무한과 분할에 의한 무한이 있다. 그런데 우리는 어떤 크기도 현실적으로 무한하지 않고, 크기는 분할에 의해 무한하다고 말했다(분할 불가능한 선線이 있다는 주장은 쉽게 반박된다). 그러므로 크기는 잠재적으로 무한할 수밖에 없다. 그러나 크기가 잠재적으로 무한하다는 말을, 잠재적인 조각 작품이 언젠가 현실적인 조각 작품이 되는 것처럼 크기가 언젠가 현실적으로 무한해지는 뜻으로 이해하면 안 된다. 왜냐하면 존재는 여러 의미를 지녔기 때문이다. 어떤 사물이 무한하다는 말은 특정한 날이나 경기가 있다는 말과 뜻이 같다. 이 경우에도 우리는 잠재성과 현실성을 구별할 수 있다. 올림픽 경기는 거행될 수 있다는 의미에서 잠재적으로 있을 수도 있고 거행되고 있다는 의미에서 현실적으로 있을 수도 있다.[6]

이 인용문에서 아리스토텔레스가 잠재적 무한과 현실적 무한을 구별하는 방식에는 약간 이상한 점이 있다. 예를 들어 우리가 어떤 사람이 총리인 것과 현실적으로 총리인 것을 구별한다면, 우리는 그 사람이 현실적으로 총리가 되는 것이 물리적으로나 논리적으로나 가능하다고 인정한다. 아리스토텔레스는 올림픽 경기를 예로 든다. 올림픽 경기가 아테네에서 거행될 가능성이 있다는 말은, 올림픽 경기가 현실적으로 아테네에서 거행될 수 있음을 뜻한다. 그러나 아리스토텔레스는 무한을 이런 식의 생각을 허용하지 않는 예외로, 어쩌면 유일한 예외로 본 것 같다. 그가 생각한 잠재적 무한은 결코 현실적 무한이 될 수 없으니까 말이다.

아리스토텔레스는 나무토막을 무한히 많은 조각들로 분할할 수 있음을 인정하지만 그 분할 과정은 결코 완료될 수 없다고 여긴다. 당연한 말이지만, 그의 입장은 그 과정이 유한한 시간에 완료될 수는 없다는 것이다.

나중에 우리는 현대 물리학이 이 문제와 관련해서 특이한 가능성들을 열어놓는 것을 보게 될 것이다. 그 가능성들의 기반에는 시간의 상대성이 있다. 아리스토텔레스는 어떤 작업의 무한 반복을 완수하기는 불가능하다는 견해에 입각해서 무한을 그 속에 모든 것이 들어 있는 모호한 '전체'로 본 과거의 전통과는 전혀 다른 입장을 취했다. 그 전통은 착각이며 무한은 오히려 정반대라고 생각했다.

> 알고 보면 무한은 그들이 말하는 것과 정반대다. 무한은 그 외부에 아무것도 없는 그런 무언가가 아니라 그 외부에 항상 어떤 것이 (그것이 무엇이든) 있는 그런 무언가다. 그 외부에 아무것도 없는 그런 것은 완성된 전체이다. 반대로 무언가 (그것이 무엇이든) 결여된 것은 영원하지 않다.[7]

요컨대 아리스토텔레스는 무한이 불완전한 무언가라고 생각한다.[8] 아리스토텔레스에게 무한은 우리가 생각하는 것처럼 모든 것을 포함하는 총괄적이고 초월적인 무언가가 아니다. 오히려 정반대다. 물질 조각은 한계 없이 분할될 수 있으므로, 무한은 세상에 있는 모든 물질 조각에 내재한다. 따라서 무한은 특수한 모양이나 형태와 관계없이 모든 물질이 지닌 궁극적인 본성이다. 그 궁극적인 본성은 우리의 이해를 넘어서 있다. 인간의 정신이 감히 뛰어들 수 없고 혹시라도 뛰어든다면 다시 나올 수 없는 영원한 미지의 영역이 존재하며, 무한은 그 영역의 한 부분이다.

아리스토텔레스의 생각을 더 완전하게 이해하기 위해서는 그의 세계관을 더 광범위하게 살펴보아야 한다. 아리스토텔레스에 따르면 모든 것의 의미와 중요성은 그것의 목적에서 나온다. 그 목적 또는 아리스토텔레스의 표현을 빌리자면 '마지막 원인'은 미래에 있는 자석처럼 작용한다. 따라서 잠재적으로 무한한 수열은 불완전하다. 왜냐하면 수열을 완성하고 참된 의미와 중요성을 제공할 마지막 항, 곧 목적이 빠져 있기 때문이다. 우리는 무한한 것에 대한 설명을 이해할 수 없다. 세계의 본성에 대한 인간의 모든 탐구는 세계가 유한한 사물들로 이루어졌고 그 자체로 유한하기 때문에 가능하다. 비슷한 맥락에서 조너선 리어는 다음과 같이 말한다.

> 우리는 사물의 원인들을 알 수 있다(can). 그러므로 원인들은 유한해야 한다. 실체를 실체로 만드는 속성들의 개수가 무한하다면, 실체를 알 수 없을 것이다. 그러나 우리는 실체가 무엇인지 알 수 있다. 따라서 실체의 정의 속에는 오직 유한하게 많은 속성들만 있다.[9]

공간과 물질에 대한 아리스토텔레스의 견해에 대해서는 이 정도로 마무리하자. 한편 그는 시간을 어떻게 생각했을까? 아리스토텔레스는 시간과 관련해서는 생각이 달랐다. 그는 임의의 시간 간격이 더 작은 간격들로 한정 없이 나뉠 수 있으므로 무한을 담은 그릇과 같다고 말하지 않는다. 오히려 시간은 끝없이 흐르므로 잠재적으로 무한하다. 무한히 먼 미래는 결코 도달되거나 유한한 세계 안에 들어오지 않는다. 아리스토텔레스는 천체의 원운동과 세계는 창조되지 않았고 영원한 반면에, 세계에 속한 물질의 양과 공간의 크기는 유한하다고 믿었다. 아리스토텔레스에게 시간은 변화의 척도였다. 그의 시간은 그 속에서 사건들이 일어나거나 일어나지 않을 수 있는 플라톤의 고정된 극장과는 달랐다. 일어나는 것이 없거나 시간의 경과를 측정하는 정신이 없다면 아리스토텔레스의 시간은 존재할 수 없다. 여기에서 아리스토텔레스가 말하고자 하는 것은, 관찰자와 생물들이 모종의 방식으로 시간을 창조하거나 생겨나게 한다는 것이 아니다. 오히려 변화를 경험하거나 측정할 관찰자와 생물들이 없다면, 시간에 대한 완전한 개념이 있을 수 없으리라는 것이다.[10]

요컨대 설령 세계가 항상 있었다 하더라도, 세계의 무한한 나이를 측정하는 것은 불가능하다. 그러나 이 모든 입장들은 약간 불만족스럽다. 아리스토텔레스는 세계의 나이가 무한하다는 전제를 거리낌 없이 채택하는 것으로 보인다. 그 전제를 옹호하는 그의 논증은, 만일 우리가 최초의 순간이 있었다고 가정한다면, 우리는 항상 그 순간을 둘로 나눌 수 있고, 따라서 더 앞선 순간을 이야기할 수 있다는 것이다.

현대의 독자들이 보기에 아리스토텔레스의 생각은 과학과 관찰의 영역에서 멀리 떨어져 있는 듯하다. 우리는 세계의 나이를 추정할 때 과학과 관찰에 의지해야 한다고 배웠다. 그러나 아리스토텔레스의 시대에는 망원경도, 발굴된 화석도, 태양계의 크기와 나이에 대한 지식도 없었다. 그는 관찰된 모든 것에 의미를 부여하는 일관된 철학 체계를 구성하려 노력했다. 무한은 감당하기 어려운 관념이었다. 제논은 무한을 잘못 다루면 시간과 변화에 대한 우리의 생각 전체가 위태로워질 수 있음을 더할 나위 없이 분명하게 보여주었다. 아리스토텔레스는 가장 먼저 용감하게 나서서 무한 문제를 본격적으로 다뤘다. 그가 말한 현실적 무한과 잠재적 무한의 구별은 단순명료했다. 그 구별은 수천 년 동안 유지되었고, 위대한 수학자들 중 일부는 그 구별의 타당성을 믿었다.

무한과 신

우리가 만 년 후 거기에 있을 때
태양처럼 밝게 빛날 때
처음에 있던 만큼에서 조금도 줄어들지 않은
미래의 날들 내내
신을 찬양하는 노래 부르리
존 뉴턴의 『놀라운 은총』에 덧붙인 익명의 가사[11]

인간의 생각으로 무한을 파악하려는 노력은 무한을 이해했다고 주장하는 사람에 의해 신의 자리가 침범당할지도 모른다는 의심과 함께 양자가 끊임없이 충돌했다고 생각하는 사람들도 있을 것이다. 그러나 그 충돌은 큰 문제가 아니었던 것으로 보인다. 더 큰 문제는 오히려 신조차도 무한을 이해할 수 없다는 문제 제기였던 것으로 보인다.

초기 교회의 교부들 가운데 최고 권위자인 성 아우구스티누스는 이 문제를 진지하게 받아들여 그의 저술에서 상당한 부분을 그 대답에 할애했다. 「신의 앎조차도 무한한 사물들을 아우를 수 없다는 주장에 대한 답변」이라는 제목이 붙은 대목에서 그는 다음과 같이 논증했다.

> 신의 선차적인 앎조차도 무한한 사물들을 감싸 안을 수 없다는 주장이 있다. 그 주장을 펴는 사람들은 감히 신이 모든 수를 알지 못한다고 우기면서 깊은 신성모독에 빠질 뿐이다. 수가 무한히 많다는 것은 확실히 참이다…… 하지만 수들이 무한히 많다고 해서, 신이 모든 수를 알지 못한다는 결론이 나올까? 신의 앎이 특정한 범위까지 도달하고 거기에서 끝날까? 그렇게 말할 정

도로 정신이 나간 사람은 없다. ……그리고 선지자는 신에 대하여, "그는 수에 맞게 세계를 짓는다"라고 말한다. 또 구세주는 복음서에서 "네 머리카락이 모두 헤아려졌다"라고 말한다. 신은 "셀 수 없는 앎"을 지녔다. 그러므로 우리는 신이 모든 수를 안다는 것을 의심하지 말자…… 또 앎 속에 포함된 것은 그 앎의 품속에 가두어지므로 유한하다. 따라서 모든 무한은 우리가 표현할 수 없는 방식으로 신에게 유한해야 한다. 왜냐하면 무한은 신의 품을 벗어날 수 없기 때문이다.[12]

인간에게 무한한 것이 신에게는 유한하다는 아우구스티누스의 생각은 나름대로 흥미로운 사변이다. 현대 수학은 무한한 영역을 유한하게 만들고 더 쉽게 표현하기 위해 이 생각과 맥이 닿는 기법을 흔히 사용한다. 그 기법은 무한을 유한한 점으로 옮기는 (영어를 다른 언어로 옮기는 번역과 비슷한) 수학적 변환이다.[13] 그러나 그 변환은 모든 무한을 제거하는 마술이 아니다. 반대로 유한한 점을 무한한 점으로 옮기는 변환도 있다.

신을 위협하는 무한은 훗날 더 복잡한 형태로 다시 등장한다. 르네상스 시대에 신의 속성은 일차적으로 존재와 무한이었다. 그런데 만약에 수학자와 철학자가 무한을 파악하여 이를테면 한 장의 종이 위에 표현하는 상황이 발생한다면, 신은 어떻게 되겠는가? 그 경우에 신학자는 신과 무한을 구분해야 할 것이다. 물론 신이 유한하다고 주장해야 한다는 뜻이 아니다. 그 주장은 문제를 더 악화할 뿐이다. 신학자는 우리가 신의 속성 하나를 이해한다고 해서 신이 축소되는 것은 아니라고 주장해야 한다.

모든 철학자가 무한을 신학적인 문제로 본 것은 아니다. 니콜라우스 쿠자누스(Nicolaus Cusanus, 1401~1464)는 무한을 대립하는 것들이 조화되는 장소로 이해했다. 그는 무한의 역설들이 우리가 근사적으로만 개념화한 진리와 실재의 진면목을 가르쳐준다고 여겼다. 그는 신학적인 문제를 풀 때 즐겨 수학을 비유로 삼았다. 예를 들어 우리가 유한한 선을 다룬다면, **그림 2-1**에 있는 선과 원에서 보듯이 직선과 곡선이 명확하게 구별된다. 그러나 원이 커져서 지름이 무한해지면, 원주는 무한한 직선과 구별할 수 없게 될 것이다.

17세기 프랑스의 철학자이며 수학자이자 과학자인 파스칼(**그림 2-2**)은 임의의 유한한 양에—그것이 아무리 작다 하더라도—무한을 곱하면 결과가 무한이 된다는 사실을 이용하여 무한을 그의 본성적인 신학적 취향에 맞게 설명했다.

파스칼은 충실한 유신론자였지만, 신을 믿는 것이 가장 나은 도박임을 무신론자가 믿도록 하는 실용적인 논증을 제시할 수 있기를 원했다. 파스칼은 현대적인 확률론의 개척자 가운데 한 사람이었으며, 실용적인 문제에서 불확실성과 우연이 하는 역할을 탐구하기를 즐겼다. 그는 다음과 같이 주장했다. "신은 있거나 없다. 이성은 둘 중에 어느 쪽이 참인지 판정할 수 없다. 우리와 신의 사이에는 무한한 심연이 있다." 그러면 우리는 어떻게 해야 할까? 우리는 파스칼처럼 신앙심으로 신을 믿을 수 있다.

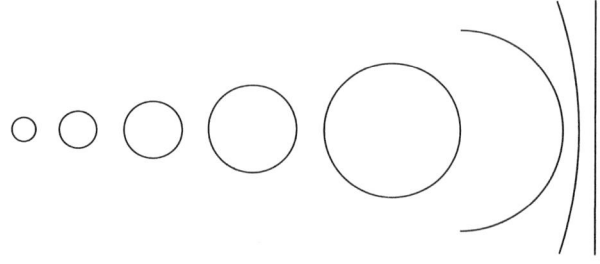

그림 2-1 직선과 원. 지름이 커지면 원은 부분적으로는 직선이 된다. 변의 개수가 무한히 증가하면 정다각형은 원과 점점 더 비슷해진다.

그림 2-2 블레즈 파스칼[15]

그러나 파스칼이 제안하는 또 다른 태도도 있다. 그것은 도박을 하는 것이다. 당신은 어디에 걸어야 할까? 파스칼은 두 가지 선택지가 있다고 말한다. 그 선택지들은 신의 존재를 믿는 것과 믿지 않는 것이다.[14] 그리고 가능한 상황도 두 가지, 곧 신이 존재하는 것과 존재하지 않는 것이다. 당신은 무엇을 선택해야 할까? 파스칼은 최선의 도박은 신을 믿는 것이라고 주장한다. 왜냐하면 만일 신이 있다면 얻게 될 무한한 이득이, 만일 신이 없다면 발생할 유한한 시간의 손실을 항상 능가하기 때문이다(**그림 2-3**). 비슷한 이유로 무신론적인 입장은 최악의 도박이다. 만일 신이 있다면 손실이 무한하고, 신이 없다면 이득이 유한할 것이니까 말이다.

파스칼은 이른바 '이중 무한'의 문제를 다루었다. 그는 세계의 도처에서 무한을 만날 수 있지만 인간의 정신은 무한을 완전히 이해할 수 없다고 주장했다. 두 가지 무한 중 하나는 양이 한없이 증가할 수 있다는 의미의 잠재적 무한이다. 증가하는 양은 우리가 세는 자연수일 수도 있고, 운동의 속도 같은 물리적인 양일 수도 있다. 파스칼은 (오늘날의 입장에서 보면 그릇되게)[16] 운동의 속도가 한없이 증가할 수 있다고 믿었다. 다른 하나의 무한은 모든 사물에 들어 있는 무한한 작음(무한소)이다. 모든 사물은 끝없이 분할될 수 있으므로, 자신 안에 무산소를 지녔다. 운동의 속도도 끝없이 반으로 줄일 수 있으므로 자신 안에 무한소를 지녔다.

> 그러므로 모든 사물이 공유하는 성질들이 있고, 그 성질들에 대한 앎은 우리의 정신을 자연의 가장 큰 경이로움들로 이끈다. 그중 가장 으뜸이 되는 경이로움은 모든 사물에서 발견할 수 있는 두 가지 무한, 즉 무한대와 무한소이다.[17]

계속해서 그는 같은 생각을 공간과 시간에 적용하여 다음과 같이 주장한다.

> 어떤 공간이 아무리 크다 할지라도 우리는 더 큰 공간을 상상할 수 있고, 더 나아가 그것보다 더 큰 공간도 상상할 수 있다. 이 상상은 더 이상 확장할 수 없는 공간에 도달함 없이 무한히 계속된다. 반대로 어떤 공간이 아무리 작다 할지라도 우리는 더 작은 공간을 생각할 수 있고, 그 생각은 더 이상 분할 불가능한 공간에 도달하지 않고 무한히 계속된다. 시간도 마찬가지다.[18]

파스칼은 무한대와 무한소가 공간 및 시간과 운동에 내재한다는 사실

	신은 존재한다	신은 존재하지 않는다
신을 믿는다	무한한 이득	유한한 손해
신을 믿지 않는다	무한한 손해	유한한 이득

그림 2-3 실제로 참일 수 있는 두 경우에 대해 신에 대한 두 가지 믿음이 산출하는 이득과 손해를 나타낸 표.

은, 그 이중 무한이 모든 사물에 잠재적으로 들어 있음을 뜻한다고 결론 짓는다. 그는 자연의 본성이 다음과 같다고 주장한다.

> 자연은 모든 사물에 자신의 형상과 자연을 만든 자의 형상을 새겨놓았으므로, 거의 모든 사물은 자연의 이중 무한을 공유한다.[19]

우리의 현대적인 시각으로 보면 이 주장들은 설득력이 없다. 파스칼은 단지 공간의 무한성을 전제할 뿐이다. 만일 우주의 크기가 유한하다면, 공간을 계속 확장할 수 있다는 논증은 타당성을 잃는다. 운동에 관한 주장도 마찬가지다. 오늘날 우리는 정보를 전달하는 모든 운동에 유한한 최고 속도가 있음을 안다. 그 최고 속도는 완벽한 진공에서 빛의 속도이다. 공간과 시간의 무한 분할 가능성도 오늘날에는 의심의 대상이다. 자연의 상수들에 의해 정해진 최소 시간 간격과 길이가 있을 가능성이 높다.[20]

파스칼은 두 무한한 극단이 인간의 인식 능력을 벗어난다고 생각했다. 그 두 무한은 아리스토텔레스가 말한 잠재적 무한이다. 우리는 두 무한 사이에 있지만 그것들에 접근할 수 없다. 무한대는 우리의 역량을 자연스럽게 벗어나는 것처럼 보인다. 반면에 무한소는 우리보다 작다. 그러나 무한소를 무한대보다 만만하게 생각하는 것은 금물이다.

우리의 한계를 깨닫자. 우리는 한 사물이지 모든 사물이 아니다. 우리의 존재는 무에서 발생하는 최초 원리에 대한 앎을 방해하고, 우리 존재의 작음은 우리의 눈앞에서 무한을 감춘다.[21]

갈릴레이도 이와 매우 비슷한 말을 남겼다.

우리 주위에 무한한 것들과 분할 불가능한 것들이 있음을 상기하라. 무한한 것은 크기 때문에 우리의 이성으로 파악할 수 없고, 분할 불가능한 것은 작기 때문에 파악할 수 없다. 그러나 우리는 인간의 이성이 무한한 것과 분할 불가능한 것을 생각하느라 현기증에 빠지기를 원치 않음을 안다.[22]

하지만 파스칼은 자연수의 무한성, 즉 자연수들이 무한히 많음을 거듭 주장한다. 그는 이 부정할 수 없는 무한을, 우리가 무한의 본성은 모르지만 무한의 존재는 알 수 있다는 주장의 논거로 이용한다. 우리는 무한을 성찰할 수는 있지만, 완전히 이해할 수는 없다. 여기에서 파스칼은 미묘한 변론을 하고 있다. 그는 우리가 제각각 유한한 수들을 발판으로 수학적 무한에 관한 앎을 얻을 수 있듯이, 유한한 경험을 토대로 무한한 신의 존재를 도출할 수 있다고 주장하고 있다.

르네 데카르트(René Descartes)도 세계에 스며 있는 잠재적 이중 무한의 신비를 강조한다. 그러나 그는 새로운 구분을 도입하여, 한계 없이 커질 잠재력을 지닌 것들을 무한하다고 칭하는 대신에 '무제한(indefinite)' 하다고 칭한다. 세계의 크기, 물질의 부분, 별들의 개수 등'에 숨어 있는 잠재적 무한을 '무한'이 아니라 '무제한'이라고 칭하면, '우리는 무한에 관한 지루한 논쟁에 결코 빠져들지 않을 것'이라고 데카르트는 믿는다.[23]

관찰 가능한 유한한 양들에 기초하여 논의할 수 있는 잠재적 무한을 다룬 후에 데카르트는 현실적 무한에 관한 모든 논의를 근거 없는 사변으로 일축하려 한다. 우리 인간의 한계 때문에 현실적 무한을 논하는 것은 불가능하다는 것이다. 그리하여 그는 훗날 수학에서 현실적 무한이 무엇인지를 정식화하는 데 결정적으로 중요한 예들을 들면서도 오히려 현실적 무한을 생각하지 말아야 한다고 주장한다.

> 우리는 유한하므로, 우리가 무한과 관련해서 어떤 판단을 한다는 것은 불합리하다. 왜냐하면 판단한다는 것은 한정하고 움켜쥔다는 뜻이기 때문이다. 그러므로 우리는 무한한 선을 반으로 나누면 무한한지 또는 무한한 수가 짝수인지, 홀수인지 등을 묻는 사람들에게 대답하려고 고민하지 말아야 한다. 자신의 정신이 무한하다고 생각하지 않는 사람이라면 누구도 그런 문제를 생각할 필요가 없어 보인다.[24]

그리고 왜 우리가 무한을 연구할 수 없는지 설명하는 결정적인 대목은 다음과 같다.

> 그러므로 '무한'이라는 단어는 오직 신의 몫으로 남겨두자. 우리가 어떤 관점에서도 그 한계를 알지 못하는 대상, 더 나아가 그것에는 한계가 없다고 우리의 지성이 적극적으로 말하는 대상은 오직 신뿐이니까 말이다.[25]

데카르트 이후의 철학자들이 이런 경고를 무릅쓰고 기하학과 수열을 연구하려면 (적어도 프랑스에서는) 형이상학적 무한과 수학적 무한을 구분할 필요가 있었다. 그리고 그들은 실제로 그렇게 했다.

그리스 이후의 서양 사상가들은 일반적으로 신이 모든 측면에서는 아닐지라도 많은 측면에서 무한하다고 인정했다. 주류는 기독교 전통이었고, 두드러진 예외는 스피노자(Spinoza)와 헤겔(Hegel) 등의 범신론자들이었다. 그들은 신과 물리적인 우주가 구별되지 않는다고 주장했다. 우주는 존재 전체였다. 그 전체는 무한했고, 따라서 신은 무한했다. 많은 현대 신학자들도 동의할 만한 다른 입장으로 이른바 만유내재신론(panentheism, 범신론)이 있었다. 그것은 물리적인 우주가 유한하든 무한하든 상관없이 신은 물리적인 우주를 완전히 초월한다는 주장, 다시 말해 물리적인 우주는 신의 진부분집합이라는 주장이다. 다른 한편 유신론은 한 걸음 더 나아가 신이 물리적인 우주와 전혀 다르다고 주장한다.[26] 당연한 말이지만, 만일 물리적인 우주가 유한하다면(현대 우주론에서는 충분히 그럴 수 있다) 신의 무한성은 중요한 방식으로 신의 다름을 강화할 것이다. 그러나 신의 무한성은 신의 본질이 아니다. 설령 우주가 무한하다 할지라도 신은 우주와 다를 수 있다.[27]

칸트의 무한

이성과 진리의 관계는 다각형과 원의 관계와 같다.
다각형의 변이 많을수록 원과 비슷해진다. 그러나 변의 개수가
한없이 증가한다 할지라도, 다각형이 원의 본질 속으로
녹아들지 않는다면, 다각형은 절대로 원과 같아지지 않는다.
니콜라우스 쿠자누스[28]

이마누엘 칸트(Immanuel Kant)가 남긴 불멸의 철학적 업적은 이른바 '참된 실재'와 '지각된 실재'를 분명하게 구별해야 한다는 논증이다. 우리는 참된 실재의 본성을 이해하기 위해 우리의 정신과 감각을 사용하는데, 이 과정에서 실재의 본성은 변화를 겪는다(설령 실재의 본성이 변화하지 않는다 해도 우리는 그것이 변화하지 않는다는 것을 결코 알 수 없다).[29] 우리는 완벽하게 숨어서 새를 바라보는 사냥꾼처럼 세계를 방해하지 않고 관찰하고 연구할 수 있기를 바란다. 그러나 칸트는 그것이 원리적으로 불가능하다고 주장했다. 우리의 정신은 사물을 이해하기 위한 틀을 가지고 있고, 우리가 세계에 관해서 얻는 정보는 반드시 그 틀에 맞춰진다. 따라서 사물의 궁극적인 본성을 안다는 주장이나 신의 존재와 삶의 의미에 관한 거대한 철학적 질문들에 답할 수 있다는 주장은 폐기되어야 한다. 우주에 관한 원초적인 자료를 인간의 앎으로 가공하는 과정에서 우리의 사유 범주들이 하는 역할은 문제의 소지가 없는 사소한 것일 수도 있지만 그렇지 않을 수도 있다.[30]

칸트는 우주가 크기에서나, 발생할 수 있는 가능성들의 다양성에서나 모두 무한하다고 믿었다. 그런 측면에서 우주는 신의 반영이다. 그러나 우주가 무한하다는 믿음은 우주가 무한하다는 앎과 같지 않다. 칸트는 우주의 무한성을 참된 실재의 영역에 속하는 사안으로 여겼다. 다른 한편으로 참된 실재에 대한 우리의 지각과 이해는 필연적으로 유한하고 우리의 인간적인 지각 방식에 의해 제한된다. 그러므로 칸트에 따르면, 현실적 무한은 존재하지만 우리는 그 무한을 오로지 유한한 것으로서, 혹은 '현상'으로서만 이해할 수 있다.

어떤 측면에서 칸트는 쿠자누스와 마찬가지로 지각된 실재와 참된 실재를 구별하고 우주가 공간적인 크기와 다양성에서 무한하다고 믿었다.

니콜라우스 쿠자누스와 비슷하다. 그가 보기에 우주의 이 같은 무한성들은 다함이 없는 신의 본성을 반영한다. 그러나 유한한 형상으로 신을 파악하거나 표현할 길은 없다. 잘 알고 있듯이 이 생각은 이슬람교와 유대교의 사상에도 들어 있다.

칸트는 유럽 철학에서, 특히 독일 철학에서 지배적인 지위에 올라 전문적인 철학자들의 세계를 훨씬 벗어난 곳까지 영향을 미쳤다. 19세기의 과학자들과 수학자들은 칸트에게서 많은 영향을 받았다. 카를 가우스(Carl Friedrich Gauss) 같은 위대한 수학자는 1831년에도 현실적 무한에 대한 생각을 고대인들처럼 완강하게 거부했다. 그러나 혁명이 다가오고 있었다.

3장

무한 호텔에 오신 것을 환영합니다

나는 이 타자용지를 당신에게 돌려줍니다.
왜냐하면 누군가 여기에 횡설수설 낙서를 하고
맨 위에 당신의 이름을 적었기 때문입니다.
오하이오 대학의 영문학 교수

호텔

세 남자가 주머니에 10달러씩을 넣고 호텔로 간다. 그들은 하룻밤 숙박료로 30달러를 내고 방을 얻는다. 잠시 후 하룻밤 숙박료로 25달러를 받으라고 지시하는 팩스가 본부에서 온다. 접수 직원은 사환에게 5달러를 세 남자에게 가져다 주라고 시킨다. 사환은 사내들에게서 팁을 받은 적이 없고, 5달러를 셋으로 나눌 줄 몰라서 2달러를 제 주머니에 넣고 세 남자에게 1달러씩 주기로 한다. 그러니까 세 남자는 각각 9달러를 지불한 셈이고, 사환은 2달러를 챙겼으니까, 총합은 29달러이다. 나머지 1달러는 어디로 갔을까?

프랭크 모건[1]

호텔은 기억에 오래 남는 장소다. 얄궂게도 나쁜 호텔일수록 더 오래 기억에 남는다. BBC의 고전적인 시트콤인 〈폴티 타워스〉는 존 클리스가 해변 도시 트로키에 있는 이상한 호텔에 머문 지 얼마 후부터 시작된다. 호텔 주인은 더 이상한 사람이다. 그리고 그 드라마에서 가장 이상한 인물은 오래전부터 그 호텔에서 지낸 소령이다.

트로키는 평범한 도시다. 몇 년 전에 런던 『타임스』에는 뉴욕에 있는 한 호텔에 든 사업가가 방에서 앞서 투숙한 손님이 죽은 채로 누워 있는 것을 발견했다는 기사가 실렸다. 사업가는 즉시 접수대로 달려가 숨을 헐떡이며 직원에게 "거기 123호실에 시체가 있다"라고 말했다. 직원은 고개를 들지도 않고 뒤에 있는 열쇠함으로 손을 뻗으면서 차분하게 말했다. "대신 124호실을 쓰세요." 내가 묵어본 가장 나쁜 호텔은 출입문에 발자국 모양의 구멍이 있었고, 온갖 전기 설비가 들어 있는 화장실 겸 샤워실의 나무문은 썩어 있었다. 샤워를 하면 모든 것이 흠뻑 젖었고 마르는 데 한 시간가량 걸렸다. 나는 한 시간 남짓 버티다가 그 호텔에서 나왔다.

호텔의 특이한 점은 모든 사람이 이방인이라는 점, 그리고 다른 손님들이 몇 명이나 되는지, 성격은 어떤지 등을 몰라서 난처할 수도 있는 점이다. 익명성이 보장되고 생활은 완전히 숫자에 의해 지배된다. 방 번호가 있고, 복도 번호, 전화 번호, 아침 식사 시간과 퇴실 시간, 택시 호출 시간, 인터넷 접속 번호, 신용카드 번호, 냉장고에서 꺼낸 생수 개수, 환율, 그리고 호텔을 떠날 때 받는 천문학적인 금액의 청구서 등 어떤 것도 예외는 없다. 뿐만 아니라 모든 곳에 걸린 거울이 끝없는 반사상을 만들어낸다. 무한에 관한 이야기를 풀어놓기에 이보다 더 좋은 장소가 있을까?

무한 호텔 체험

황량한 풍경 속에 우뚝 선 그 호텔은 대단한 장관이다.
욕실마다 프랑스 과부들이 누워 유쾌한 볼거리를 제공한다.
　제러드 호프눙[2]

그림 3-1 저자가 대본을 쓰고 루카 론코니가 연출을 맡고 테아트로 피콜로 극단이 출연하여 밀라노에서 2002년과 2003년에 공연한 연극 〈무한Infinities〉의 첫 장면에 등장하는 무한 호텔의 모습.[3]

위대한 독일 수학자 다비드 힐베르트(David Hilbert)가 지어냈다고 전하는 '무한 호텔 이야기'는 무한의 본성을 훌륭하게 일깨워준다.[4] 힐베르트는 엄격하고 특이한 인물이었다. 독특한 영국 물리학자 폴 디랙(Paul Adrien Maurice Dirac, 1902~1984)에 관한 일화와 마찬가지로 힐베르트에 관한 일화는 이미 그가 살아 있을 동안에 상당한 양으로 늘어났다. 이런

3장 무한 호텔에 오신 것을 환영합니다 71

일화도 있다. 힐베르트의 제자 한 명이 어려운 수학 문제를 풀지 못하고 자살했다고 한다. 힐베르트는 제자의 장례식에서 연설을 해달라는 부탁을 받았다. 무덤가에서 행한 연설에서 그는 그 젊은이를 죽음으로 내몬 수학 문제가 사실은 아주 간단하다고 말했다. 그 학생이 문제를 잘못 파악했을 뿐이라고 그는 덧붙였다.[5]

이 정도면 힐베르트가 구상한 호텔이 약간 이상하리라는 것쯤은 충분히 짐작할 수 있을 것이다. 일반적인 호텔에는 유한한 개수의 방이 있다 (**그림 3-1**). 방이 모두 차면 이미 있는 손님을 방에서 쫓아내지 않는 한 새 손님을 받을 길이 없다. 빈방이 없으면 정말 빈방이 없는 것이다.

무한 호텔에서는 사정이 다르다. 당신이 무한 호텔의 접수대에서 호텔에 있는 방이 모두 찼다는 말을 들었다고 상상해보자(방에는 1, 2, 3, 4 등의 번호가 붙어 있다). 접수 직원은—빈방이 없으므로—당황하지만, 지배인은 태연하다. "걱정할 것 없습니다"라고 그는 말한다. "1호실 손님을 2호실로 옮기고, 2호실 손님을 3호실로 옮기고, 계속 그런 식으로 손님들을 옮기면 됩니다. 그렇게 하면 모든 손님에게 방이 돌아가면서도 당신을 위해 1호실이 비게 되지요."

매우 만족한 당신은 다음 번에 그 도시에 들렀을 때 다시 무한 호텔로 간다. 이번에 당신은 '무한히' 많은 친구들과 함께 간다. 그 유명한 호텔은 역시 만원이다. 그러나 지배인은 역시 태연하다. 그는 고민하는 직원에게 "우리는 무한히 많은 손님들도 쉽게 받을 수 있어"라고 말한다. 그러고는 그는 1호실 손님을 2호실로, 2호실 손님을 4호실로, 3호실 손님을 6호실로 옮기고, 그런 식으로 나머지 모든 손님을 옮긴다. 그렇게 하면 홀수 번호 방들이 모두 비게 된다. 홀수 번호 방은 무한히 많으므로, 당신과 친구들은 추운 밤거리로 쫓겨나지 않고 호텔에 묵을 수 있다. 부득이한 일이지만, 무한 호텔의 룸서비스는 다른 고급 호텔보다 약간 느린 편이다.

이튿날 불쾌해진 짝수 방 손님들이 모두 호텔을 떠나기로 결심한다. 그들은 지배인의 지시에 따라 계속 이동하고 한참 동안 소지품을 옮기느라 불만을 품게 된 것이다. 지배인은 호텔의 방 절반이 (모든 짝수 번호 방이) 비게 된 것에 매우 당황한다. 그는 숙박 상황을 보고해야 하는데, 숙박률 50퍼센트는 거의 비상사태나 마찬가지다. 상황이 개선되지 않으면 호텔을 닫아야 할 지경이다. 업무상 호텔을 자주 이용하는 당신은 이제야 사정을 파악하기 시작한다.

당신은 그런 융통성 있는 호텔이 문을 닫기를 바라지 않는다. 지배인의 하소연을 들은 당신은 남아 있는 손님들을 옮겨서 빈방을 없애라고 제안한다. 당신은 1호실 손님만 그대로 두고, 3호실 손님을 2호실로, 5호실 손님을 3호실로, 7호실 손님은 4호실로 옮기고, 계속 그런 식으로 옮기라고 제안한다. 결국 새로운 손님이 오지 않았지만 모든 방이 다시 찬다. 지배인의 입이 귀밑까지 걸려 찢어진다.

다음 날 지배인은 다시 우울하다. 그의 호텔은 무한히 많은 호텔들의 연합에 속해 있다. 호텔들은 무한한 우주 속의 은하계 하나에 하나씩 있다. 그런데 사업이 신통치 않아 엄청난 수의 호텔들이 폐쇄되어야 할('구조조정'되어야 할) 상황이다. 그는 그것이 나쁜 소식이면서 동시에 좋은 소식이라고 설명한다. 좋은 소식은 사장단이 최근에 보인 지배인의 노력을 높이 평가하여 다른 모든 지배인들을 해고하고(임금을 무한히 삭감하고) 그의 호텔만 남기고 다른 호텔들을 모두 폐쇄하기로 결정한 것이다. 나쁜 소식은 다른 무한 호텔들에 있는 무한한 명수의 손님들이 모두 그 지배인의 호텔로 와야 한다는 것이다. 갑자기 그는 무한히 많은 호텔에 있던 무한히 많은 손님을 받아야 할 처지에 놓였다. 더구나 그의 호텔은 이미 만원이다!

유능한 지배인은 만원인 호텔에 손님 한 명을 더 받아야 했고, 그 다음에는 무한히 많은 손님들을 위해 방을 마련해야 했다. 그리고 이제는 제각각 무한히 많은 손님들이 모인 집단들을 무한히 많이 받기 위해 방을 마련해야 한다. 어떻게 해야 할까? 곧 손님들이 도착할 것이다. 호텔에 있는 사람들이 해결책을 궁리하기 시작한다. 쓸모없고 황당한 제안들만 난무한다. 이윽고 어떤 이가 그럴듯한 제안을 내놓는다.[6]

"이 방법을 쓰는 게 어떨까요? 1호실 손님만 그대로 두고, 2호실 손님을 1001호실로 옮기고, 3호실 손님을 2001호실로 옮기고, 4호실 손님을 3001호실로 옮기고, 그런 식으로 계속 옮기는 겁니다. 그리고 2호 호텔에서 온 손님들을 1002, 2002, 3002……호실에 넣는 겁니다."

언뜻 보면 훌륭한 해결책인 듯하다. 그때 접수 직원이 불현듯 무언가 깨닫고 지배인은 심장마비를 일으킬 뻔한다. 1001호 호텔에서 온 손님은 어떻게 하지요? 1호에서 1000호 호텔의 손님들이 모두 방을 차지했기 때문에 그들은 갈 곳이 없다. 논의는 '스퀘어 원(square one, 원점)'으로 돌아간다.[7] 지평선에는 이미 많은 우주선들이 나타났다.

또 다른 사람이 1호 호텔 손님들을 2, 4, 8, 16호실 등에 넣을 것을 제안한다. 계속해서 원래 번호에 2를 곱한 번호의 방에 투숙시키는 것이다. 2호 호텔에서 온 손님들은 3, 9, 27, 81호실 등에 넣는다. 계속해서 3을 곱한 번호의 방들이다. 그러나 지배인은 그런 식으로 방을 배정하면 두 사람 이상이 한 방을 쓰게 되는 문제가 있음을 깨달았다 — 예를 들어 16호실은 1호 호텔의 4번째 손님과 3호 호텔의 2번째 손님이 함께 써야 한다. 한 사람에게 방 하나가 돌아가도록 방 배정 체계를 만들어야 한다.

그때 주방에서 일용직으로 일하는 대학생이— 그는 막 수학과 1학년 과정을 마쳤다—소수를 이용할 것을 제안한다[8](2, 3, 5, 7, 11, 13, 17, 19, 23 등 소수는 무한히 많다). 모든 각각의 수가 한 가지 방식으로 소인수 분해되는 것을 이용하자는 것이다. 예를 들어 $8=2\times2\times2$이고 $21=3\times7$이고 $35=5\times7$다. 지배인의 눈이 반짝인다. 오래전에 들은 수학 강의가 떠오른다. 그는 침착하게 듣고 신중하게 생각하고 모든 직원에게 지시를 내린다. 그의 계획은 다음과 같다. 1호 호텔의 손님들에게 2, 4, 8, 16, 32, ……호실을 준다. 2호 호텔에서 온 손님들에게 3, 9, 27, 81, ……호실을 준다. 3호 호텔에서 온 손님들에게 5, 25, 125, 625, ……호실을 준다. 4호 호텔에서 온 손님들에게는 7, 49, 343, ……호실을 준다. 이런 방식으로 모든 손님에게 방을 배정한다. p와 q가 서로 다른 소수이고 m과 n이 정수라면 p^m과 q^n은 같을 수 없으므로, 한 방에 두 사람 이상 배정되는 일은 일어나지 않는다.

방 배정 작업을 하던 직원은 일을 더 간단하게 해결할 수 있음을 깨닫고 계산기를 이용해서 매우 쉽게 배정 계획을 세운다. n호 호텔의 m번째 손님을 $2^m\times3^n$호실에 넣으면 모든 문제가 해결된다. 예를 들어 4호 호텔의 6번째 손님은 $2^6\times3^4=64\times81=5184$호실을 받는다. 한 방에 두 명이 배정되는 일은 없다.

그러나 지배인은 여전히 불만스럽다. 이 계획을 실행하면 엄청난 개수의 빈방이 생길 것이다. 대학생의 원래 계획에서는 방 번호가 소수의 거듭제곱이 아닌 방들, 즉 6, 10, 12호실 등이 모두 비게 된다. 직원의 계획에서는 $2^m\times3^n$으로 표현할 수 없는 번호의 방들이 모두 비게 된다. 다급한 지배인은 경영 자문 회사를 운영하는 옛 친구에게 전화를 걸어 도움을 요청한다.

무한한 수고비를 약속받은 친구의 대리인이 훨씬 더 효율적인 제안을 가지고 곧바로 도착한다. 손님들의 옛 방 번호와 옛 호텔 번호로 이루어진 순서쌍으로 표를 만들자. 예를 들어 5번째 행의 4번째 열에는 4호 호텔의 5호실에서 온 손님에 해당하는 순서쌍을 놓는다(**그림 3-2**).

(1,1)	(1,2)	(1,3)	(1,4)	…	(1,n)
(2,1)	(2,2)	(2,3)	(2,4)	…	(2,n)
(3,1)	(3,2)	(3,3)	(3,4)	…	(3,n)
(4,1)	(4,2)	(4,3)	(4,4)	…	(4,n)
(5,1)	(5,2)	(5,3)	(5,4)	…	(5,n)
…	…	…	…	…	…
(m,1)	(m,2)	(m,3)	(m,4)	…	(m,n)

이제 그 표를 이용해서 손님들을 단순한 규칙에 따라 처리할 수 있다. 손님들이 도착하면, (1,1)에서 온 손님에게 1호실을 주고, (1,2)에서 온 손님에게 2호실을 주고, (2,2)에서 온 손님에게 3호실을 주고, (2,1)에서 온 손님에게 4호실을 주라고 접수 직원에게 지시하라. 이렇게 하면 표에서

(1,1) 1호실	**(1,2) 2호실**	(1,3)	(1,4)	…	(1,n)
(2,1) 4호실	**(2,2) 3호실**	(2,3)	(2,4)	…	(2,n)
(3,1)	(3,2)	(3,3)	(3,4)	…	(3,n)
(4,1)	(4,2)	(4,3)	(4,4)	…	(4,n)
(5,1)	(5,2)	(5,3)	(5,4)	…	(5,n)
…	…	…	…	…	…
(m,1)	(m,2)	(m,3)	(m,4)	…	(m,n)

좌상귀의 2×2 정사각형에 있는 모든 손님을 처리할 수 있다.

이제 3×3 정사각형의 손님들을 처리해보자. (1,3)에서 온 손님을 5호실에, (2,3)에서 온 손님을 6호실에, (3,3)에서 온 손님을 7호실에, (3,2)에서 온 손님을 8호실에, (3,1)에서 온 손님을 9호실에 배정한다. 그렇게 하

(1,1) 1호실	(1,2) 2호실	(1,3) 5호실	(1,4)	⋯	(1,n)
(2,1) 4호실	(2,2) 3호실	(2,3) 6호실	(2,4)	⋯	(2,n)
(3,1) 9호실	(3,2) 8호실	(3,3) 7호실	(3,4)	⋯	(3,n)
(4,1)	(4,2)	(4,3)	(4,4)	⋯	(4,n)
(5,1)	(5,2)	(5,3)	(5,4)	⋯	(5,n)

그림 3-2 연극 〈무한〉의 1장에서 무한호텔의 로비에 알고리듬이 등장한다.

면 좌상귀의 3×3 정사각형을 처리할 수 있다.

지배인은 경탄한다. 그러나 방이 충분할까? 충분하다. 수학과 학생이 다시 나타나 도착하는 손님을 모두 수용할 수 있을 뿐 아니라 한 개의 방도 비지 않게 된다고 말한다.[9] 다시 숙박률 100퍼센트를 달성하게 된 것이다.

무한 호텔의 회계

모든 여관은 동일한 여관이다. 1인실은 부분도 크기도 없는 방이다.
다른 모든 방이 찼을 경우, 1인실은 2인실이라고 불린다.
스티븐 리콕[10]

무한 호텔은 최고의 호황을 맞았다. 수입이 무한대고 지출도 무한대이지만, 이익도 무한대이다. 회계 보고는 이것으로 충분하다. 그러나 지배인에게 세금 청구서가 날아온다. 무한 호텔의 회계 직원은 세율이 가능한 한 최저가 되도록 노력했다—수입을 여러 은하계로 분산하고 주소지를 세율이 가장 낮은 곳으로 변경했다. 그러나 세율이 아무리 낮다 할지라도, 이익이 무한대이면 세금은 무한대가 된다.[11] "어떻게 이럴 수가 있지?"라고 지배인은 소리친다. "우린 망했어, 우리가 낼 세금은 우리의 이익과 똑같이 무한대야." 회계 직원은 그를 편안한 의자에 앉히고 차 한 잔을 가져다 준다. "제 말을 들어보세요"라고 그는 말한다. "걱정 말고 무한한 세금을 지불하십시오. 그래도 이익은 전혀 줄어들지 않을 겁니다. 이익은 여전히 무한대일 겁니다."

모든 일이 잘 풀린 것은 아니다. 무한 호텔의 소유주는 무한히 많은 은하계에 있는 무한히 많은 호텔에서 온 무한히 많은 손님을 다루는 일의 복잡함에 점점 지쳐갔다. 모든 은하계에 불경기가 찾아왔다. 불경기는 수십억 년 동안 계속될 것이라고 한다. 무한 호텔은 경영 전략을 극단적으로 바꿔 불황을 탈출하기로 한다—무한히 극단적인 변화를 시도하는 것이다. 사장단은 호텔 연합의 이름을 바꾸고, 상품들의 명칭을 바꾸고, 새로운 시장을 개척하기로 한다. 최신 유행을 따르자는 결정을 내렸다. 궁극의 최소 호텔이 되자는 것이다. 무한 호텔은 제로 호텔이 된다. 모든 일이 더 간단해진다. 이제 방도 손님도 직원도 운영비도(실내 온도는 0도로 조절된다) 손실도 문제도 없다. 바에서는 존 케이지의 작품 〈4분 33초〉[12]가 반복해서 연주되고, 로비에는 빈 캔버스만 있는 현대적인 미술품이 걸리고, 희망에 부풀고 실의에 빠진 모든 손님에게 필자의 저서 『무영진공』[13]이 무료로 배포된다. 그리고 벽에는 '오늘의 생각'으로 다음과 같은 글이 전시된다.

사람들이 수학이 단순하다는 것을 믿지 않는다면, 그것은 삶이 얼마나 복잡한지 그들이 모르기 때문이다.

4장

무한은 큰 수가 아니다

저것은 무한이고, 이것도 무한이다.
무한에서 무한이 나오고,
무한에서 무한을 빼면 무한이 남는다.
산스크리트어 진언[1]

순박한 오해

> 공간은 거의 무한하다. 사실 우리는 공간이 단적으로 무한하다고 생각한다.
>
> 댄 퀘일[2]

무한이 단순히 매우 큰 수라고, 우리가 생각할 수 있는 가장 큰 수보다 약간 더 크다고, 무지개처럼 항상 도달할 수 없다고 생각하는 사람들이 있다. 그러나 무한의 미묘함을 이해하려면 무한이 단지 매우 큰 수가 아님을 이해하는 것이 더욱 중요하다. 무한은 (124,453,567,000,000,000,000,000,000,000,001 같은) 유한한 수와 질적으로 다르다. 무한이 아주 큰 수라는 것은 대부분의 사람들이 할 법한 생각이다. 무한은 점점 커지는 수라서 당신이 생각할 수 있는 가장 큰 수 더하기 1보다 약간 더 크다고 생각하는 사람들이 있을 법하다.

작센의 알베르트의 역설

예수께서 떡 다섯 개와 물고기 두 마리를 가지사 하늘을 우러러 축사하시고 떡을 떼어 제자들에게 주어 사람들 앞에 놓게 하시고 또 물고기 두 마리도 모든 사람에게 나누어 주시니
다 배불리 먹고
남은 떡 조각과 물고기를 열두 바구니에 차게 거두었으며
떡을 먹은 남자가 5천 명이었더라.
「마가복음」 6장 41~44절

알베르트 리크머스톱(Albert Ricmerstop)은 1316년에 독일 작센 지방의 헬름슈테트에서 태어났다. 그는 중세에 가장 큰 영향력을 발휘한 논리학자 중 하나가 되었다. 그는 프라하와 파리에서 공부한 후 파리 대학의 총장이 되었고, 그 후 1365년에 제네바 대학의 초대 총장이 되었다. 그는 논리학과 철학에 관한 방대한 저술을 남긴 것 외에도, 오스트리아 공작을 위해 교황을 상대로 여러 차례 외교적인 임무를 수행하여 교회와 국가의 정치적인 관계와 관련해서 중요한 역할을 했다. 그 결과 그는 빈에서 특사로 임명되고 불과 1년 후에 할버슈타트 주교가 되었고, 1390년에 사망할 때까지 그 직위를 유지했다. 훗날의 학자들에게 그는 작센의 알베르트, 혹은 간단히 '알베르투키우스'로 알려지게 되었다. 알베르투키우스는 '작은 알베르트'라는 뜻이다. '작은'이라는 수식어가 붙은 이유는 13세기의 유명한 신학자 알베르투스 마그누스('큰 알베르트')와 구별하기 위해서다.

알베르트는 중세 신학을 개혁한 예리한 사상가였다. 그는 다양한 철학

체계의 한계를 밝히고 깨우치는 데 이용되는 문장, 즉 '소피스마(sophisma)'[3]의 진위를 판정하는 절차를 개발했다. 소피스마는 이해하기 어렵고 모호하고 역설적인 문장이었다. 학자들은 경쟁하는 철학자가 제시한 소피스마를 처리하고 자신의 소피스마를 제시하는 방식으로 대결했다. '무는 어떤 것이다', '오직 신만이 무한하다', '이 문장은 거짓이다'와 같은 문장이 간단한 소피스마가 될 수 있다. 알베르트는 무한의 문제들과 역설들에 관심이 있었고, 그의 책 『소피스마타』에서 그 문제들과 역설들을 논의했다.

그 논의에서 그는 통렬한 역설 하나를 제시했다. 그 역설은 훗날 무한집합을 정의하는 기초가 되었고 현실적 무한에 대한 엄밀한 논의의 토대가 되었다. 물론 그것은 알베르트의 의도가 아니었다. 그러나 그 역설은 그가 무한의 문제를 얼마나 진지하게 생각했는지 보여주고, 당대 영국 철학자들이 알베르트에게 끼친 영향을 보여준다. 알베르트는 그들이 이용하는 수학을 적극적으로 수용하고 보급했다.

알베르트는 무한을 이용해 무에서 유를 얻을 수 있음을 보여주었다. 그것도 원하는 만큼 얼마든지 얻을 수 있음을 말이다. 변의 길이가 1인 정사각형과 무한히 긴 나무 막대를 생각해보자(**그림 4-1**). 그 막대를 같은 크기의 정육면체들로 자르자. 당신은 무한히 많은 정육면체를 얻을 것이고, 그 정육면체들을 건축용 블록으로 이용할 수 있을 것이다. 알베르트는 그 블록들을 다음과 같이 체계적으로 배열하여 공간 전체를 채울 수 있다고 주장한다. 하나의 블록을 $3^3-1=26$개의 블록으로 둘러싸서 변의 길이가 3인 정육면체를 만든다. 이어서 그 정육면체를 $5^3-3^3=98$개의 블록으로 둘러싸서 변의 길이가 5인 새 정육면체를 만든다. 더 나아가 7^3-5^3, 9^3-7^3, 11^3-9^3개의 블록을 써서 같은 과정을 반복하면, 점점 큰

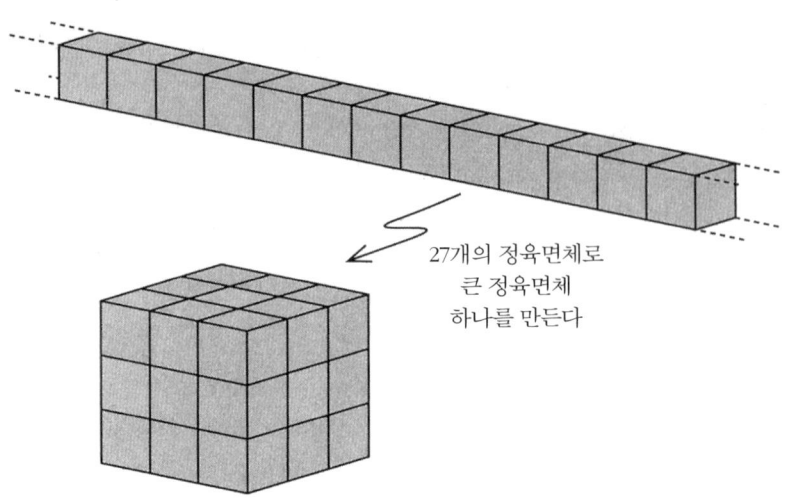

그림 4-1 알베르트가 제시한, 무한히 긴 막대를 잘라서 무한한 공간 전체를 채우는 방법. 막대의 단면적은 1제곱센티미터에 불과하다. 막대를 잘라 만든 조각들을 쌓아 점점 더 크게 정육면체를 만들 수 있다.

정육면체를 만들 수 있다. 따라서 역설적이게도 처음에 있었던 무한히 긴 막대를 자르고 재배열하여 무한한 3차원 공간 전체를 채울 수 있다.

알베르트의 기발한 역설은 14세기에도 무한의 이상한 성질에 대한 분명한 인식이 있었음을 보여준다. 그 이상한 성질은 무한이 자기 자신의 부분과 일대일대응을 이룰 수 있다는 것이다. 알베르트가 제시한 역설의 중요성은 아리스토텔레스의 확신에 찬 가르침을 무너뜨린 데에 있다. 아리스토텔레스는 무한한 집합은 있을 수 없다고 가르쳤다. 왜냐하면 무한한 집합은 더 작으면서 무한한 부분집합을 가질 것이고, 그것은 불합리하기 때문이다. 알베르트의 증명은 그런 상황이 있을 수 있으며, 그런 상황에 아무런 논리적 모순이 없음을 보여주었다. 사실 알베르트의 역설은 필요 이상으로 정교하다. 물론 막대를 자르고 조각들을 배열하여 정육면체를 만드는 정교한 작업의 처음 몇 단계를 보면 누구나 그 작업을 끝없이 반복했을 때의 결과를 상상할 수 있다는 장점이 있는 것도 사실이지만 말이다.

갈릴레이는 훨씬 더 간단하지만 요점은 같은 예를 제시했다. 그 예는 갈릴레이가 무한에 대한 중세의 논의를 잘 알고 있었음을 보여주며 무한의 역설을 명료하게 깨닫게 해준다. 흥미롭게도 갈릴레이는 그 예를 대화 형식으로 된 저술에서 제시했다. 그 저술은 글을 읽을 줄 아는 모든 사람을 위한 '대중적인' 과학 저술로, 대화와 논증으로 구성된 극 형식을 채택했다.

갈릴레이의 역설

당신은 상대방의 대답을 듣고 그가 영리한지 알 수 있다.
당신은 상대방의 질문을 듣고 그가 지혜로운지 알 수 있다.
나기브 마푸즈[4]

갈릴레이[5]가 창작한 가상의 대화를 통해서 우리는 무한집합의 핵심적인 역설을 가장 단순한 형태로 발견할 수 있다. 갈릴레이는 작센의 알베르트와 마찬가지로 무한에 무언가 신비로운 점이 있음을 알았고, 수수께끼를 풀기 위해 노력했다. 갈릴레이는 무한의 신비로운 성질을 하나씩 하나씩 제시한다. 그가 지어낸 대화를 읽어보자.[6]

살비아티, 사그레도, 심플리치오의 대화

사그레도 나는 자네들이 어떤 수가 제곱수이고 어떤 수가 제곱수가 아닌지 당연히 알 것이라고 생각하네.

심플리치오 나는 제곱된 수가 어떤 수를 자기 자신과 곱해서 만든 수라는 것을 잘 아네. 4, 9 등이 2, 3 등을 자기 자신과 곱해서 만든 제곱수지.

살비아티 아주 훌륭해. 그렇다면 4와 9를 제곱수라고 부르는 것처럼, 그것들의 인수인 2와 3을 변이나 근이라고 부르는 것도 알겠지? 두 개의 동일한 인수로 이루어지지 않은 수는 제곱수가 아니라네. 이제 내가 제곱수와 비제곱수를 아우른 모든 수가 제곱수보다 많다고 주장한다면, 나는 진실을 말하는 걸까?

심플리치오 당연하지.

살비아티 더 나아가 내가 제곱수가 얼마나 많은지 물으면, 자네는 제곱수에 대응하는 근의 개수만큼 많은 제곱수가 있다고 옳게 대답할 걸세. 왜냐하면 각각의 제곱수가 근을 가지고, 각각의 근이 제곱수를 가지며, 어떤 제곱수도 두 개 이상의 근을 가지지 않고, 어떤 근도 두 개 이상의 제곱수를 가지지 않기 때문이지.

심플리치오 확실히 그렇지.

살비아티 그런데 내가 근이 얼마나 많은지 묻는다면, 자네는 근이 모든 수만큼 많다는 것을 부정할 수 없네. 왜냐하면 모든 각각의 수는 어떤 수의 근이기 때문이지. 그렇다면 우리는 모든 수만큼 많은 제곱수가 있다고 말해야 하네. 제곱수는 근만큼 많고, 모든 수는 근이니 말일세. 그런데 처음에 우리는 제곱수보다 더 많은 수가 있다고 말했다네. 왜냐하면 제곱수가 아닌 수들이 많이 있으니까. 게다가 큰 수들 쪽으로 제곱수는 줄어들지. 100까지의 수들 중에는 10개의 제곱수가 있으니까 제곱수가 차지하는 비율은 1/10이네. 그런데 10,000까지의 수들 중에서는 겨우 1/100이 제곱수이고, 백만까지의 수들 중에서는 겨우 1/1,000이 제곱수라네. 한편 만일 우리가 무한한 수를 생각할 수 있다면,

그 수까지의 수들 중에는 그 모든 수들만큼 많은 제곱수가 있다고 인정할 수밖에 없다네.

사그레도 그렇다면 우리는 어떤 결론을 내려야 하지?

살비아티 내가 아는 한 우리는 다음과 같이 추론할 수 있네. 모든 수 전체는 무한하고, 제곱수도 무한하고, 제곱수의 근도 무한하며, 제곱수가 모든 수 전체보다 적지 않고, 모든 수 전체가 제곱수보다 많지 않네. 결국 '같다', '더 많다', '더 적다' 같은 술어들은 무한에 적용할 수 없고, 유한에만 적용할 수 있다는 결론이 나오지……. 나는 모든 수가 제곱수보다 더 많지도 않고 더 적지도 않고 양쪽이 같지도 않으며, 모든 수와 제곱수가 무한하다고 대답하네. 첫 번째 난점에 대해서는 이것으로 마무리하세.

그림 4-2 작센의 알베르트[7]

사그레도 잠깐 멈추고 내게 방금 떠오른 생각을 들어주게. 앞서 말한 것이 참이라면, 내 생각엔 어떤 무한한 수가 다른 무한한 수보다 크다고 말할 수 없고, 심지어 유한한 수보다 크다고도 말할 수 없을 것 같네. 왜냐하면 무한한 수가 예를 들어 백만보다 크다면, 백만에서 점점 더 큰 수로 나아가면 무한에 다가갈 수 있을 걸세. 그러나 그럴 수는 없네. 오히려 더 큰 수들로 나아가면 우리는 무한에서 더 멀어지네. 왜냐하면 더 큰 수들 속에는 더 적은 제곱수가 들어 있기 때문이지. 그러나 우리가 방금 동의했듯이 무한 속에 있는 제곱수는 모든 수 전체보다 적을 수 없네. 따라서 점점 더 큰 수로 나아간다는 것은 무한에서 멀어지는 것을 뜻하네.

첫째, 갈릴레이는 모든 양의 정수를 나열하여 목록을 만들면,

$$1, 2, 3, 4, 5, 6, 7 \cdots\cdots$$

그 목록이 무한하다는 것을 지적한다. 왜냐하면 그 목록에 끝이 없기 때문이다. 만일 당신이 이 사실을 의심한다면, 목록의 마지막 수(그 수를 B라 하자)를 지적하라. 그러면 나는 그 수에 1을 더해서 더 큰 수 (B+1)을 만들 수 있다.

이제 목록에 있는 모든 수를 자기 자신과 곱해서 제곱수를 만들자.

$$1\times1=1,\ 2\times2=4,\ 3\times3=9,\ 4\times4=16,\ 5\times5=25, \cdots\cdots$$

각각의 자연수에 한 개의 제곱수가 대응한다. 따라서 제곱수(1, 4, 9, 16, 25, ……)의 목록도 무한하다. 각각의 수를 그것의 제곱과 연결하는 끝이 있다고 생각해보자. 그러면 두 개의 목록이 아래와 같이 연결될 것이다.

$$
\begin{array}{rcl}
1 & \longrightarrow & 1 \\
2 & \longrightarrow & 4 \\
3 & \longrightarrow & 9 \\
4 & \longrightarrow & 16 \\
5 & \longrightarrow & 25 \\
6 & \longrightarrow & 36 \\
7 & \longrightarrow & 49 \\
8 & \longrightarrow & 64 \\
9 & \longrightarrow & 81 \\
10 & \longrightarrow & 100 \\
\end{array}
$$
…………

이제 갈릴레이는 어느 목록이 더 긴지 묻는다. 제곱수 목록 속의 수 각각은 자연수 목록 속의 수 하나와 그리고 오직 하나와 연결되므로, 제곱수가 자연수와 똑같이 많은 듯하다. 그러나 역설이 있다. 제곱수 목록(오른쪽 세로줄) 속의 수 각각은 왼쪽 세로줄의 자연수 목록 속에도 있다(처음 세 제곱수에 밑줄을 그어 표시했다). 그러므로 왼쪽 목록이 오른쪽 목록보다 확실히 커야 한다. 왜냐하면 왼쪽 목록은 제곱수 목록에 없는 수도 많이 포함하고 있기 때문이다!

그러나 갈릴레이는 이 역설을 해결하지 않고 다만 다음과 같이 결론지었다.

> 우리는 무한한 양과 관련해서 어떤 것이 다른 것보다 크거나 작거나 같다고 말할 수 없다.

사실 갈릴레이는 약간 번거로운 예를 들었다. 독자들이 애써 제곱수를 생각하도록 강요할 필요는 없다. 모든 자연수(1, 2, 3, 4, ……)와 모든 짝수(2, 4, 6, 8, ……)의 대응을 생각해보라. 1과 2를, 2와 4를, 3과 6을, 4와 8을 연결할 수 있다. 자연수와 짝수는 찻잔 세트 속의 잔과 받침처럼 짝지을 수 있다. 이 경우에도 자연수의 목록과 짝수의 목록 사이에 유일한 일대일대응이 성립한다. 그런데 짝수가 자연수 전체의 절반만큼 많다는 '통념'을 증명하기라도 하듯이, 모든 짝수가 첫 번째 목록 속에도 들어 있다!

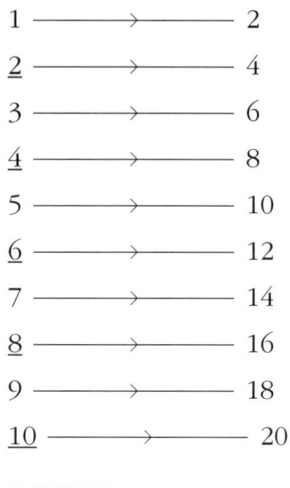

이 예에서 중요한 것은 무한집합의 특징을 간파하는 것이다. '유한한' 목록들은 각각의 목록에 포함된 항목의 수가 '같을' 때에만 일대일대응을 이룰 수 있다. 예를 들어 결혼한 쌍들을 나열한 유한한 목록 속에는 같은 명수의 남성과 여성이 있다.

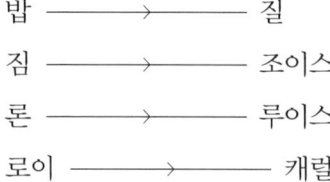

갈릴레이의 역설은 이런 목록과 무한한 목록은 성질이 다르다는 것을 보여준다. 무한한 목록은 자기 자신을 부분집합으로 포함할 수 있는 듯하다!

'무에서 유를 얻는' 이 역설과 유사한 역설이 있다. 그 역설은 시간과 관련되며 일반적으로 '트리스트럼 섄디'의 역설이라 부른다. 트리스트럼 섄디는 하루의 일기를 완성하는 데 1년이 걸린다. 그는 1760년 1월 1일의 일기를 1760년 12월 31일 자정에 완성한다. 1760년 1월 2일의 일기는 1761년 12월 31일 자정에 완성한다. 시간이 지날수록 그는 점점 더 뒤쳐진다. 만일 그가 유한한 시간 동안 산다면, 그는 일생 중 일부의 날들에 대한 일기만 쓸 수 있을 것이다. 그러나 만일 그가 영원히 산다면, 그는 일생의 모든 날들에 대한 일기를 쓸 수 있을 것이다.

공간과 관련하여 이와 비슷한 역설도 있다. '지도 역설'이라 부르는 그 역설은 일대일 비율의 지도를 만드는 것을 생각할 때 발생한다. 우리는 지구 표면의 일부를 나타내는 지도를 흔히 본다. 그러나 미국의 철학자 조시아 로이스가 제안한 대로,

> 완벽하게 정확한 지도를 만든다고 상상해보자…… 또 그 이상적인 지도가 영국 영토 안에 있다고 해보자…… 완벽한 시력으로 그 이상적인 지도를 보는 사람은 거기에 표현된 영국 속의 어느 특정한 위치에 그 지도가 있는 것을 볼 것이다…… 그 지도 속에는 또 하나의 영국이 있을 것이고 그 영국 속에도 완벽한 영국의 지도가 있고, ……이런 일이 무한히 계속될 것이다.[8]

이 역설은 루이스 캐럴에서 호르헤 루이스 보르헤스(Jorge Luis Borges)까지 많은 작가들이 자주 언급했다. 이 역설은 본질적으로 무한의 역설이 아니라 자기언급(self-reference)의 역설이다. 평행한 두 평면거울 사이에 물체를 놓는 경우에도 일종의 자기언급이 발생하여 반사상의 반사상이 끝없이 생겨난다(**그림 4-3**).

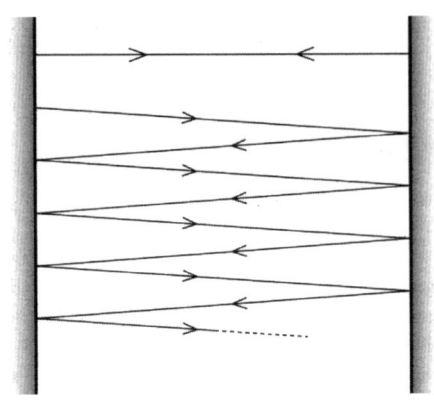

그림 4-3 평행한 두 거울은 무한히 많은 반사상을 만든다. 현실에서 반사상의 개수는 유한하다. 왜냐하면 거울의 도금이 완벽하지 않고, 빛이 완벽한 진공이 아닌 매질 속을 지날 때 산란되기 때문이다. 또 빛의 속도는 유한하므로, 조건들이 완벽하다 할지라도 무한히 많은 반사상이 생기려면 무한한 시간이 필요할 것이다.

물론 실제로는 유한한 개수의 상만 보인다. 왜냐하면 반사율이 완벽하지 않고, 공기가 빛을 산란시키기 때문이다. 그러나 이 평행 거울 효과는 매우 인상적이다. 거기에서 우리는 잠재적 무한의 광경을 가장 단순하고 실감나게 볼 수 있다.

카드무스와 하모니아

모든 것을 분간하고, 좋은 것을 굳게 잡으십시오.
사도 바울[9]

수학자들은 오래전부터 끝없는 급수에 매력을 느껴왔다. 끝없는 급수는 예상외의 성질들을 지녔다. 1350년에 프랑스의 수학자 니콜 오렘(Nicole d'Oresme)은 점점 감소하는 항들로 이루어진 무한한 조화급수의 합이 무한히 크다는 것을 증명했다. 무한 조화급수는 아래와 같다.

$$\frac{1}{1} + \frac{1}{2} + \frac{1}{3} + \frac{1}{4} + \frac{1}{5} + \frac{1}{6} + \frac{1}{7} + \frac{1}{8} + \cdots\cdots$$

그 증명은 매우 깔끔하다. 처음 두 항 다음에 있는 두 항의 합($\frac{1}{3} + \frac{1}{4}$)은 $\frac{1}{2}$보다 크고, 그 다음 네 항의 합은 $\frac{1}{2}$보다 크고, 그 다음 8항의 합은 $\frac{1}{2}$보다 크고, 그 다음 16항의 합은 $\frac{1}{2}$보다 크고, 이런 식의 관계가 끝없이 성립한다. 결과적으로 무한 조화급수의 합은 $\frac{1}{2}$을 무한히 많이 더한 값보다 커야 한다.[10] 따라서 그 합은 확실히 무한히 크다![11]

조화수열이나 조화급수는 매우 다양한 상황에서 등장한다. 당신이 자연 현상 관련 기록들—예컨대 연간 강수량 최고 기록—에 흥미가 있다고 가정해보자.[12] 강수량 관측이 시작된 첫 해의 강수량은 당연히 최고기록일 것이다. 두 번째 해의 강수량이 최고기록일 확률은 $\frac{1}{2}$일 것이다. 처음 2년 동안 연간 강수량 최고기록이 나오는 횟수의 기댓값은 $1+\frac{1}{2}$일 것이다. 계산을 계속하면, 세 번째 해의 강수량이 첫 해와 두 번째 해보다 클 확률은 $\frac{1}{3}$이다. 더 나아가 처음 N년 동안 연간 강수량 최고기록이 나오는 횟수의 기댓값은 다음과 같을 것이다.

$$1 + \frac{1}{2} + \frac{1}{3} + \frac{1}{4} + \frac{1}{5} + \cdots\cdots + \frac{1}{N}$$

예컨대 백 년 동안 나오리라고 기대되는 연간 강수량 최고기록의 개수를 얻으려면 N=100으로 놓고 위의 덧셈을 하면 된다. 덧셈 결과는 5.19

이다. 그런데 요새 영국에서 최고 강수량이나 기타 기상 기록이 나오는 빈도는 이 단순한 조화급수가 예측하는 것—100년 중에 다섯 번—보다 훨씬 더 높다. 이는 현재의 날씨 변화가 무작위하지 않으며 그 바탕에 이른바 '지구온난화' 등의 원인이 있음을 의미한다. 무한 조화급수의 합이 무한하다는 것은 관측을 무한히 오래 계속하면 최고기록들이 얼마든지 나올 수 있다는 직관과 맞아떨어진다. 조화급수와 관련한 또 다른 멋진 예로 책 쌓기 문제가 있다. 책을 계속 쌓아서 책의 탑이 탁자 가장자리를 벗어나게 만들자. 책의 탑은 탁자의 가장자리를 얼마나 벗어날 수 있을까?[13]

책들은 탑의 무게중심이 탁자를 벗어나지 않도록 쌓여야 한다. 왜냐하면 그 무게중심이 탁자의 가장자리를 벗어나면 탑이 무너질 것이기

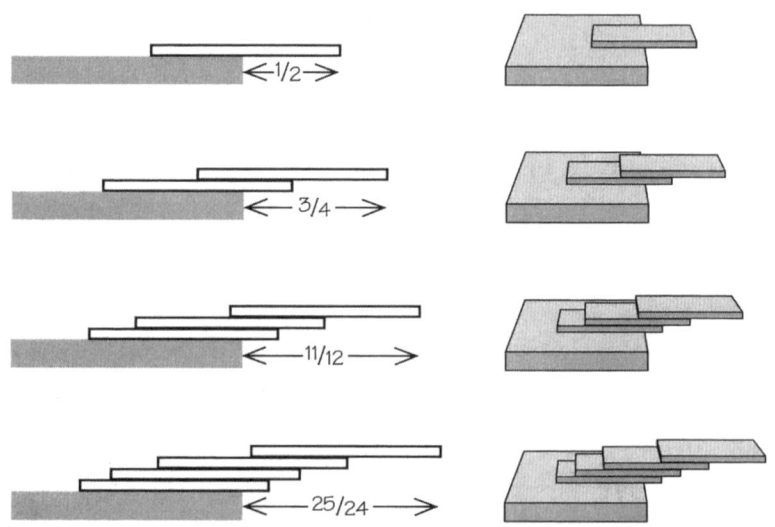

그림 4-4 무한한 책 쌓기. 쌓인 책들 전체의 무게중심이 탁자의 가장자리를 벗어나지 무한히 많은 책들을 쌓을 수 있다. 이 책 쌓기는 이론적으로 가능하지만, 현실적으로는 그렇지 않다.

때문이다. 책의 크기가 1이라면 N권의 책을 쌓아 만든 탑이 탁자의 가장자리 너머로 돌출할 수 있는 거리의 최댓값은 조화급수의 N항까지 합의 $\frac{1}{2}$이다.

$$\text{탁자를 벗어나는 최대 거리} = \frac{1}{2} \times \{1 + \frac{1}{2} + \cdots\cdots \frac{1}{N}\}$$

놀라운 사실은 N을 충분히 크게 하면 벗어나는 거리를 원하는 만큼 크게 만들 수 있는 점이다.[14] 예컨대 그 거리가 책 크기의 10배보다 크게 만들려면 272,400,600권을 쌓으면 된다. 마찰이 없고 표면이 완벽하고 입자가 매우 작은 이상적인 상황에서는 벗어나는 거리가 무한대가 될 수 있다.

터미네이터 0, $\frac{1}{2}$, 1

문제가 생길지도 모른다.
어빙 베를린[15]

조화급수의 행동은 명확하며, 적절한 방법으로 보면 쉽게 드러난다. 무한급수의 합이 유한하지 않을 경우, 우리는 그 무한급수가 발산한다고 한다. 발산하는 무한급수의 하나인 무한 조화급수는 도처에서 나타나기 때문에[16] 익숙하고 평범하게 느껴질 수 있다. 그러나 그것은 착각이다. 몇 가지 예를 통해 발산하는 급수가 일으키는 문제들을 살펴보자.

아래와 같은 단순한 무한급수에서 시작하자. 이 급수의 합을 S로 표기하자. 급수는 1과 −1의 반복으로 이루어진다. 요컨대 우리는 아래의 등식을 출발점으로 삼는다.

$$S = 1 - 1 + 1 - 1 + 1 \cdots\cdots$$

우리는 이 끝없는 급수의 합을 구하려 한다. 먼저 우리가 급수 속에 있는 수들을 아래와 같이 한 쌍씩 괄호로 묶으면 급수의 합은 '자명하게' 0이 된다. 왜냐하면 각각의 괄호 속에 있는 1과 −1을 더하면 0이기 때문이다.

$$S = (1-1) + (1-1) + \cdots\cdots$$
$$S = 0 + 0 + 0 + 0 + \cdots\cdots$$

따라서 합 $S = 0$이다. 그러나 우리는 항들을 다르게 묶을 수도 있다. 예를 들어 첫 번째 1을 제외한 나머지 항들을 한 쌍씩 묶을 수 있다.

$$S = 1 + (-1 + 1) + (-1 + 1) + (-1 + 1) + \cdots\cdots$$

이렇게 하면 $S = 1$이 된다. 왜냐하면 모든 괄호가 0이 되기 때문이다. 요컨대 아래의 등식이 성립한다.

$$S = 1 + 0 + 0 + 0 \cdots\cdots$$

따라서 우리는 $S = 0$과 $S = 1$, 따라서 $0 = 1$을 증명했다! 여기에서 멈출 이유는 없다. 우리는 항들을 다음과 같은 세 번째 방법으로도 묶을 수 있다.

$$S = 1 - (1 - 1 + 1 - 1 + 1 - \cdots\cdots)$$

이때 괄호 안에 있는 무한급수는 바로 S 자신이다. 따라서 다음과 같은 등식이 성립한다.

$$S = 1 - S$$

따라서 $2S = 1$이고, S는 $1/2$이다. 더 나아가 이 결과들에서 얻은 교훈을 이용하여 S가 임의의 수와 같음을 어렵지 않게 '증명'할 수 있다. 닐스 아벨(Niels Abel)[17]을 비롯한 19세기의 위대한 수학자들이 발산하는 급수를 흑사병처럼 기피한 것은 납득할 만한 일이다.

위의 결과들을 보면 무한은 끝없는 회계 비리의 단초를 제공할 듯하다. 컴퓨터가 잘 작동하지 않으면 우리는 컴퓨터를 껐다가 다시 켜서 문제를 해결하곤 한다. 그와 비슷하게 우리는 방금 단지 다른 순서로 돈을 세어 두 배로 만드는 방법을 얻은 것처럼 보인다. 물론 1과 −1이 교대로 등장하는 급수의 항들이 유한하다면 문제가 전혀 없다. 그런 급수의 합은 0이거나 1이다. 우리가 항들을 어떻게 더하는지, 혹은 어떻게 괄호를 치는지는 중요하지 않다. 급수에 짝수 개의 항이 있으면 합이 0이고, 그렇지 않으면 합이 1이다. 당신의 계좌에 있는 금액은, 오로지 당신이 무한히 부유할 때만, 당신이 세는 순서에 따라 달라진다.

수학자들은 이런 문제들 때문에 무한을 몹시 꺼렸다. 무한은 모든 신뢰를 파괴하는 '논리 세계의 흑사병'으로 간주되었다. 무한을 명확하게 조작할 수 있는 유일한 학문인 수학에서 무한은 재앙을 불러왔다. 결과적으로 수학자들은 무한을 추방하거나 존재하지 않는 것으로 간주하려 했다.

그림 4-5 게오르크 칸토어와 그의 아내 발리.[18]

무한을 끝없는 덧셈을 나타내는 단축기호로만 인정하고, 그 이상의 의미를 지닌 무한은 깡그리 제거하려 한 수학자들이 인류 사상사의 거의 모든 시기에 있었다.

이 모든 모호함과 혼란은 19세기에 한 명의 천재 덕분에 갑자기 명료함으로 바뀌었다. 게오르크 칸토어는 무한의 영역에 숨어 있는 풍요를 드러내고 선대 수학자들의 반론을 모두 받아치는 이론을 개발했다(**그림 4-5**). 현실적 무한은 갑자기 수학의 일부가 되었다. 그러나 이 변화가 순조롭지만은 않았다.

셀 수 있는 무한

최대 다수의 최대 행복을 산출하는 것이 최선이다.
프랜시스 허치슨[19]

칸토어는 수학자들에게 저주였던 역설들을, 무한을 명확하게 이해하기 위한 기반으로 이용했다. 알베르트와 갈릴레이의 역설이 지닌 결정적인 의미를 이해한 그는 그 역설의 지위를 버려 둔 기형아에서 새로운 주춧돌로 바꾸어놓았다. 칸토어는 셀 수 있는 무한을 자연수의 목록 1, 2, 3, 4, 5, 6, ……과 일대일대응을 맺을 수 있는 무한으로 정의했다. 예컨대 짝수는 셀 수 있게 무한하다. 홀수도 마찬가지다.

$$
\begin{aligned}
1 &\longrightarrow 3 \\
2 &\longrightarrow 5 \\
3 &\longrightarrow 7 \\
4 &\longrightarrow 9 \\
5 &\longrightarrow 11 \\
6 &\longrightarrow 13 \\
7 &\longrightarrow 15 \\
8 &\longrightarrow 17 \\
9 &\longrightarrow 19 \\
10 &\longrightarrow \cdots\cdots
\end{aligned}
$$

모든 셀 수 있는 무한집합들은 칸토어의 새로운 기준에서 '크기'가 같다. 칸토어는 셀 수 있는 무한이 가장 작은 무한이라고 생각했고, 그것을 히브리어 알파벳 첫 철자를 이용해서 알레프-제로, 즉 $\aleph_0$로 표기했다. 이 정의가 유한집합에는 해당되지 않는다는 점에 주목하라. 당신의 찻잔 세트 같은 유한집합은 오직 같은 개수의 원소(컵 한 개와 받침 한 개)를 가진 다른 집합과 일대일대응을 맺을 수 있다.

셀 수 있는 무한의 정의에서 놀라운 귀결들이 도출된다. 칸토어는 자연수를 자연수로 나누어 만드는 모든 분수(예를 들어 2/3, 11/22)가 셀 수 있게 무한하다는 것을 증명했다. 증명 방법은 분수를 하나도 빠짐없이 세는 방법을 제시하는 것이었다. 그는 아래와 같은 유명한 대각선 그림을 이용했다.

$$\frac{1}{1},$$

$$\frac{2}{1}, \frac{1}{2},$$

$$\frac{1}{3}, \frac{2}{2}, \frac{3}{1},$$

$$\frac{4}{1}, \frac{3}{2}, \frac{2}{3}, \frac{1}{4},$$

$$\frac{1}{5}, \frac{2}{4}, \frac{3}{3}, \frac{4}{2}, \frac{5}{1},$$

$$\frac{6}{1}, \frac{5}{2}, \frac{4}{3}, \frac{3}{4}, \frac{2}{5}, \frac{1}{6}, \cdots\cdots$$

이 그림은 자연수를 자연수로 나누어 만드는 모든 분수들을 아우른다.

규칙은 각 행이 있는 분수들의 분모와 분자를 더한 값이 모두 같도록 분수들을 배열하는 것이다. 예컨대 4번째 행에 있는 분수들의 분모와 분자를 더하면, (4+1), (3+2), (2+3), (1+4), 즉 모두 5가 된다. 이 규칙을 따르면 모든 분수를 빠짐없이 세는 명확한 방법을 얻을 수 있다. 얼핏 생각하면 분수가 정수보다 훨씬 많을 것 같지만, 칸토어의 방법으로 세어보면 분수와 정수는 똑같이 많다. 고대의 수학자들과 철학자들이 논한 무한들은 모두 칸토어의 의미에서 셀 수 있는 무한이다. 그럼 다른 무한들도 있을까?

셀 수 없는 무한

앨-고어-리듬(Al-Gore-rhythm) : 여러 번 반복하면 원하는 결과가 나오는 수학 연산. 특히 플로리다에서 타당한 정의임.
익명

이어서 칸토어는 셀 수 있는 무한보다 더 큰 '셀 수 없는' 무한이 있음을 증명했다. 소수(대부분의 소수decimal는 끝없이 긴 무한소수이며, 분수로 표현할 수 없는 무리수도 소수에 포함된다)는 체계적으로 셀 길이 없다. 즉 소수는 '셀 수 없게' 무한하다. 칸토어는 이 사실을 기발하게 증명했다. 우선 소수를 셀 수 있다고 가정하자. 이는 우리가 무한히 긴 0의 행렬로 끝나지 않는 모든 무한소수를 세는 체계적인 방법을 제시할 수 있음을 의미한다.[20] 예컨대 무한소수와 자연수를 아래와 같이 일대일로 대응시킨다고 해보자.

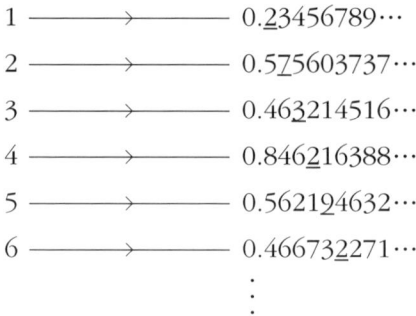

이제 우리는 첫 소수의 소수점 이하 첫째 자릿수와 두 번째 소수의 소수점 이하 둘째 자릿수와 세 번째 소수의 소수점 이하 셋째 자릿수 등을 취하여 새로운 소수를 만들 것이다. 위의 대응 목록에서 나는 새로운 소수에 쓸 숫자들에 밑줄을 그었다. 새로운 소수의 처음 부분은 다음과 같다.

$$0.273292\cdots\cdots$$

이제 이 소수의 모든 자릿수에 1을 더해서 다음과 같은 새로운 소수를 만들자.

$$0.38403\cdots\cdots$$

놀랍게도 이 소수는 우리가 모든 소수를 포함한다고 가정한 위의 목록에 포함될 수 없다. 왜냐하면 이 소수는 최소한 한 자리에서 목록상의 소수와 불일치할 수밖에 없기 때문이다. 따라서 소수(실수, 혹은 실수 연속체라고도 한다)는 셀 수 없게 무한하다. 다시 말해 소수는 자연수나 분수보다 무한히 많다. 따라서 소수는 히브리어 철자를 이용한 기호 $\aleph_1$(알레프 1)로 표기된다. 칸토어는 $\aleph_0$보다 크고 $\aleph_1$ 보다 작은 무한집합은 없다고 믿었다. 그러나 그는 그 믿음을 증명할 수 없었다. 이 문제는 훗날 가장 큰 수학 문제 중 하나로 밝혀졌고 아주 특이한 방식으로 해결되었다.

칸토어의 발견— 다양한 크기의 무한이 있고, 무한을 분명한 방식으로 분류할 수 있다는 사실의 발견— 은

그림 4-6 베른하르트 볼차노[21]

수학에서 가장 위대한 발견 중 하나이다. 또 그 발견은 당대의 지배적인 견해와 완전히 대립되었다.

칸토어 이전의 수학자인 베른하르트 볼차노는 1847년에 67세의 나이로 무한의 역설들을 연구하기 시작했다. 그는 모든 무한은 크기가 같다고 믿었다. 그 이유는 갈릴레이와 중세의 수학자들이 무한 개념의 모순성을 드러내기 위해 즐겨 제시한 '역설들' 중 하나인 아래의 역설을 보면 쉽게 알 수 있다.[22] 끈을 이용해서 지름이 1미터인 반원을 만들자. 이제 **그림 4-7**과 같이 반원의 지름과 나란하게 반원 밑에 놓인 무한 직선을 상상하자.

우리가 반원의 중심에서 무한 직선으로 임의의 직선을 그으면, 그 직선은 항상 반원 상의 한 점과 만날 것이다. **그림 4-7**은 반원 상의 점 각각을 무한 직선 상의 한 점과, 그리고 오직 한 점과 연결하는 직선이 있음을 분명하게 보여준다. 따라서 반원에 있는 점의 개수는 무한 직선에 있는 점의 개수와 같다. 더 나아가 중심이 같고 지름이 더 작은 반원들을 추가로 그린다고 해보자. 그러면 중심과 원래의 반원 상의 한 점을 지나는 직선은 모든 반원들과 만날 것이다. 따라서 각각의 반원에 있는 각각의 점은

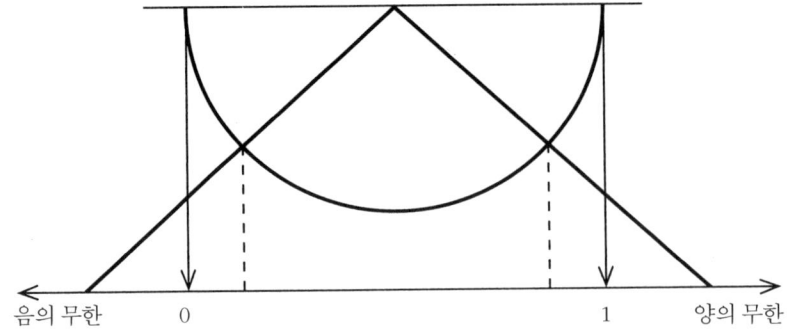

그림 4-7 평좌표 0에서 1까지 뻗어 있는 단위길이의 선분과, 음의 무한대(왼쪽)에서 양의 무한대(오른쪽)까지 뻗어 있는 무한 직선의 일대일대응. 무한 직선상의 임의의 점 하나를 선택한 다음, 그 점과 그림에 있는 반원의 중심을 직선으로 연결하라. 그 직선이 반원과 만나는 점에서 수직으로 점선을 내려 단위길이의 선분과 만나게 하라. 점선과 선분이 만나는 점을 얻어 원래의 무한 직선상의 점과 대응할 수 있다. 이런 방식으로 무한 직선상의 임의의 점을 유한한 선분상의 한 점과 대응할 수 있다.

다른 모든 반원 각각에 있는 한 점과 대응할 것이다. 따라서 반원 각각에 있는 점들의 개수는 무한하며 반원의 지름과 상관없이 항상 같다.

볼차노는 이런 식의 대응이 성립하므로 무한집합들은 '크기가 같다'는 결론을 내렸다. 칸토어는 매우 멋진 방법으로 볼차노의 결론이 옳지 않음을 증명했다. 무한소수―또는 '실수'―는 정수나 분수보다 무한히 많다. 뿐만 아니라 무한소수들의 집합보다 무한히 더 큰 무한도 있을 수 있다.

무한의 탑

누군가 가장 마지막 말을 해야 한다. 그렇게 하지 않으면 모든 이유가
다른 이유와 부딪칠 것이고, 논의는 끝이 없을 것이다.
알베르 카뮈[23]

칸토어가 발견한 가장 놀라운 사실은 임의의 무한 위에 그보다 더 큰 무한이 있다는 것이었다. 그는 끝없이 계속되는 무한의 위계가 존재함을 발견했다. 다른 모든 무한을 포함하는 가장 큰 무한은 존재하지 않는다. 우리가 기록하고 파악할 수 있는 우주들을 모두 포괄하는 우주는 존재하지 않는다. 칸토어의 증명을 보기 전에, 이 맥락에서 '존재한다'는 단어의 의미를 잠깐 설명할 필요가 있다. 우리는 일상생활에서 그 단어를 아무 혼란 없이 사용한다. "케임브리지가 존재한다", "인플레이션이 존재한다" 등의 진술은 충분히 명확해 보인다. 이 진술들은 물리적인 존재에 대한 진술이다. 19세기 초에 이르기까지 수학적인 존재도 그와 거의 비슷한 의미로 이해했다. 예컨대 유클리드 기하학은 물리적인 세계에서 타당하기 때문에 존재했다. 실제로 수천 년 동안 사람들은 유클리드 기하학과 전혀 다르면서 논리적으로 일관된 기하학 체계는 존재할 수 없다고 믿었다. 그러나 휘어진 표면을 기술하는 비유클리드 기하학의 발견은 그 믿음을 바꾸어놓았다. 그리하여 수학자들은 점차 새로운 존재 개념을 발견했다. 오늘날 수학에서 '존재한다'라는 말은 단지 '논리적으로 일관성이 있다'는 뜻이다.

수학적인 존재는 물리적인 존재를 요구하거나 필요로 하지 않는다. 수학자가 모순되지 않은 공리들과 규칙들의 집합을 명시하고 거기에서 참인 진술들을 도출할 수 있다면, 그 진술들은 "존재한다". 그것들은 체스 게임에서 국면(局面)이 존재하는 것과 같은 방식이다. 체스에서 국면은 처음 상황에서 규칙에 따라 행마가 이루어낸 결과이듯이 수학적 진술은 공리들에서 규칙에 따라 도출된 결과이다. 일반적으로 체스 게임에서는 국면이 판 위에 있는 말들에 따라 물리적으로 표현되지만, 반드시 그래야 하는 것은 아니다. 전문가들은 말과 판 없이 머릿속으로 게임할 수 있다.

가상적인 말들의 위치를 좌표로 소통하면서 게임을 할 수도 있다. 수학에서 거론되는 대상들도 마찬가지다. 수학적인 대상들의 일부는 물리적으로 존재한다. 그러나 대부분은 물리적으로 존재하지 않는다.

칸토어가 수학적 무한들이 끝없이 존재함을 증명하려 했을 때 그의 첫 번째 목표는 수학적 존재를 증명하는 것이었다. 다시 말해 무한집합의 정확한 정의를 토대로 삼아서 더 큰 무한집합들을 정의할 수 있음을 증명하는 것이었다. 그 무한들이 물리적으로 존재하는지 아닌지는 전혀 다른 문제다.

당신은 더 큰 무한을 만드는 일이 어린아이의 장난처럼 쉽다고 생각할지도 모른다. 자연수 1, 2, 3 ……으로 이루어진 무한집합이 있다고 가정해보자. 그 집합에 원소를—예를 들어 ☆를—하나만 더 추가하면 더 큰 집합이 되지 않을까? 안타깝게도 그렇지 않다. 무한 호텔을 떠올려보라. 셀 수 있는 무한에 정수를 한 개, 혹은 두 개 추가해도, 심지어 모든 정수를 추가해도, 결과는 처음과 다름없이 셀 수 있는 무한이다. 이 무한은 원래의 무한과 칸토어의 의미에서 크기가 같다. 새로운 등급의 무한으로 한층 상승하기 위해서는 무언가 다른 방법을 써야 한다.

칸토어는 무한의 위계에 끝이 없음을 증명할 수 있었다. 당신이 임의의 무한집합을 가지고 있다면, 그 집합의 모든 부분집합들을 원소로 지닌 집합—이 집합을 일컬어 멱집합(power set)이라고 함—을 만들 수 있는데, 이 새 집합은 원래의 무한집합보다 더 큰 무한집합이다. 예컨대 세 개의 원소를 지닌 집합[24] {A, B, C}를 생각해보자(철자가 사람을 나타내고 집합은 가족이나 비밀집단을 나타낸다고 생각해도 좋다). 이 집합의 부분집합들은 다음과 같다(일반적으로 원소가 없는 공집합—기호는 ø—과 원래의 집합 자신도 부분집합으로 간주된다).

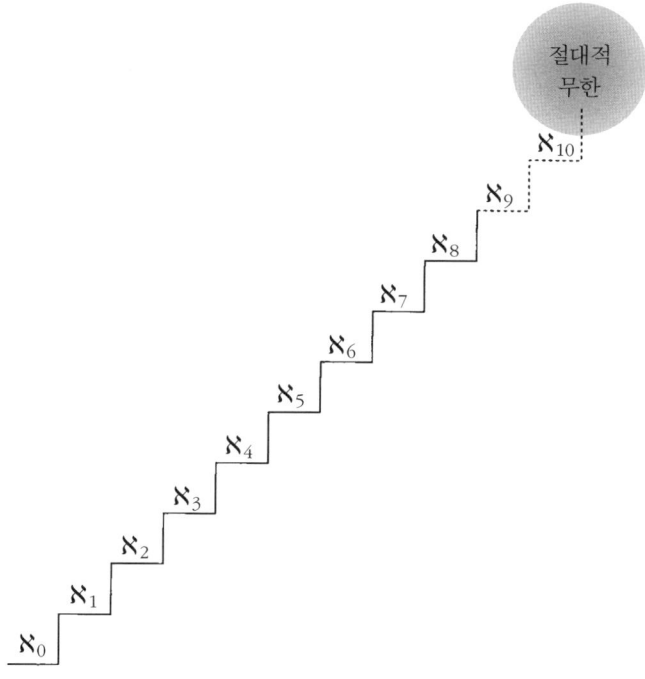

그림 4-8 끝없이 올라가는 무한의 탑

{∅}, {A}, {B}, {C}, {A,B}, {A,C}, {B,C}, {A,B,C}

모두 $8=2\times2\times2=2^3$개의 부분집합이 있다. 일반적으로 원래 집합의 원소가 N개이면, $2^N=2\times2\times2\times2\times\cdots\cdots$(2를 N번 곱한다)개의 부분집합이 있다. 요컨대 멱집합의 원소의 개수는 2^N이다. 마찬가지 방법으로 무한집합 $\aleph_0$의 멱집합 $P[\aleph_0]$를 만들면, 이 멱집합은 $\aleph_0$보다 무한히 더 큰 집합($\aleph_0$과 일대일대응을 이룰 수 없는 집합)이다. 우리는 같은 방법으로

4장 무한은 큰 수가 아니다 109

P[$\aleph_0$]의 멱집합도 만들 수 있다. 그 멱집합은 P[$\aleph_0$]보다 무한히 더 클 것이다. 이런 멱집합 만들기는 끝없이 계속될 수 있다.

결론적으로 수학은 무한들의 끝없는 위계를 제시한다. 무한을 가두어 놓을 수는 없다. 칸토어의 사실은 고대의 위대한 신학적인 저술에서 발견할 수 있는, 신과 무한을 표현하려는 노력을 떠올리게 한다. 이 사실은 또한 가능한 진리들이 무한히 많음을 보여준다.[25] 무한들의 위계는 많은 철학적, 신학적 함의를 지녔다. 철학자들과 신학자들은 무한에 대한 칸토어의 생각을 환영했다. 그러나 안타깝게도 수학자들의 반응은 전혀 달랐다.

5장

칸토어의 광기

다른 사람들이 경청하는 경험은,
대부분의 사람들에게 다른 경험으로 대체하기가
거의 불가능할 정도로 특별한 경험이다.
사람은 자신을 자유롭게 표현하기를 원하고,
자신이 인정받는다는 것을 확인하기를 원한다.
로버트 C. 머피[1]

칸토어와 그의 아버지

나는 아버지와 함께 수학 공부를 계속했다. 분수와 소수를 지나면서 자부심을 느꼈고 결국 수많은 소들이 풀을 얼마나 뜯어먹을지, 물통에 물이 차려면 몇 시간이나 걸릴지 알아내는 문제들까지 도달했다. 정말 매혹적이었다.

애거사 크리스티[2]

칸토어 회사(Cantor & Co.)는 성공적인 국제 도매 사업체였고, 어린 게오르크 칸토어는 다섯 명의 형제와 함께 유복한 환경에서 자라며 프랑크푸르트에 있는 좋은 사립학교에 다녔다. 게오르크는 재능이 많았다. 그는 친척들처럼 음악가나 미술가가 될 수도 있었을 것이다. 그러나 그는 십대 시절에 점점 더 수학, 물리학, 천문학에 빠져들었다. 그의 아버지는 아들의 공부를 분야를 가리지 않고 적극 후원했고 운명에 대한 종교적인 믿음을 아들의 영혼에 확고하게 심어주었다. 어떤 전기작가들은 아버지가 맏아들에 대한 지원을 통해 성취하지 못한 자신의 야망을 실현하려 했던 것이 아닐까 추측한다. 어쨌든 칸토어는 순탄한 성장기를 보낸 것으로 보인다. 그는 1862년에 17세로 다름슈타트 학교를 우수한 성적으로 졸업하고, 처음에는 수학을 공부하기 위하여 취리히 공과대학에 입학했다가, 19세기 중반에 수학의 중심지였던 베를린 대학에서 유명한 수학 강의를 듣기 위해 베를린으로 이주했다. 그곳에서 그는 카를 바이어슈트라스(Karl Weierstrass), 소피아 코발레프스카야(Sophie Kowalewski), 에른스트 쿰머(Ernst Kummer) 등 위대한 수학자들을 만났다. 그들은 베른하르트 리만(Bernhart Riemann)과 페터 디리클레(Peter Dirichlet)의 후계자들이었다. 칸토어는 영향력이 큰 레오폴트 크로네커(Leopold Kronecker)의 가르침도 받았다.

칸토어는 당대의 젊은 학자가 걷는 평범한 길을 걸었고, 베를린에서 학사학위와 박사학위를 취득한 후, 학생을 가르치는 임무가 포함된 일종의 수련과정을 할레 대학에서 시작했다. 할레는 17세기의 위대한 작곡가 헨델이 태어난 곳으로 유명한 중세도시이다. 할레 대학은 새로운 세대의 수학자를 위한 공간이었다. 할레의 위치는 베를린과 괴팅겐 사이였다. 할레 대학은 그 유명한 수학의 중심지 두 곳에서 교수가 되기 위해 거쳐야 하는 디딤돌이라고 생각할 만한 장소였다.

그러나 칸토어에게는 불행하게도 베를린 대학이나 괴팅겐 대학의 임용 제안은 영영 들어오지 않았고, 칸토어는 할레 대학의 수학과에서 학자로서 생애 전체를 보냈다. 할레 대학은 방문객이 거의 없었고, 칸토어에 견줄 만한 인물이 없었다. 칸토어는 1875년에 여동생의 친구 발리 구트만과 결혼한 후 큰 집에서 가족과 함께 안락하게 살았다. 하지만 칸토어의 삶은 곧 더 큰 활기를 띠게 되었다. 그러나 그것은 그가 원하는 종류의 활기가 아니었다.

칸토어와 크로네커의 악연

논리는 때로 괴물을 만든다.
앙리 푸앵카레[3]

1871년은 수학자 칸토어의 생애에서 전환점이었다. 그 전에 취리히에서 그를 가르친 교수인 크로네커는 그때까지 칸토어와 좋은 관계를 유지했고 그의 연구에 동조했으며 그가 할레 대학에 자리를 얻도록 도왔다. 심지어 크로네커가 해준 수학적인 조언은 칸토어가 첫 연구논문 몇 편을 완성하는 데 도움이 되었다. 그러나 그 후 두 사람의 관계는 달라졌다. 칸토어는 무한을 연구하기 시작했고, 크로네커는 칸토어가 갑자기 '젊은이들을 타락하게 만드는 사람'이 되었다고 느꼈다.[4]

크로네커는 부유한 프로이센 상인의 아들이었고 대학에서 받는 월급이 없어도 수학자로서 삶을 꾸려나갈 수 있었다(**그림 5-1**). 그는 베를린에서 대수학과 정수론에 관한 중요한 연구를 진행했다. 그러나 가족의 사업을 돌보느라 11년 동안 수학계를 떠나야 했다. 그 뒤 수학계로 돌아온 그는 1882년에 베를린 대학의 교수가 되었다.

수학사를 연구한 데이비드 버턴은 다음과 같이 썼다.

그림 5-1 레오폴드 크로네커[5]

크로네커는 속이 좁은 사람이었다. 그는 나이가 들면서 점점 더 자신의 한계를 의식했다. 그는 자신의 높은 지위에 대한 찬사를 자신의 지적인 능력에 대한 비방으로 여겼다. 그는 목소리를 높여 자신의 주장을 밝혔으며, 그가 인정하지 않는 수학자들에게 악의적이고 개인적인 공격을 가했다. 무한집합에 관한 새로운 이론에 대한 그의 반응은 분노였다…… 크로네커는 처음부터 칸토어의 무한집합에 관한 생각을 원론적으로 거부했다. "정의에는 유한한 단계를 거쳐 판단에 이르는 방법이 들어 있어야 한다. 그리고 어떤 양이 존재한다는 증명이 제대로 이루어졌다면, 그 양을 원하는 만큼 정확하게 계산할 수 있어야 한다"라고 그는 단언했다.[6]

크로네커에 따르면 무한집합에 관한 모든 논의는 불법과 다름없다. 왜냐하면 그 논의는 무한집합이 존재한다는 가정에서 출발하기 때문이다. 크로네커는 수학을 자연수(1, 2, 3……)에서 유한한 단계를 거쳐 도출되는 것들만으로 이루어진 체계로 정의하고자 했다. 그가 어느 연설에서 진술한 다음과 같은 유명한 말은 그 목표를 표현한다. "신은 자연수를 창조했고, 그 밖의 모든 것은 인간의 작품이다."

크로네커만 그런 입장을 취한 것은 아니었다. 그러나 그는 수학에 대한 속박이라고 할 만한 이른바 '유한주의(finitism)'를 옹호하는 가장 영향력 있고 요란한 인물이었다. 그는 우리가 수학에서 유한한 단계를 통해 논증과 양을 구성해야 한다고 믿었다. 오늘날 그런 수학은 컴퓨터가 수행할 수 있는 수학으로 분류할 것이다. 우리는 그것이 수학으로 인정될 수 있는 아주 작은 부분임을 안다.

크로네커는 어떤 것을 구성하는 방법을 명시적으로 기술할 수 없으면 그것의 존재를 인정하지 않았다. 다시 말해 단계적인 구성 방법을 제시하지 않고 존재의 필연성을 이야기하는 증명들을 허용하지 않았다. 요컨대 크로네커는 대부분의 수학자들이 믿는 것보다 더 좁은 수학을 믿었다.

무한에 대한 칸토어의 연구가 있기 전까지는 수학에서 무한은 항상 잠재적 무한이라는 가우스의 견해를 유지했다. 따라서 '무한'에 대한 언급은 끝이 없는 과정이나 열(serise)에 대한 언급의 축약 표현이었다. 사람들은 그런 무한을 가지고 아무 일도 하지 않았다. 사람들은 그런 무한을 이용해서 어떤 것이 참임을 증명하지 않았다.

당대의 가장 위대한 수학자였던 가우스는 1831년에 친구 슈마허에게 보낸 편지에서 다음과 같이 썼다.

"나는 무한한 양을 완성된 대상처럼 사용하는 것에 반대한다. 그것은 수학에서 절대로 허용할 수 없는 일이다. 무한은 단지 언어적인 표현의 방편이다. 무한의 참된 의미는, 다른 비율들이 제한 없이 증가할 때 특정한 비율들이 무제한으로 접근하는 한계이다."

유럽 대륙의 거의 모든 대학에서 잠재적 무한과 현실적 무한을 구별하는 일은 결정적이라고 여겼다. 일반적인 입장은 잠재적 무한만 유의미하다고 믿는 것이었다. 이러한 흐름이 있었지만 대부분의 수학자들은 무한에 대해 온건한 입장을 취했고, 유한주의를 수용하느냐 마느냐 하는 의견은 정말로 중요한 문제들을 거의 다루지 않았다. 따라서 크로네커의 거침없는 유한주의에 대부분의 수학자가 놀랐고 다수가 반감을 가졌다.

그러나 매우 예민하며 편집증 기질이 있는 칸토어는 크로네커의 비판에 심한 상처를 입었다. 칸토어의 연구 전체는 현실적 무한을 정의하고 조작하는 것에 초점을 두었는데, 크로네커는 그 연구가 존재하지 않는 것에 대한 연구이며 완전한 '사기'라고 평했다.[7]

베를린 대학의 수학 교수가 되려는 칸토어의 희망은 크로네커의 반대로 완전히 봉쇄되었다. 크로네커의 영향력은 베를린을 넘어 괴팅겐에도 미쳤다. 칸토어는 그곳의 교수 임용 심사에서 능력이 떨어지는 후보자들에게 밀려 번번이 탈락했다. 크로네커가 편집하는 학술지들은 칸토어의 논문 발표를 거부하거나 논문을 늦게 실으려고 하였다. 결국 칸토어는 수학자로서 살아가는 생애 전체(44년)를 수학적으로 명성이 없는 작은 대학인 할레 대학에서 보냈다.

그러나 그는 1874년에서 1884년 사이에 중요한 논문들을 발표할 수 있었다. 그 논문들은 일부 논란이 있었지만 젊은 수학자들 사이에서 널리 읽혔다. 그럴수록 칸토어는 자신의 지위가 높아지지 않는 것에 실망했다. 마침내 그는 크로네커의 공격에 분노하여 교육부에 직접 편지를 보냈고, 이듬해 봄에 크로네커를 난처하게 만들 목적으로 베를린 대학의 교수직에 지원했다. 칸토어는 1883년 12월 30일에 오랜 친구 구스타 미탁레플러(Mittag-Leffler)에게 편지를 보내 운명을 건 계획을 밝혔다.

나는 베를린으로 갈 수 있으리라는 생각을 전혀 하지 않았다…… 슈바르츠와 크로네커가 내가 베를린으로 가는 것을 두려워하여 여러 해 동안 강력하게 반대해온 것을 알았으므로, 나는 내가 먼저 나서서 교육부 장관에게 직접 호소하는 것이 나의 의무라고 생각했다. 나는 그 호소가 가져올 직접적인 효과를 잘 알고 있었다. 크로네커는 전갈에게 물린 것처럼 흥분하여 지원군과 함께 나같이 못된 놈을 공격할 것이고, 베를린은 내가 사자와 호랑이와 하이에나가 어슬렁거리는 아프리카의 사막으로 쫓겨났다고 생각할 것이다. 그 효과가 실제로 나타난 듯하다![8]

크로네커는 한 달 후에 『악타 마테마티카』의 편집자인 미탁레플러에게 직접 편지를 보내 수학적 개념에 대한 그의 견해를 담은 짧은 논문을 학술지에 발표할 수 있을지 문의했다. 크로네커는 그 논문을 통해서 '현대적인 집합론(즉 칸토어의 연구)의 성과가 실제로 전혀 무의미하다'는 것을 보일 계획이었다.[9]

그러나 크로네커는 그런 논문을 발표할 의도가 실은 없었다. 그의 목적은 다만 칸토어가 크로네커의 논문이 미탁레플러의 학술지에 예고된 것을 보고 편집자에게 배신감을 느껴 자신의 논문을 그 학술지에 발표하지 않도록 만드는 것이었다.

그 소식을 들은 칸토어는, 크로네커가 비판적인 논문을 발표하려 한다는 소식을 듣고 기뻐했다. 그 논문을 통해 크로네커의 비판이 공론화되면, 칸토어도 응수할 수 있기 때문이었다. 그러나 나중에 칸토어는 크로네커와 논쟁을 해봤자 개인적인 싸움이 되리라고 생각한 듯하다. 칸토어는 만일 『악타 마테마티카』에 크로네커의 비판적인 논문이 실리면 앞으로 자신은 그 학술지에 논문을 투고하지 않겠다고 편집자에게 통보했다. 크로네커는 예고한 논문을 미탁레플러에게 보내지 않았다. 이 사건은 칸토어의 편집증과 절망을 짐작하게 해준다.

1884년에 칸토어는 화해할 목적으로 크로네커에게 편지를 보냈다. 두 사람은 몇 차례 편지를 주고받았다. 크로네커는 겉으로 우호적이었다. 그러나 둘 사이의 참된 평화는 돌아오지 않았다. 칸토어는 성공할 가망이 거의 없다고 결론을 내렸다. 실제로 크로네커는 칸토어의 연구 업적과 성취에 큰 위협을 느꼈다. "나는 그와 그의 선입견이 나의 성취로 인해 공세에서 수세로 바뀐 것이 사소한 일이 아니라고 느낀다"라고 칸토어는 말했다.[10]

얼마 후 미탁레플러는 칸토어가 투고한 논문 한 편을 자신의 학술지에 싣지 않겠다고 선언했다. 그는 칸토어의 통찰이 "시대를 100년이나 앞선다"라고 외교적으로 말했다. 칸토어는 이 일에 크게 절망했고, 그 후 그 학술지에 논문을 발표하지 않았다. 칸토어는 "나는 『악타 마테마티카』에 관해서 다시는 아무것도 알고 싶지 않다"라고 말했다. (또 1878년에는 크로네커의 영향권 안에 있는 또 다른 수학 학술지인 『크렐레의 저널』에도 논문을 발표하지 않기로 결심했다.) 마침내 1885년 칸토어는 수학을 완전히 포기하기로 결심했다.

자신의 수학적인 입장 때문에 크로네커가 박해를 한다는 칸토어의 믿음은 1884년에 심각한 신경쇠약을 일으켰다. 그는 한 달 후에 다시 건강해졌지만, 이후 여러 차례 우울증으로 많은 시간을 할레 대학 병원에서 보내야 했다. 정신이 건강한 기간에는 많은 시간을 고대의 셈 체계와 신학과 역사를 연구하면서 보냈다. 칸토어가 수학 연구를 종결한 후인 1900년대에 이르러서야 그의 업적은 국제적으로 인정을 받기 시작했고 많은 상과 명예학위가 쏟아졌다. 그러나 그 인정은 주로 독일 밖에서 이루어졌고, 칸토어는 1908년에 독일 수학자들을 이렇게 비난했다. "내가 그들 속에서 42년 동안 살고 연구했지만 그들은 나를 모르는 것 같다."

곧 보게 되겠지만, 이 사건들과 그로 인한 스트레스는 결국 칸토어를 심한 우울증에 빠뜨렸고, 자신의 연구를 비롯한 모든 수학적 연구의 가치를 의심하게 만들었다. 그는 수학과에서 철학과로 자리를 옮기려 했다. 할레 대학은 그 요청을 거절했다. 그러나 대학은 칸토어에게 요양할 시간을 주었고, 칸토어의 병세가 악화되어 자리를 비운 동안에는 임시 강사를 고용하여 임무를 대신하게 했다. 칸토어는 우울증을 벗어나기 위해 무한에 관한 연구의 신학적 의미를 성찰하기 시작했다. 그는 신학자들이 그

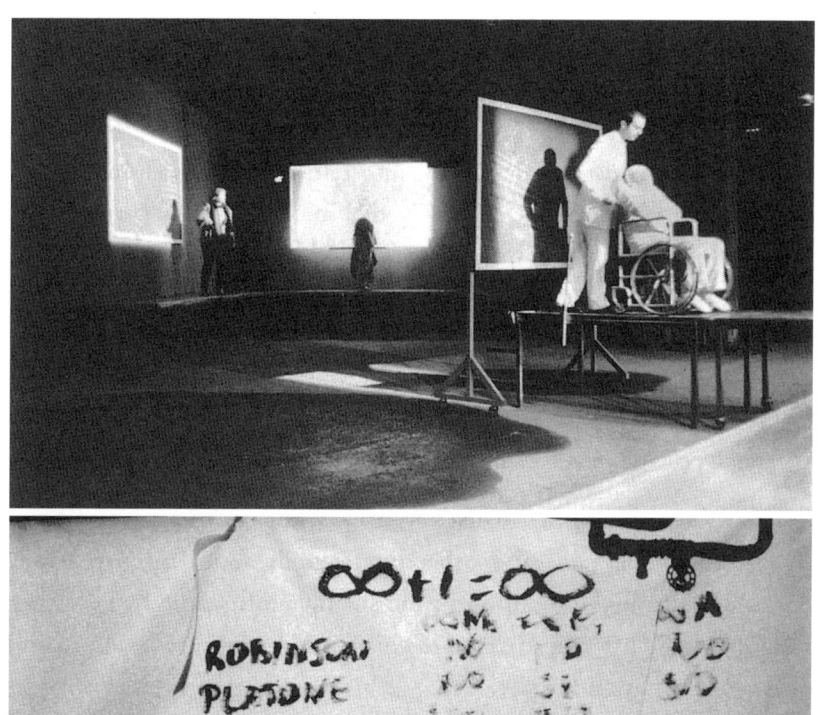

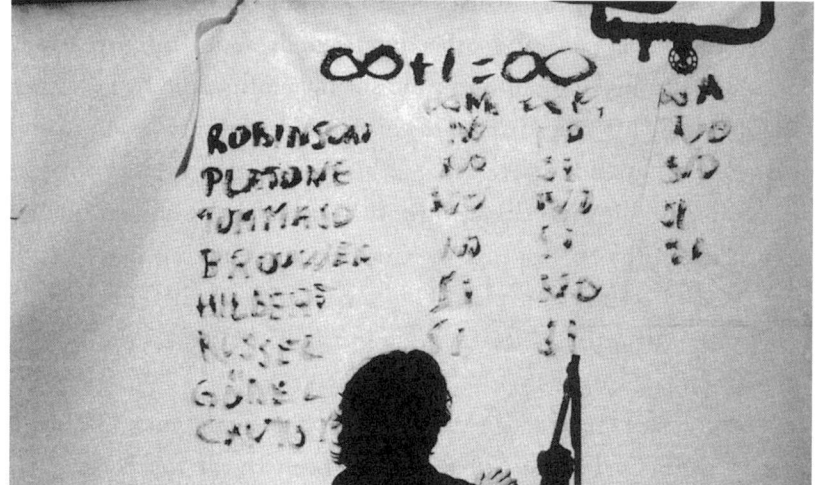

그림 5-2 수학과 수학자들에 맞선 칸토어의 싸움을 보여주는 장면. 연극 〈무한〉에서.

연구를 받아들일 것을 기대하지 않았다.

칸토어, 신, 무한 — 가까운 관계에 있는 셋

나는 신의 도움으로 알게 된 초한(transfinity)의 진리성을 의심하지 않는다.

나는 20여 년 동안 초한을 연구했다.

나는 그 연구를 하면서 매년 그리고 거의 매일 발전했다.

게오르크 칸토어[11]

1885년에 칸토어는 수학을 제쳐두고 신학자들을 비롯한 지식인들과 편지로 무한을 논의하기 시작했다. 항상 신앙심이 돈독했고 아버지에게 강한 영향을 받은 칸토어의 무한에 대한 태도는 뜻밖의 방식으로 변하기 시작했다. 그는 무한에 관하여 그가 발표한 생각의 발명자가 자신이 아니라고 친구들에게 말하기 시작했다. 그는 자신이 신의 정신의 일부를 모든 사람에게 알리도록 신의 영감을 받은 대리인에 불과하다고 말했다. 그는 자신의 연구가 참된 것이라는 믿음을 더 강하게 품었다. 그 연구는 그의 의식 속에서 계시된 진리의 지위로 격상했다.

칸토어는 적절한 시기에 진로를 바꾸었다. 그의 주변 수학계는 보수적인 크로네커의 영향하에 있었지만, 레오 8세가 1878년에 교황이 되면서 교회의 분위기는 여러 모로 자유로워졌다. 교황은 과거보다 더 계몽된 교회의 주도로 과학과 종교를 화해시키려 했다.

그것은 사제이자 철학자이고 신학자이며 독일 최고의 신토마스주의자들 중 하나였던 콘스탄틴 구트베를레트(Konstantin Gutberlet)에게 좋은 소식이었다. 그는 인간의 정신이 현실적 무한을 파악하고 그에 관해 의미 있게 말할 수 있다고 믿었다. 이 때문에 그는 가톨릭 신학자들에게 공격을 받았다. 그러나 그는 칸토어의 수학적인 연구에 의지해서 그 공격에 대응했고, 인간의 정신이 현실적 무한을 성찰할 수 있음을 그 연구가 명백히 증명했다고 주장했다. 또 현실적 무한을 성찰하는 인간은 신의 참된 본성에 더 접근할 것이며, 변함없는 신의 정신 속에 있는 생각들은 완성된 무한집합을 이룰 수밖에 없다고 구트베를레트는 주장했다.

구트베를레트의 주장은, 인간의 정신이 궁극적인 진리에 접근할 수 있도록 하는 데 유클리드 기하학이 증거로 구실했던 일을 떠올리게 한다. 궁극적인 진리가 인간의 정신을 초월한다고 주장하는 회의주의자들에게 도전을 받은 신학자들은, 우리가 우주에 관해 발견한 궁극적 진리의 실례로 유클리드 기하학을 제시할 수 있었다. 그러나 유클리드 기하학을 비롯한 수학적인 구조들에 대한 우리의 시각은 19세기에 근본적인 변화를 겪었다. 유클리드 기하학이 논리적으로 가능한 유일한 기하학이고, 따라서 세계가 필연적인 모습을 말해준다는 주장은 더 이상 불가능했다. 비유클리드 기하학들이 '무한히 많이' 존재하고 그것들 모두가 내적으로 일관된다는 사실이 인정되었기 때문이다. 물론 비유클리드 기하학이 논리적으로 일관되므로 수학적으로 존재한다는 사실은, 그것이 물리적인 현실에서도 존재해야 함을 뜻하지는 않는다.

구트베를레트는 칸토어의 연구가 신학에서 결정적으로 중요하다는 취지의 글을 썼고, 신의 절대적 무한성에 대해 칸토어와 서신을 교환했다. 칸토어는 자신의 생각이 지닌 신학적 함의에 깊은 관심을 가졌고, 자신이 발견한 더 높은 무한들이 신의 영역을 넓힌다고 생각했다. '가장 큰' 무한은 없다. 칸토어가 발견한 끝없는 무한들의 탑은 구트베를레트가 직면한

도전─무한을 이해하고 기술하는 일이 신의 지위를 격하한다는 주장─에 대한 간단한 대답이었다. 만일 가장 큰 무한이 있다면 무한에 대한 연구가 신을 위협한다는 염려가 타당할 테지만, 그런 무한은 없다.

칸토어는 교회가 무한과 관련하여 범하는 중요한 오류들을 자신의 지식을 이용해서 막을 수 있다고 믿었다. 그는 그것이 자신의 사명이라고 생각했다. 1896년에 친구에게 보낸 편지에서 그는 이렇게 선언했다.

"기독교 신학은 처음으로 무한에 관한 참된 이론을 제공받을 것이다."[12]

또 그는 다음과 같이 말했다.

"그러나 나는 지금 나의 희망(괴팅겐 대학이나 베를린 대학의 교수가 되는 것)이 실현되지 않은 것에 대해 가장 현명하고 가장 선한 신께 감사를 드린다. 왜냐하면 신은 그것을 통해 나를 제약하고 신학에 더 깊이 몰두하게 했으며, 신과 신성한 로마 교회에 더 잘 봉사하도록 만들었기 때문이다. 내가 수학에 몰두했더라면 그럴 수 없었을 것이다."[13]

많은 사람들은 칸토어가 크로네커를 비롯한 수학자들과의 경쟁을 벗어나 덜 힘들고 논란이 적은 활동으로 물러난 것이 절망의 표현이라고 생각했다. 그러나 칸토어는 점점 더 강해지는 신학과 철학에 대한 애정과 수학에 대한 혐오를 신의 인도라고 생각했다. 그는 자신이 교회에 봉사하기 위하여 수학적인 재능을 선사받은 신의 하인이라고 믿었다.

칸토어는 수학계의 친구들과 연락을 끊었고, 그의 연구에 관심을 가지고 그것을 중요하게 여기는 교회의 신학자들 및 철학자들과 교류하는 것을 행복하게 여겼다. 종교는 그에게 자신감을 주었고, 수많은 수학자들의 반대에도 그의 연구가 중요하다는 확신을 다시 심어주었다. 1887년에 칸토어는 K. 헤만에게 보낸 편지에서 자신감을 내보이면서, 그가 어떤 비판에도 대응할 것이며 어떤 반대도 극복할 수 있다고 말했다.

"나의 이론은 반석처럼 확고하다. 내 이론을 향한 화살들은 곧바로 되돌아갈 것이다. 내가 그것을 어떻게 알까? 내가 그 이론을 오랜 세월 동안 모든 측면에서 연구했기 때문이다. 내가 무한한 수들에 대한 모든 비판을 검토했기 때문이다. 그리고 무엇보다도 내가 모든 피조물의 최초 원인에 이르기까지 내 이론의 뿌리를 살펴보았기 때문이다."[14]

칸토어는 수학이 어떻게 신의 존재를 드러낼 수 있는지에 깊은 관심을 가졌다. 추기경 프란첼린에게 보낸 편지에서 그는 무한성 혹은 '절대성'이 오직 신에게 속한다고 말했다. 셀 수 있는 무한을 넘어서 한계 없이 계속되는 초한수들의 위계가 존재하도록 만든 것은 신이라고, 그는 믿었다. 가장 큰 초한수를 지적하는 것은 불가능하므로— 주어진 무한집합을 발판으로 삼아 그것보다 무한하게 더 큰 집합을 만드는 것이 항상 가능하므로— 초한수들은 한갓 인간의 지성으로는 그 크기를 가늠할 수 없는 '참된 무한' 혹은 '절대자'를 향해 곧장 올라간다고, 칸토어는 믿었다. 절대적인 무한은 인간의 판단을 초월한다.

왜냐하면 만일 판단되면, 더 이상 무한하지 않을 것이기 때문이다. 판단된다는 것은 한정된다는 것을 뜻한다. 인간에 의해 판단된 절대적 무한은 더 작은 무한들처럼 더해지고 빼지고 곱해지고 무한히 증가될 수 있을 것이다. 칸토어는 대주교 안셀무스(Anselmus)가 유명한 '존재론적' 신 증명에서 신을 생각한 방식과 비슷하게 절대적 무한을 생각한 것으로 보인다. 안셀무스는 신이 그보다 더 위대한 존재를 생각할 수 없는 존재라고 주장했다.

칸토어의 동료들은 신과 무한에 대한 그의 생각을 어떻게 평가했을까? 프란첼린의 제자인 구트베를레트는 칸토어와 서신을 교환했고 칸토어의 생각을 매우 진지하게 받아들였다. 처음에 그는 칸토어의 연구가 유일하고 절대적인 신의 존재에 도전하는 것을 염려했다. 그러나 칸토어는 초한수가 신의 영역을 축소하기는커녕 오히려 확장한다는 확신을 주었다. 구트베를레트와 대화를 나눈 이후에 칸토어는 초한수에 대한 연구의 신학적인 측면에 더 큰 관심을 갖게 되었다.

더 나아가 구트베를레트는 신의 정신은 불변하므로 신의 생각들은 절대적이고 무한하고 완전하고 닫힌 집합을 이루어야 한다고 주장했다. 그리고 이 주장을 칸토어의 초한수가 실재한다는 직접적인 증거로 제시했다. 피타고라스(Pythagoras)와 플라톤과 마찬가지로 칸토어는 수가 신의 정신 속에 존재하는 실재라고 믿었다. 인간은 수들을 발견했다. 수들은 신이 정한 법칙을 따른다. 칸토어는 신의 완전성과 능력에 의지하여 수들의 존재를 증명할 수 있다고 믿었다. 그는 유한한 수들만 창조한 신은 무한한 수들까지 창조한 신보다 능력이 작을 것이라고 말했다.

역설적이게도 무한에 대한 칸토어의 사랑은 분명한 반피타고라스적인 색채를 띠고 있었다. 피타고라스는 무한이 우주의 파괴자요, 세계를 소멸시키는 악한 존재라고 믿었다. 수학이 전쟁이라면, 서로 맞선 두 진영은 유한과 무한이다. 피타고라스주의자들은 무한의 부정적인 측면에 압도되었다. 그들은 1 근처의 자연수들(무한에서 가장 멀다는 의미에서 '가장' 유한한 수들)이 가장 순결한 수들이라고 믿었다.

슬픈 결말

저 하늘, 저 하늘 위의 하늘이라도
주님을 모시기에 부족할 터인데……
「역대기하」[15]

크로네커는 칸토어의 업적에 대한 공적인 논의에 참여하지 않고 1891년에 사망했다. 1895년 이후 크로네커의 옛 동지들 소수가 칸토어의 생각에 반대했지만, 젊은 수학자들은 점차 칸토어를 지지했고 유한주의에 대한 논의는 자취를 감추었다.[16] 그러나 칸토어는 수학계에서 영향력을 되찾지 못했고, 그의 몰락은 필연적인 비극으로 다가오고 있었다.

우리가 이미 보았듯이 그는 39세 생일 직후인 1884년 5월에 처음으로 신경쇠약 증세를 보였다. 그는 가을에 수학 연구를 다시 시작했지만, 그의 관심은 달라져 있었다. 그는 많은 시간을 엘리자베스 시대의 역사와 초기의 신학을 연구하는 데 보냈다(그는 프랜시스 베이컨과 셰익스피어가 동일인이라는 것을 증명하려고 애썼다).

신경쇠약은 계속 재발했고, 그는 심리적인 불안 때문에 1899년의 일부를 병원에서 보냈다. 그는 할레 대학에 휴직을 신청했고, 문화부에 편지를 보내 교수직에서 물러나겠다는 뜻을 밝혔다. 만일 문화부가 그에게 동일한 월급을 지급한다면, 그는 기꺼이 도서관의 조용한 자리로 물러날 생각이었다. 그는 수학에서 손을 떼고 역사와 신학 연구에 전념하고자 했다. 심지어 그는 러시아 외교부에 취직하겠다는 협박까지 했다. 그러나 모두 다 부질없었다.

1899년 12월 그가 베이컨과 셰익스피어의 정체에 관한 강연을 하기 위해 라이프치히에 갔을 때 그의 막내아들 루돌프가 19세 생일을 앞두고 갑자기 사망했다. 루돌프는 항상 병약했지만 그의 아버지가 수학을 위해 음악을 포기하기 전인 유년 시절에 그랬던 것처럼 유능한 음악가였다. 이 가혹한 충격에도 불구하고 칸토어는 3년 동안 건강한 정신을 유지했다.

그러나 그는 1902년 겨울에 다시 휴직을 하고 병원에 입원했다. 1904년에 그의 업적 중 일부가 공적인 학회에서 의문시되었고, 그는 그 일에 크게 분노했다. 그는 1904년, 1907년, 1911년 겨울을 병원에서 보냈다. 1915년에 그의 70세 생일을 축하하는 국제적인 학회가 계획되었다. 그러나 전쟁 때문에 소수의 절친한 독일인 친구들만 학회에 참여할 수 있었다. 그는 1917년 5월 11일에 마지막으로 할레 대학병원에 입원했다. 전쟁으로 식량이 부족했고, 그의 체중은 계속 줄어들었다. 그는 크로네커가 사망한 지 27년이 되던 1918년 1월 6일에 심부전으로 사망했다. 게임은 끝났고 왕과 졸은 같은 통에 들어갔다.

6장

무한은
세 가지 모습으로 온다

물리학을 전공하는 사람은 반드시 무한을 논의해야 하고,
무한이 존재하는지 혹은 존재하지 않는지,
그리고 존재한다면 무한이 무엇인지 물어야 한다.
아리스토텔레스[1]

세 봉우리

왜 버스는 항상 세 대씩 한꺼번에 올까?
롭 이스터웨이와 제레미 와인드햄[2]

칸토어는 끝없이 높아지는 무한의 탑을 밑에서부터 건설할 수 있었지만, '위에서부터' 무한에 접근할 수는 없음을 깨달았다. 우리에게는 무한의 탑을 조망할 신의 눈이 없다. 칸토어는 만물 전체를 가리키기 위해 절대적인 무한이라는 명칭을 사용했다. 절대적 무한은 수학적인 판단이나 표현을 넘어선 어떤 것이다. 그것은 오직 신의 정신만이 파악할 수 있다. 초한수(수학적 무한)와 물리적인 우주에 속하는 무한들(물리적인 무한)과 절대적 무한의 구별은 칸토어에게 근본적으로 중요했다. 그는 다음과 같이 썼다.

"현실적 무한은 세 가지 맥락에서 나타난다. 첫째 가장 완전한 형태로, 다른 세속적인 존재와는 완전히 독립적으로, 신 안에 실현된 무한을 나는 절대적인 무한 또는 절대라고 부른다. 둘째 무한이 창조된 우연적인 세계에서 나타날 때, 그리고 셋째로 정신이 무한을 수학적인 양이나 수나 등급으로 추상적으로 파악할 때가 있다. 나는 내가 초한이라고 부르는 둘째, 셋째 유형의 무한과 절대적 무한을 분명하게 구별하고자 한다. 초한은 명백하게 제한되어 있고, 더 증가될 수 있으며, 따라서 유한과 관련되어 있다."[3]

칸토어는 세 가지 무한, 즉 신의 정신 속의 무한(절대적 무한)과 인간의 정신 속의 무한(수학적 무한)과 물리적인 우주 속의 무한[4](물리적 무한)을 구별하는 한편, 신이 자신의 완전성을 드러내기 위해서 유한한 수와 무한한 수의 개념을 인간의 정신 속에 주입했다고 주장한다.[5] 그는 초한수가 단지 정신의 발명품이거나 우리가 완벽하게 파악할 수 없는 생각을 다루는 데 쓰는 정신적인 범주라는 생각에 전적으로 반대했다.

무한의 세 유형(수학적 무한, 물리적 무한, 절대적 무한) 각각이 존재하느냐에 대해서 여덟 가지 입장이 있을 수 있다. 다음은 그 여덟 가지 입장과, 각각의 입장을 지지한 유명한 철학자나 수학자의 이름이다.[6]

8개의 입장	무한의 존재 방식	수학적 무한	물리적 무한	절대적 무한
아브라함 로빈슨		비존재	비존재	비존재
플라톤		비존재	존재	비존재
토마스 아퀴나스		비존재	비존재	존재
라위천 브라우버르		비존재	존재	존재
다비드 힐베르트		존재	비존재	비존재
버트런드 러셀		존재	존재	비존재
쿠르트 괴델		존재	비존재	존재
게오르크 칸토어		존재	존재	존재

물리적으로 논의하자

특이성은 항상 주목해야 할 단서이다.
아서 코난 도일[7]

무한은 세 가지 모습으로 나타나고, 그 다양한 무한을 믿거나 믿지 않는 입장들은 모두 정당하다. 당신은 무엇을 믿는가? 칸토어와 그의 선배들은 수학적 무한을 명확하게 기술했다. 더 정확하게 말하자면, 점점 더 커지는 무한들의 끝없는 탑을 기술했다. 어떤 무한도 가장 크다고 말할 수 없다. 과거에 크로네커를 비롯한 일부 수학자들은 무한을 수학에 도입하기를 꺼렸다. 오늘날 무한한 양을 마치 현실적 무한인 것처럼 취급하는 수학적 기법들은 세월의 시험을 통과하여 수학의 중요한 부분으로 인정된다.

만일 원한다면, 당신은 컴퓨터처럼 유한한 개수의 도출 단계만을 사용하는 더 작은 수학을 정의할 수 있다. 그런 수학은 완벽하게 일관되며 논리학자들에게 중요한 관심사다. 그러나 대부분의 응용 수학자들은 그런 수학이 불필요하게 제한적이며 마치 한 손으로만 싸우는 것과 같다고 생각할 것이다. 요컨대 오늘날에는 현실적인 수학적 무한의 존재 가능성을 인정하지 않는 크로네커식의 유한주의자를 찾아보기가 어렵다. 현실적 무한은 수학을 위협하는 시한폭탄으로까지 여겨지지는 않는다.

무한의 두 번째 모습을 우리는 물리적 무한이라고 부를 수 있을 것이다. 물리적 무한은 수학적 무한보다 훨씬 더 극적이다. 수학적 무한은 종이 위에만 있지만, 물리적 무한은 우주의 구조를 파괴할 수도 있다. 20세기 초까지 물리학자들이 다룬 자연법칙들은 모두 비슷한 패턴이었다. 물리학자들은 불변하는 3차원 공간과 지속적으로 흐르는 시간의 존재를 가정했다. 그들은 시간이 흐를 때 3차원 공간 속에서 물체들이 어떻게 움직이고 상호작용하는지에 관한 규칙들을 제시했다. 때때로 매우 극적인 일이 일어나기도 했지만, 아무리 극단적인 사건이 일어나도, 공간과 시간의 본성은 영향을 받지 않았다.

공간과 시간의 상호연관과 중력에 대한 아인슈타인의 통찰은 방금 언급한 뉴턴의 세계관을 중요한 방식으로 바꾸어놓았다. 아인슈타인의 이론 속에서 공간의 기하학과 시간의 흐름은 물질과 운동에 앞서서 독자적으로 결정되지 않는다. 당신이 아인슈타인의 공간에 물체들을 놓는다면,

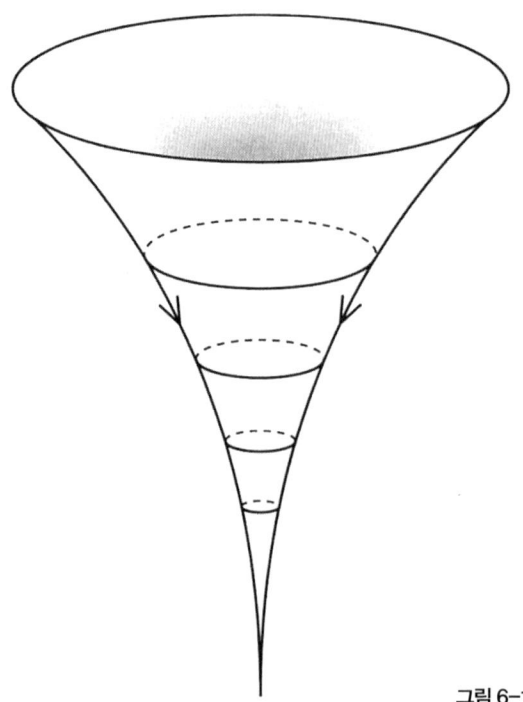

그림 6-1 특이점으로 발전하는 휘어진 공간

물체들의 질량과 운동은 각각의 장소에서 공간의 모양과 시간이 흐르는 속도를 결정할 것이다(**그림 6-1**). 당신이 질량에서 멀리 떨어져 있다면, 당신이 있는 장소의 공간은 아이작 뉴턴(Isaac Newton)이 생각한 것처럼 거의 평평하고 질량의 영향을 거의 받지 않는다.

그러나 많은 질량이 작은 부피 속에 집중되어 있고, 물체들이 광속에 가까운 속도로 운동한다면, 공간과 시간의 굴곡은 무시할 수 없을 정도로 커진다. 더 나아가 밀도나 온도나 가속도 같은 물리적인 양이 무한해진다면, 더욱 극적인 일이 일어날 것이다. 즉 공간의 곡률이 무한해서 결과적으로 공간이 찢어질 것이다. 이처럼 어떤 물리적인 양이 무한해지는 극단적인 지점을 '특이점'이라 부른다.

우주에 그런 특이점이 존재할 수 있을까? 우리는 물리적 무한을 목격할 수 있을까? 이런 질문들은 거의 50년 동안 물리학자들과 천문학자들을 괴롭혔다. 물리적 무한에 대한 입장은 다양하다. 우리는 그중 세 가지 주요 입장을 살펴볼 것이다.

공학자, 무한을 만나다

당신이 수로에서 물이 어떻게 흐르는지, 또는 소리가 공기 속에서 어떻게 전파되는지를 연구하는 공학자라면, 충격파를 잘 알고 있을 것이다. 빠르게 이동하는 파원에서 발생하는 음파를 기술하는 아주 간단한 방정식들은 파원의 속도가 소리의 속도보다 빨라지기 시작할 때 물리적인 무한이 발생한다고 예측한다(**그림 6-2**). 공기 속에서 그 임계속도는 시속 약 1220킬로미터이다. 그러나 이 무한은 현실에서는 결코 발생하지 않는다. 그러나 충격파, 즉 '음속폭음'은 발생한다. 왜냐하면 파동이 꾸준히 증폭되지 못하고 갑작스러운 변화를 겪기 때문이다. 우리는 콩코드 같은 초음

그림 6-2 파동들이 중첩되어 충격파가 된다.[8]

속 제트기가 지나가거나 천둥이 칠 때, 또는 화약이 폭발하거나 채찍을 휘두를 때─채찍의 끝은 음속보다 빠르게 움직인다─ 그런 충격파가 일어난다는 것을 잘 알고 있다.

이 경우처럼 유체와 공기역학을 기술하는 방정식에서 등장하는 물리적 무한은 심각하게 고려하지 않는다. 그런 무한은 연구하는 모형이 불완전함을 나타내는 신호일 뿐이다. 더 세부적인 변수들─예컨대 공기의 저항, 액체의 점도, 분자의 유한한 크기─이 추가되면 무한한 변화는 크지만 유한한 변화로 바뀐다. 이런 무한들을 만나고 극복하다 보면, 물리적인 무한의 실재성을 의심하게 되고 무한의 등장은 항상 인간의 지식 부족에 기인한다고 생각하게 된다. 무한은 자연법칙에 대한 더 정확한 지식이 필요하다는 신호로 여기곤 한다.

이론에 따르면 이상적인 상황에서 발생해야 마땅한 다른 무한들도 현실에서는 일어나지 않는다. 앞서 제시한 평행한 두 거울을 생각해보자. 원리적으로는 당신이 두 거울 사이에 서면, 반사된 당신의 앞모습과 뒷모습이 무한히 많이 만들어져야 한다. 그러나 현실에서는 거울의 도금이 완벽하지 않고 공기가 완전히 투명하지 않아 빛이 거울 표면과 공기 속에서 점차 약해진다. 심지어 지적한 측면들에서 모든 것이 완벽하다 할지라도—반사가 완벽하고 진공이 완벽하다 할지라도—빛은 유한한 속도로 움직이므로 무한히 많은 반사상들이 생기려면 무한한 시간이 걸릴 것이다.

기본입자를 다루는 물리학이 무한을 만나다

만일 당신이 가장 기초적인 자연법칙들과, 보유한 질량과 에너지가 자연을 통틀어 가장 작은 대상들을 이해하려는 입자물리학자라면, 당신은 많은 무한을 만날 것이다. 거의 50년 동안 입자물리학은 입자가 다른 입자로 붕괴하는 속도를 비롯한 간단한 물리량들을 계산할 때 무한이 등장하는 것에 익숙하다. 이 문제는 거의 모든 곳에서 발생하기 때문에 '무한의 문제'라는 명칭을 부여받았고, 이 문제를 푸는 것은 중요한 연구 과제였다. 무한의 문제에 대한 해법을 찾는 노력은 물리학의 발전 방향과 물리학의 성취를 판정하는 기준에 여러 모로 영향을 미쳤다.

결국 그 문제는 해결되었다기보다는 제거되었다. 계산을 거쳐 얻은 답을 유한한 부분과 무한한 부분으로 나누는 체계적인 방법이 확립된 것이다. 무한한 부분은 제거되고 관찰과 비교할 수 있는 유한한 부분만 남았다. '되틀맞춤(renormalisation)'이라 부르는 그 방법은 놀랄 만큼 정확한 결과를 산출했다. 그 결과들은 소수점 아래 열여섯 자리까지 관찰과 일치했다. 그것은 인간이 경험한 가장 정확한 예측이었다. 되틀맞춤의 성공은 무한의 문제가 사물을 바라보는 서툰 시각 때문에 발생하는 인위적인 산물임을 드러냈다.

1980년대 초 이후 끈이론은 우주의 가장 기본적인 요소들에 대한 우리의 생각을 바꾸어 물리적 무한들을 제거할 수 있음을 보여주었다. 그것들은 가장 기본적인 물질 입자는 크기가 0인 '점'이고 공간 속을 움직일 때 선을 그린다는 생각에서 나온다. 끈이론은 가장 기본적인 물질 요소가 작은 에너지 고리이며 움직일 때 관 모양의 궤적을 그린다고 주장한다. 그 고리는 고무밴드처럼 장력을 지니고 있고, 그 장력은 주위 온도가 매우 높아지면 줄어들고 오늘날 우주의 에너지 수준으로 낮아지면 늘어난다. 따라서 에너지가 낮을 때는 장력에 의해 고리가 점점 더 축소되어 점처럼 된다. 따라서 자연의 기본입자가 점이라는 생각은 실재로 매우 훌륭한 근사일 수 있다. 그러나 에너지가 매우 높을 때는 그 생각이 타당하지 않다.

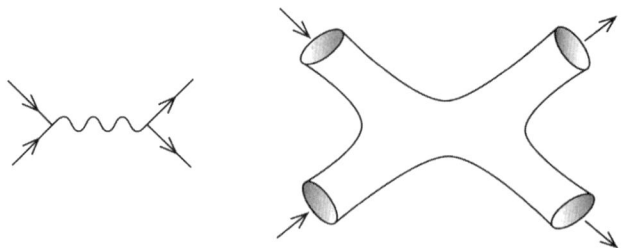

그림 6-3 운동하는 두 점이 선형 궤적을 만든다. 두 점이 시공에서 상호작용하며 움직이는 궤적을 나타낸 그림 속에 각진 자리가 만들어진다. 그런 자리는 그 상호작용의 본성을 알기 위한 계산에서 무한이 등장함을 알려주는 신호이다. 한편 운동하는 두 고리는 관 모양의 궤적을 만든다. 두 고리의 상호작용은 원래의 두 관이 다른 두 관으로 각진 자리 없이 매끄럽게 이행하는 것으로 표현된다. 결과적으로 바지 두 벌을 이음새 없이 연결한 듯한 모양의 궤적이 만들어진다. 그 궤적은 두 고리의 상호작용 과정 속에 무한이 숨어 있지 않음을 알려준다.

상호작용을 통해 새로운 고리를 산출하는 에너지 고리들에 관한 이론은, 기존 이론에서 발생하는 난처한 무한이 전혀 나타나지 않는다. 무한은 사라지고 모든 것은 유한해진다.

끈이론이 가장 기초적인 물질과 에너지에 관한 참된 이론인지 아닌지 우리는 아직 모른다. 그러나 그 이론이 발전하고 입자물리학자들이 수용한다는 사실에서 물리적 무한에 대한 입자물리학자들의 속마음을 읽어낼 수 있다. 입자물리학자들은 물리적 무한의 존재를 믿지 않는다! 유체 연구와 마찬가지로 기본입자에 관한 계산을 할 때 무한이 나타나면, 물리학자들은 이론에 결함이 있다고 판단한다. 무한은, 이론이 유용성을 잃은 근사라는 사실을 보여주는 신호로 간주된다. 물리학자들은 더 크고 좋은 이론은 항상 무한을 추방할 것이라고 믿는다.

우주론자, 무한을 만나다

당신이 우주론자라면 당신이 대하는 물리적 무한의 문제는 입자물리학자나 공학자가 다루는 무한의 문제보다 더 복잡하고 다양할 것이다. 무한은 매우 다양한 방식으로 나타나 다양한 문제를 일으킬 수 있다. 우주론에서 등장할 수 있는 무한들 중 일부는 분명히 '잠재적' 무한이다. 우주의 크기와 미래가 무한하다면, 시간과 공간 밖에서 우주를 바라보는 초인간적인 존재의 눈에는 그 무한한 크기와 미래가 현실적 무한들로 보일지도 모른다. 그러나 우리에게 그것들은 결코 현실적 무한이 아니다.[9] '물리적인' 양이 정확히 무엇인지도 고민해야 할 문제다. 우주 어딘가에서 무한한 값이 되는 물리적인 양을 정의하는 것은 쉬운 일이다. 그러나 우리가 그 무한한 값을 측정하거나 경험할 수 있느냐는 전혀 별개의 문제다.

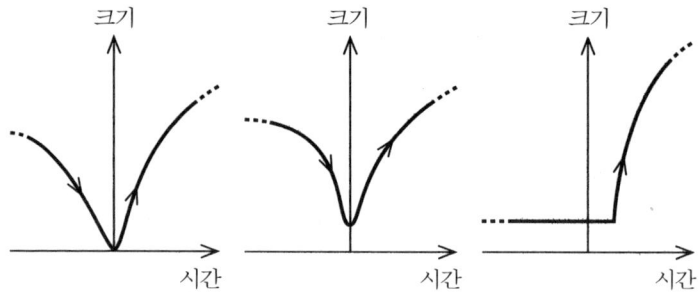

그림 6-4 우주 팽창의 시작과 관련한 세 가지 가능성 : 우주는 약 137억 년 전에 어떻게 팽창하기 시작했을까? 밀도가 무한대인 '크런치' 상태에서 팽창을 시작했을 수도 있다. 또는 이전의 수축으로 만들어진 유한한 온도와 밀도의 상태에서 부드럽게 '되튕김'이 일어났을 수도 있다. 또는 정적인 상태가 유지되다가 갑자기 팽창이 시작됐을 수도 있다.

우리는 우주의 크기가 유한하지 않고 무한하다는 것을 직접적인 관찰을 통해서는 결코 알 수 없다.[10] 반면에 우주에 물리적 무한이 실재하느냐에 관한 가장 중요한 질문들은 훨씬 더 구체적이다. 밀도나 온도 같은 측정 가능한 물리량이 무한해지는 장소가 우주 안에 있을까? 유한한 크기를 가진 대상이 유한한 시간 안에 크기가 0이고 밀도가 무한대인 상태로 수축할 수 있을까?

대답은 매우 다양하다. 입자물리학자나 공학자와 비슷하게 일부 우주론자들은, 우주가 처음 순간에 무한한 밀도를 가지고 있었다는 아인슈타인 방정식의 예측은 물질의 밀도가 매우 높아지면 아인슈타인 방정식이 타당성을 잃는 신호라고 여긴다. 그들은 더 개선된 이론이 그 무한을 유한하게 만들 것이라고 여긴다. 그들의 견해에 따르면 과거에 우주의 무한한 수축 상태는 없었고 부드러운 '되튕김'이나 팽창 유예 단계만 있었다.

그렇게 생각할 이유가 충분하다. 아인슈타인의 이론은 끈이론이 말하는 끈의 장력이 높은 저에너지 상태에만 맞는 근사이론일지도 모른다. 끈이론은 이미 다른 모든 종류의 무한을 제거할 수 있음을 보여주었다. 끈이론은 어쩌면 우주가 시작할 때 있었다고 믿는 무한도 제거할 수 있을지 모른다. 이것은 아인슈타인의 중력이론 속의 무한이 양자 중력이론의 필요성을 보여주는 신호라고 믿는 스티븐 호킹(Stephen Hawking)의 희망이다.

많은 사람들은 우주가 태초에 완성된 상태로 존재하기 시작했고 이미 팽창할 수 있는 힘을 가지고 있었다는 예측이 신의 창조에 대한 수학적인 표현이라고 믿는다. 1952년에 바티칸은 빅뱅 우주 이론이 기독교가 주장하는 무에서 일어난 창조와 자연스럽게 조화되는 이론이라고 선언했다.[11] 흥미롭게도 많은 과학자들은 서양의 종교적인 전통의 영향으로 우주에 시작이 있다는 생각에 익숙하기 때문에 초기 우주의 무한을 수용하곤 한다.

그러나 우주의 밀도가 무한했던 시점에 너무 큰 신뢰를 두는 것은 위험하다. 호킹은 우주가 시작할 때의 무한과 관련해서 다음과 같이 조언한다.

"많은 사람들이 그 결론을 환영했지만, 나는 항상 그 결론을 근본적으로 못마땅하게 생각해왔다. 만일 물리학의 법칙들이 우주의 시작에서 타당성을 잃는다면, 다른 곳에서도 타당성을 잃을 수 있지 않을까?…… 예측 가능성은 완전히 사라질 것이다."[12]

오래전에 아인슈타인도 자신이 푼 방정식의 해 속에서 무한(특이점)이 등장하는 것에 대해 부정적인 태도를 취했다. 1935년에 로젠과 함께 쓴 논문에서 아인슈타인은 다음과 같이 말했다.

"특이점은 매우 큰 임의성을 이론에 들여온다……특이점은 사실상 법칙들을 무력화한다. 우리의 입장에 따른다면, 모든 장이론은 특이점을 없애야 한다는 근본적인 원리를 고수해야 한다."[13]

아인슈타인의 절친한 친구며 동료인 페터 베르크만은 이렇게 썼다.

"아인슈타인은 항상 고전적인 장이론(즉 물리학)에서 특이점을 허용할 수 없다는 견해였던 것으로 보인다……. 왜냐하면 특이한 영역의 존재는 전제된 자연법칙의 붕괴를 의미하기 때문이다. 이것을 다른 말로 표현하면, 불가피하게 특이점을 포함하는 이론은 자신 안에 자신을 파괴할 씨앗을 지녔다는 말이 된다고, 나는 믿는다."[14]

이들이 매우 염려한 것은, 공간과 시간의 구조가 그 안에 있는 물질의 밀도에 따라 결정되는 아인슈타인의 이론에서 물리적 무한이 등장하면, 밀도가 무한한 장소에서는 시간과 공간이 파괴되어야 한다는 사실이었다. 이것은 물리적인 무한점에서 중력법칙이 타당성을 잃고, 미래를 예측하는 과학의 목표가 불가능해진다는 것을 뜻한다. 이런 이유 때문에 물리적인 무한은 전략의 문제에 불과한 수학적 무한보다 훨씬 더 심각한 문제다.

그러나 모든 물리학자가 우주가 시작할 때 있었던 무한을 어떻게 해서든 없애려고 하는 것은 아니다. 만일 당신이 우주의 시작에 있었던 무한을 '신의 손'으로 간주한다면, 당신은 그 시점에서 물리학의 법칙이 붕괴하거나 유예되거나 초월하는 것을 염려하지 않을 것이다. 그 시점은 신이 빅뱅의 도화선에 불을 붙이는(그리고 신의 계획에 따라 물러나는)[15] 순간이다. 다른 한편 우주의 시작에 관한 전통적인 빅뱅 이론에서 무한을 제거하려는 호킹 같은 물리학자들이 반드시 우주의 시작을 부정해야 하는 것은 아니다. 그들은 다만 우주가 시작점에서 유한한 성질들을 가지고 있었고 그 성질들을 자연법칙을 통해 기술할 수 있음을 증명하려고 노력할 뿐이다.

최초의 무한이 물리학적인 우주론의 필수 요소라고 생각하는 물리학자들도 있다. 로저 펜로즈는 아인슈타인의 이론에서 우주의 시작과 관련하여 등장하는 무한이[16] 더 근본적이고 심오한 이론에서도 제거되지 않을

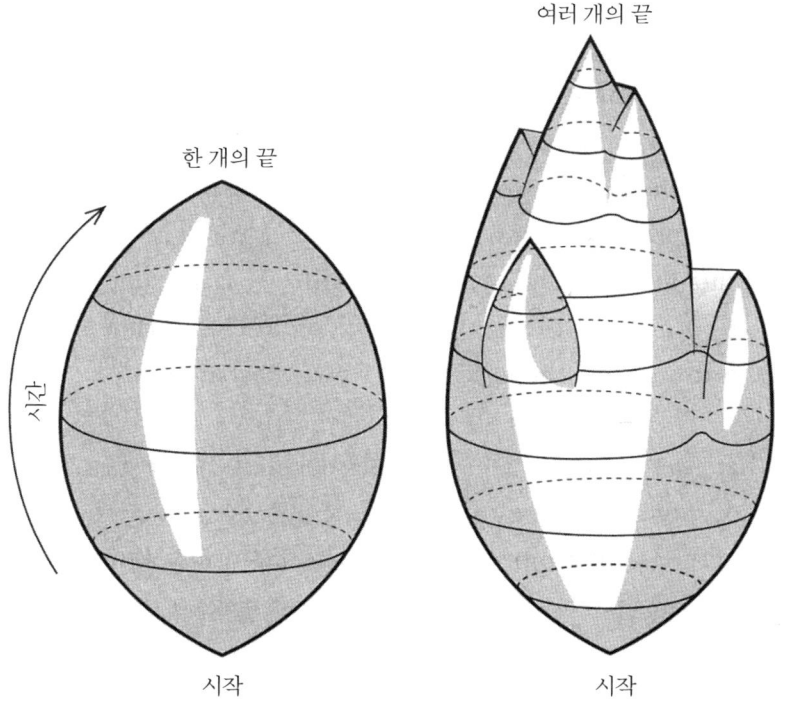

그림 6-5 질서가 완벽한 우주에서는 모든 것이 함께 시작되고 함께 끝난다. 더 현실적인 우주에서는 불규칙성들이 장소에 따라 다른 속도로 성장하여, 우주의 여러 부분들이 다양한 시간에 여러 개의 국지적인 끝에 도달한다.

것[17]이라고 주장한다. 물론 그 최초의 무한이 근본적으로 다르게 기술될 수는 있다 할지라도 말이다. 그는 우주의 시작에 있는 무한과 끝에 있는 무한이 구조적으로 전혀 다르다고 믿는다(**그림 6-5**). 그 두 무한의 구조는 우리가 '열역학 제2법칙'이라 부르는, 질서에서 무질서로 가는 필연적인 진화를 반영한다.

벌거벗은 무한

천사의 머리를 가진 비트족이 밤의 기계장치 속에서
별빛 발전기에 오래된 천상의 결합으로 연결되어 타오른다.
앨런 긴스버그[18]

우주의 시작은—정말로 시작이 있었다면—유일무이한 순간이다. 그 순간에 일어난 일을 지배한 원리들은 우주 역사의 다른 시점이나 다른 장소에 적용될 필요가 없을 것이다. 따라서 우리는 우주의 시작을 아주 특별한 사건으로 간주하여 이제부터 진행할 물리적 무한에 대한 일반적인 논의에서 배제하려 한다. 대신에 우리는 오늘날의 우주에 물리적 무한이 있는지 물을 것이다. 우리가 볼 수 있는 무한이 있는지 말이다.

이 질문을 정확하게 제기하고 해답을 제시하는 데 가장 큰 기여를 한 인물은 로저 펜로즈다. 만일 물질 구름의 질량이 태양보다 약 세 배 크면, 물질 구름은 자체 중력에 의해 무한정 수축할 수 있다. 그 중력에 저항할 수 있는 자연의 힘은 아직까지 알려진 바가 없다. 그렇다면 그런 수축에 의해 우주의 거의 모든 곳에서 유한한 시간 안에 만들어질 수 있을 것처럼 보인다.

그러나 실제 상황은 예상외로 미묘하다. 충분한 질량을 가진 구름이 일단 한계 크기로 수축하면, 구름은 외부 관찰자에게 보이지 않게 된다. 중력이 충분히 강해서 빛이 임계 표면 혹은 '지평' 밖으로 나갈 수 없으므로 구름의 내부가 더 이상 보이지 않게 되는 것이다. 외부의 천문학자는 구름의 중력을 느낄 수 있지만, 지평 내부에서 일어나는 일에 대해서는 아무것도 모른다.

이 상황이 바로 '블랙홀'의 형성이다. 외부 관찰자의 관점에서 보면 블랙홀은 변하지 않는 중력장처럼 보인다.[19] 큰 블랙홀은 검지 않고 붉게 보인다. 왜냐하면 지평 근처의 외부 공간에서 출발하여 먼 곳에 있는 천문학자에게 도달하는 빛이 블랙홀의 매우 강한 중력장을 거슬러 이동하느라 많은 에너지를 잃고 붉은색이 되기 때문이다.

통념과 달리 블랙홀은 고체가 아닐 수도 있다. 은하계들의 중심에 숨어

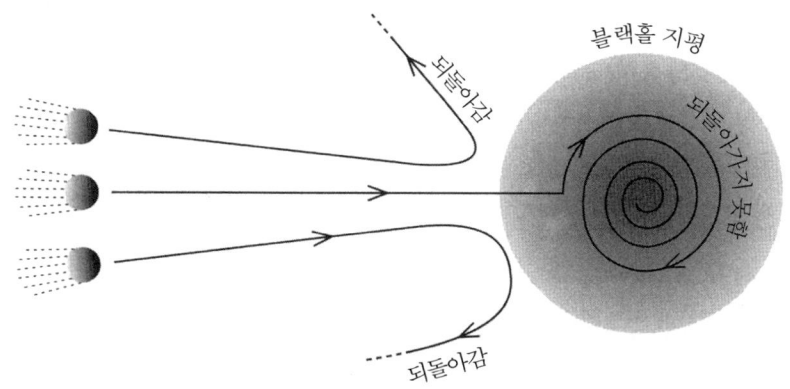

그림 6-6 일단 블랙홀의 사건 지평을 통과하면 우주인은 돌아갈 수 없다. 사건 지평을 통과한 우주인은 사건 지평 너머에 있는 사람에게 어떤 신호도 보낼 수 없다.

있을 것으로 추측되는 큰 블랙홀은 질량이 태양보다 거의 10억 배 크지만 밀도는 공기보다 낮다. 그러므로 블랙홀의 지평을 통과하는 우주인은 특이하거나 극단적인 변화를 전혀 느끼지 못할 수도 있다. 우주인은 방향을 바꾸어 멀리 떨어진 기지로 돌아오려 할 때 비로소 지평 표면을 통과해서 밖으로 나오는 것이 불가능함을 알게 될 것이다.

외부 관찰자는 블랙홀의 지평 안에서 일어나는 일을 전혀 보지 못하지만, 그곳에서는 많은 일들이 일어난다. 우리가 거대한 블랙홀의 내부에 진입한다면 경우에 따라 우리는 오랫동안 어떤 특별한 점도 느끼지 못할 수 있다. 그러나 물질이 블랙홀의 중심으로 끊임없이 떨어지므로, 주위의 밀도는 점차 높아질 것이다. 그리하여 마침내 밀도가 무한대인 '특이점'에 도달하거나, 아니면 우주가 시작할 때의 특이점에 대한 논의와 마찬가지로 새로운 물리학 법칙이 등장하여, 매우 높지만 유한한 밀도의 조건에서 밀도의 상승이 중단될 것이다.[20]

블랙홀 중심에서 자연법칙이 효력을 잃는 물리적 무한이 형성된다고 가정해보자. 블랙홀 내부에서 중심의 특이점으로 떨어지는 관찰자는 그 특이점을 볼 것이다. 그는 물리적 무한의 효과를 경험하겠지만, 특이점에서 무엇이 출현할지 예측할 수 없을 것이다.

그러나 외부에 있는 관찰자가 경험하는 상황은 전혀 다르다. 만일 당신이 지평 표면 외부에 있다면, 당신은 블랙홀 중심의 특이점을 볼 수 없고, 특이점의 효과는 당신에게 아무 영향도 미칠 수 없다. 물리적 무한은 지평에 의해 은폐되며 자연법칙이 외부 세계에서 발휘하는 효력을 건드리지 못한다. 요컨대 지평 외부에서는 물리적 무한이 보이지 않는다.

이 매혹적인 사태를 연구한 펜로즈는 이른바 '우주적인 검열'의 원리가 존재한다고 주장한다. 그 원리에 따라, 자연법칙이 효력을 잃는 곳인 특이점과 물리적 무한이 지평 표면에 의해 외부 우주에서 볼 수 없도록 감추인다. 물리적 무한의 효과는, 밀도가 매우 높은 구역이 형성될 때 발생하는 공간과 시간의 극단적인 굴곡이 가두어버린다.

우주적인 검열 가설이 항상 참임을 증명하기 위한 많은 노력이 있었다. 그 가설이 옳다면 벌거벗은 특이점은 자연에서 결코 등장하지 않을 것이다. 특이점은 모두 지평에 의해 가려져 있을 것이다. 그러나 현재까지는 우주적인 검열 가설이 참이라는 것이 증명되지 않았다. 그러나 그 가설을 위협할 것처럼 보였던 모든 상황은 불가능한 것으로 판명되었다. 과학자들은 우주적인 검열 가설이 참이라고 추측한다. 그러나 몇 가지 조건이 있다.

첫 번째 조건은 실재 세계에서 결코 일어나지 않을 여러 기괴한 상황들을 배제하는 것이다. 그 상황들은 이를테면 바늘이 서서 균형을 유지하는 상황이나, 언덕으로 굴려 올린 공이 다시 내려오지도 꼭대기를 지나쳐 반대편으로 내려가지도 않고 정확히 정상에서 멈추는 상황과 비슷하다.

그런 기괴한 상황들은 자연에서 결코 일어나지 않지만—그 상황들은 자연적으로 갖춰질 가능성이 극도로 낮은 조건을 필요로 한다—불행하게도 수학자들의 연구에서는 흔히 등장한다. 왜냐하면 그런 매우 특수한 상황들이 복잡한 아인슈타인 방정식의 가장 쉬운 해이기 때문이다. 그러므로 우리가 시간 여행이나 벌거벗은 물리적 무한의 형성을 기술하는 해를 발견한다 할지라도, 우리는 그것들이 존재한다고 확신할 수 없다.

우리는 그 특수한 해들이 물리적으로 실재할 수 있는지, 그리고 안정적인지(그 해들을 약간 변형했을 때 우리가 주목하는 성질이 유지되는지) 확인해야 한다. 불안정한 사건들은 자연에서 일어나지 않는다. 그 사건들이 이론적으로 가능하고 자연법칙을 위반하지 않는다 할지라도 말이다. 그런 불안정한 사건의 예로 유리 조각들이 갑자기 모여들어 포도주 잔을 형성하는 것— 잔이 깨지는 과정의 시간적인 역과정— 을 들 수 있다.

또 다른 조건들은 모두 양자이론과 관련이 있다. 1974년까지만 해도 사람들은 블랙홀을 탈출할 수 없는 함정이라고 믿었다. 일단 당신이 지평을 통과하면 탈출할 수 없다고 말이다. 그때 호킹이 블랙홀은 완전히 검지 않다고 주장했다. 호킹에 따르면 블랙홀의 강력한 중력장은 지평 근처에서 계속 입자쌍을 산출할 것이고, 그 결과 블랙홀의 질량과 에너지는 감소할 것이다. 그리하여 블랙홀은 마치 증발하듯이 질량이 꾸준히 줄어들 것이다. 오늘날 우주에 존재하는 블랙홀들은 그 증발 과정이 매우 느려서, 우리가 볼 수 있는 효과는 없다. 그러나 만일 질량이 큰 산 정도고 지름이 양성자 정도인 초소형 블랙홀이 수십억 년 전에 형성되었다면, 그 블랙홀은 오늘날 최후의 폭발적인 증발 단계에 도달했을 것이다. 그렇다면 우리는 그 블랙홀이 폭발하면서 에너지를 복사파와 빠른 속도의 입자들로 방출하는 것을 볼 수 있을 것이다.

블랙홀이 증발하는 과정은 우주적인 검열의 유효성을 위협할 가능성이 있는 새로운 물리적 과정이다. 블랙홀 증발하면서 질량이 줄어들면 지평은 점차 축소되어 결국 크기가 0이 될 것이다. 그런데 그 후에는 무엇이 남을까? 우주론자들도 알지 못한다. 어떤 이들은 아무것도 남지 않을 것이라고 주장한다. 또 다른 이들은 우주의 시작에 있었던 무한과 비슷하지만 국소적인 물리적 무한이 남을 것이라고 주장한다. 또 다른 이들은 안정적인 잔여 질량이 남을 것이라고, 증발에 의해 블랙홀의 질량이 0에 도달하지는 않을 것이라고 주장한다.[21]

만일 블랙홀의 증발로 물리적 무한이 실제로 형성된다면, 그 무한은 외부 관찰자에게 관찰되고 그 무한의 예측 불가능한 효과는 우리에게 영향을 미칠 것이다. 따라서 양자물리학의 효과를 추가로 고려하면 우주적인 검열은 효력을 잃는 것이 증명될 것이다. 그러나 많은 과학자들은 이러한 결론을 인정하지 않는다. 과학자들은 양자이론을 추가로 고려하여 초기 우주의 사건들을 기술하면 물리적 무한들이 유한한 사건들로 바뀔 것이라고 기대하듯이, 블랙홀이 증발한 이후에 형성되는 밀도가 높은 잔재에 대해서도 양자이론을 추가로 고려하면 무한이 유한으로 바뀔 것이라고 기대한다.[22]

이처럼 우주론자들은 물리적 무한의 존재에 대해 특별히 관심을 기울이고 있으며 물리적 무한이 발견될 것으로 기대되는 특수한 장소들도 있다. 일반적으로 과학자들은 물리적 무한의 예측 불가능한 귀결 때문에 우주에 물리적 무한이 존재하는 것을 허용하지 않으려 한다. 과학자들은 오히려 물리적 무한이 존재할 수 있다는 예측을 현재의 이론을 더 개선하여 적용 영역을 확장해야 한다는 신호로 받아들인다.

푸른 하늘 저 너머

어떤 철학 체계가 대체로 참이라는 것은 큰 장점이다.
조지 산타야나[23]

무한의 세 번째 유형은 가장 익숙하면서도 가장 논란이 많고 가장 탐구하기 어렵다. 어떤 이들은 그 무한을 신앙의 문제로 돌리고, 또 어떤 이들은 심리적인 문제로 돌린다. 대부분의 사람들은 그 무한을 지금 여기에 있는 우리에게 어떤 실제적인 영향도 미치지 않는, 우주에 대한 신화적인 느낌으로 간주한다. 우리는 그 무한을 초월적인 무한이라고 부르거나, 칸토어의 말을 빌려 '절대적 무한'이라고 부를 수 있을 것이다. 그것은 만물을 포괄하는 우주적인 무한이다. 어떤 이들은 그 무한이 신의 필연적인 속성이라고 생각한다. 다음 문장은 그 무한과 신의 밀접한 관계를 주장하는 전형적인 문장이다. "신은 본성적으로 무한하고, 모든 긍정적인 측면에서 한계도 끝도 없다."[24]

우리의 역사를 돌이켜보면 무한의 본성에 대한 수학적인 탐구가 왜 그토록 위험하고 두려운 일이었는지 쉽게 알 수 있다. 무한에 대한 탐구는 거짓된 신을 창조하는 일이나 신을 제한된 방식으로 기술하는 일이나 신의 유일성을 부정하는 일과 비슷하다. 칸토어 당대의 일부 신학자들이 가장 큰 무한은 없다는 칸토어의 증명을 환영한 것은, 그 증명이 명명할 수 있고 정의할 수 있는 모든 양보다 더 큰 신이 존재할 수 있다는 여지를 남겨두었기 때문이다.

칸토어의 증명을 이용하여 신을 설명하는 것이 유일신 전통에 합당한 일인지는 분명하지 않다. 어떤 존재가 시간적으로 무한하다는 것—과거와 미래에 항상 존재한다는 것—이 무엇을 의미하는지는 쉽게 상상할 수 있다. 왜냐하면 우리는 우주가 무한히 오래되었다고 말하는 이론들을 알기 때문이다. 반면에 신이 공간적으로 무한하다는 것이 무엇을 뜻하는지 상상하기는 어렵다. 신학자들은 공간적인 무한성 대신에 특정한 속성들에 한계가 없음을 더 강조한다. 그들은 신에게 다양한 종류의 한계가 없음을 강조하거나, 간단히 신은 인간이 상상하는 것보다 위대하다고 주장한다.

"신이 부분들을 가지고 있다고 말할 수도 없다. 왜냐하면 '하나'인 것은 분할할 수 없고 따라서 무한하기 때문이다 — 헤아릴 수 없이 크다는 의미에서 무한한 것이 아니라, 차원도 경계도 없고 따라서 모양도 이름도 없다는 의미에서 무한하다."[25]

러시아 정교의 부정신학에서 신의 무한성은 신이 무엇인지는 말할 수 없고 오직 신이 무엇이 아닌지만 말할 수 있다는 생각의 자연스러운 귀결이다.[26] 절대적 무한에 대한 이러한 성찰은 특히 미묘한 신 존재 증명의 한 유형과 간접적인 관련이 있다. '존재론적 증명'이라 불리는 그 증명 유형은 천 년도 넘는 역사를 가지고 있다.

존재론적 신 존재 증명은 캔터베리의 대주교였던 안셀무스가 1078년에 시작했다. 안셀무스는 신의 존재를 논리적인 필연으로 만드는 속성들을 신에게 부여하기 위하여 신의 무한성을 암묵적으로 이용했다. 만일 신이 생각할 수 있는 가장 위대한 존재자라면 신은 잠재적으로 존재하는 것이 아니라 현실적으로 존재해야 한다고 안셀무스는 주장했다. 만일 그렇지 않다면 우리는 신보다 더 완전한 존재자를, 즉 현실적인 존재를 추가적인 속성으로 지닌 존재자를 생각할 수 있을 것이라고 그는 지적했다.

이런 유형의 논증은 역사가 긴데다 파란만장하다. 그것들은 매우 강력한 듯하지만 실은 애초의 전제와 동치인 것을 결론으로 주장하기 때문에 일종의 눈속임이라고 할 수 있다. 그 논증들이 증명하는 것은 다만, 만일 완전하고 전능한 존재가 존재하는 것이 가능하다면, 그 존재는 필연적으로 존재한다는 것이다. 그러나 이 논증의 전제는 최소한 신의 존재만큼 증명을 필요로 한다.

존재론적 신 존재 증명들은 예상하지 못한 문제를 일으키기도 한다. 만일 신을 모든 속성들을 가진 존재로 정의한다면, 그리고 존재가 속성이라면, 신은 존재를 속성으로 가져야 하고 따라서 존재해야 한다. 그러나 비존재도 속성이므로 신은 비존재의 속성도 가져야 하고 따라서 존재하지 않아야 한다. 칸트가 최초로 지적했듯이 이런 유형의 논증이 지닌 문제점은 존재가 속성이라고 전제하는 것이다. 그러나 존재는 어떤 것이 속성을 지니기 위한 선행조건일 뿐이다. "어떤 개들은 검다"라는 문장이 의미를 지니는 것은 색이 개의 속성이기 때문이다. 그러나 "어떤 개들은 존재한다"라는 문장은 존재가 개의 속성이 아니기 때문에 아무런 의미가 없다.[27]

무한이 분명하게 등장하는 존재론적 신 존재 증명도 있다. 그 증명은 전지(全知, omniscience), 즉 '무한한 앎'에 기초한 증명이라고 한다.[28] 신은 모든 것을 안다고 전제하자. 신은 참과 거짓을 모두 안다. 또 신은 합리적이라고 전제하자. 그렇다면 신이 실제로 존재하든 존재하지 않든, 신은 합리적이므로 자신의 존재를 믿는다. 이것은 셜록 홈스가 자신의 존재를 믿는 것과 같다. 셜록 홈스는 현실에서는 비록 존재하지 않지만 자신의 존재를 믿는다. 이제 만일 신이 존재한다면, 자신의 존재를 믿는 신은 옳다. 만일 신이 존재하지 않는다면, 자신의 존재를 믿는 신은 오류를 범하는 것이다. 그러나 만일 신이 존재하지 않는다면, 신은 모든 것을 안다는 가정에 따라, 신은 자신이 존재하지 않는다는 것을 알아야 한다. 그러나 이것은 신이 합리적이라는 전제에 모순된다. 그러므로 신은 존재해야 한다!

이 증명도 자명하지 않은 최초의 전제에서—즉 모든 것을 아는 완전한 존재가 존재할 수 있다는 전제에서—신의 존재를 도출한다.[29] 심지어 위대한 논리학자 쿠르트 괴델(Kurt Gödel)도 같은 유형의 함정에 빠졌던 것으로 보인다. **그림 6-7**에 제시된 것은 발표되지 않은 괴델의 존재론적 신

존재 증명이다.

그림 6-7 괴델의 존재론적 신 '증명'[30]

공리 1 : 어떤 속성의 부정이 부정적일 때 그리고 오직 그때만 그 속성은 긍정적이다.
공리 2 : 어떤 속성이 긍정적인 속성을 필연적으로 포함할 때, 그 속성은 긍정적이다.
정리 1 : 긍정적인 속성은 논리적으로 일관적이다(즉 존재할 수 있다).
정의 : 어떤 것이 모든 긍정적인 속성들을 가질 때 그리고 오직 그때만 그것은 신적이다.
공리 3 : 신적임(신적이라는 것)은 긍정적인 속성이다.
공리 4 : 긍정적인 속성(긍정적인 속성이라는 것)은 논리적이고 따라서 필연적이다.
정의 : 속성 P가 x의 본질이라 함은 x가 P를 가지고 P가 최소 필수 속성이라는 뜻이다.
정리 2 : x가 신적이라면, 신적이라는 것은 x의 본질이다.
정의 : x가 본질적인 속성을 가진다면, x는 필연적으로 존재한다.
공리 5 : 필연적으로 존재하는 것은 신적이다.
정리 3 : 신적인 어떤 것이 필연적으로 존재한다.

뒷발에 차인 무한

당신이 너무 오래 심연을 바라보면, 도리어 심연이 당신을 바라볼 것이다.

프리드리히 니체[31]

칸토어의 수학적 무한은 현대 수학의 확고한 일부가 되었다. 힐베르트는 칸토어의 무한이 '그 누구도 그곳에서 우리를 추방할 수 없는 낙원'이라고 표현했다. 그러나 19세기와 20세기 철학계에 비교적 큰 문제없이 수용된 물리적 무한과 절대적 무한은 최근에 물리학자들과 철학자들에게 점점 더 큰 반발을 사고 있다. 무한은 물리학 논증이 실패했음을 보여주는 시금석이 되어가고 있다.

많은 사람들은 무한이 물리학에서 사용해온 수학 이론이 한계에 도달했음을 알려주는 신호라고 생각한다. 그러나 주의할 필요가 있다. 물리적인 무한의 발생은 불가능하다고 확실히 판단할 수 없는 상황에서, 그것의 등장을 이론에 문제가 있음을 보여주는 증거로 간주하는 것은 경우에 따라서 오류일 수 있다. 우리는 수학적 무한들의 목록을 만든 것과 마찬가지로 물리학에서 등장하는 무한을 더 세밀하게 분류할 필요가 있다.

7장

우주는 무한할까?

우리의 정신은 유한하다.
그러나 유한한 상황 속에서도 우리는 무한한 가능성에 둘러싸여 있다.
삶의 목적은 그 무한을 되도록 많이 이해하는 것이다.
앨프리드 노스 화이트헤드[1]

존재하는 모든 것

나는 생각을 너무 많이 한다. 나는 그리스 철학자가 되어야 했다.
그러나 나는 머리가 나빴다.

불량 소년[2]

사람들을 무한으로 이끈 최초의 질문들 중 하나는 존재하는 모든 것인 우주에 관한 질문이었다. 우주는 무한히 펼쳐져 있을까, 아니면 끝이 있을까? 지구에 대해서도 같은 질문이 제기되었다. 지구가 둥글다는 것을 추론해낸 시대에도 여전히 지구가 평평하다고 믿는 문명들이 있었다(**그림 7-1**). 지구가 둥글다는 것이—계속 항해해도 지구의 끝에서 떨어지지 않는다는 것이—상식이 된 후에도 그 상식은 우리의 우주상에 전이되지 않았다. 우주 공간이 공의 표면과 유사하다고 생각할 방법은 없었다. 그러나 우리가 보게 되듯이, 오늘날 우리의 우주 이해는 더욱 이상야릇한 가능성들을 제시한다.

과거의 문명들 대부분에는 우주의 본성과 우주에서 우리의 위치에 대

그림 7-1 가상의 평평한 '지구'.

한 믿음의 체계가 있었다. 창조 신화나 세계가 어떻게 유지되는지를 설명하는 이야기의 형태로 구체화된 그 믿음은 심리적으로 중요한 역할을 했다. 그러한 믿음들은 인류에게 우주 안에서 의미 있는 자리를 제공했다. 그러한 믿음들은 미지의 세계를 지금 여기에서 일어나는 일에 직접적인 영향을 미치지 못하는 먼 곳으로 밀어냈다. 이 같은 상황에서 우주가 끝없이 펼쳐져 있는지 끝이 있는지 묻는 질문은 다른 믿음들과 조화를 이루는 대답을 필요로 하는 질문이었다.[3]

우주가 무한할지도 모른다는 생각을 품은 최초의 근대 유럽 천문학자 중 하나는 영국의 천문학자 토머스 딕스(Thomas Diggs)였다. 과학자이자 군사학자였던 딕스는 니콜라우스 코페르니쿠스(Nicolaus Copernicus)의 태양 중심 태양계 모형을 지지한 소수의 사람들 중 하나였다. 1546년에

그는 『천체들에 관한 완벽한 서술』[4]이라는 책을 출간했다. 그 책에서 딕스는 코페르니쿠스의 체계를 채택하고 우주의 크기가 무한하다고 주장했다. 그는 우주가 무한하다고 주장한 최초의 천문학자였다. 딕스 이전의 우주 모형들은 항성천구에 둘러싸여 있었다. 항성천구 바깥에는 '천국'과 '최초 운동자'의 영역이 있었다. 딕스는 그 외곽 경계를 별들이 가득한 한계 없는 공간으로 대체했다. 딕스는 우주 자체가 물리적으로 무한하다고 주장한 최초의 르네상스 시대 과학자였다. 그는 우주의 무한성을 단서로 삼아 신의 위대함을 성찰했다.

"우리는 초보적이고 타락하기 쉬운 우리의 세계가 신의 틀 안에서 얼마나 작은 부분인지 쉽게 생각할 수 있다. 그러나 우리는 나머지 부분의 거대함,

특히 수없이 많은 빛으로 장식되었으며 끝없이 높이 펼쳐진 고정된 천구의 거대함은 충분히 찬양할 수 없다."

그림 7-2는 딕스가 생각한 우주를 보여준다. 이 유명한 그림은 그가 쓴 책의 속표지를 장식하고 있다. 그림에는 거창한 설명이 붙어 있다.

"무한히 높은 곳에 있는 이 항성들의 천구는 구형으로 펼쳐져 있고 따라서 움직이지 않는다. 그 천구는 양과 질 모두에서 우리의 태양을 훨씬 능가하는 무수히 많고 영원히 빛나는 찬란한 빛으로 장식된 행복의 궁전이며, 슬픔이 없고 영원하고 완벽한 기쁨으로 충만한 하늘 위 천사들의 정원이며, 선택된 자들의 집이다."

태양은 중심에 있고 6개의 행성으로 둘러싸여 있다(중심에서 세 번째에 있는 커다란 원형 도안이 지구이다. 지구 너머에는 화성, 목성, 토성이 있다). 당대에 가장 외곽에 있다고 알려진 행성은 토성이었다.[5] 토성 너머에는 커다란 빈 공간이 있고, 그 너머에 항성들의 영역이 있다. 항성들의 영역은 끝없이 계속된다.

딕스는 윌리엄 셰익스피어(William Shakespeare)와 동시대인이었다. 셰익스피어가 작품 활동을 한 시기는 지적인 격동기―르네상스와 종교개혁이 일어나고 갈릴레이가 코페르니쿠스의 우주 모형을 입증한 시기―였다. 셰익스피어는 딕스 가문을 알고 있었고, 덴마크의 위대한 천문학자 튀코 브라헤(Tycho Brahe, 1546~1601)와 딕스의 친척들이 편지를 주고받은 사실도 알고 있었다. 셰익스피어는 또한 튀코의 고조부모인 소피 길덴스테른과 에릭 로젠크란츠가 만든 가문의 문장 아래에 튀코의 얼

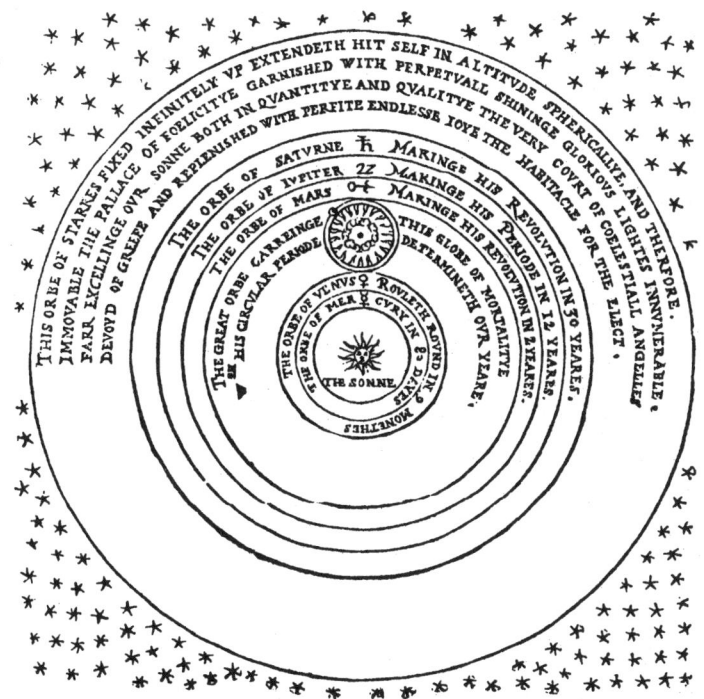

그림 7-2 16세기 딕스의 우주관.

굴을 그린 초상화도 잘 알고 있었다. 튀코는 여전히 지구 중심의 우주 모형을 지지했고, 1588년에 자신의 우주 모형을 발표했다. 셰익스피어는 위대한 비극 『햄릿』에서 천동설과 지동설의 지지자들과 그들의 논쟁을 다양한 방식으로 암시한 것으로 보인다.[6]

『햄릿』에 등장하는 로젠크란츠와 길덴스테른은 튀코의 지구 중심 세계관을 대변한다. 왕위를 찬탈한 클라우디우스는 고대 천문학자 클라우디오스 프톨레마이오스(Claudios Ptolemaeos)의 지구 중심 세계관을 계승한다. 프톨레마이오스의 우주 모형은 코페르니쿠스에 의해 대체되었다. 클라우디우스는 두 신하에게 지구 중심 모형 제작을 도울 것을 명하고, 햄릿은 시적인 연설을 통해 무한한 세계와 그의 친구 딕스를 지지한다. "나는 호두 껍질 속에 갇혀 있는지도 모르지만, 나 자신을 무한한 공간의 왕으로 여긴다."[7]

불운한 조르다노 브루노(Giordano Bruno)는 딕스와 동시대에 유럽 대륙에서 살았다. 그는 우주가 무한하다는 믿음을 위해 순교한 것으로 유명하지만, 어떤 의미에서도 과학자라고 할 수 없다. 이탈리아 놀라에서 태어나고 자란 브루노는 10대 시절에 나폴리에 있는 도미니크회 수도원에 들어갔고, 그곳에서 코페르니쿠스의 새로운 천문학을 알게 되었다. 결국 그는 여러 곳을 순례하는 개혁적인 철학자가 되어 유럽 전역에서 이단적인 견해를 설교했고, 가톨릭 교회 내부에 적들을 만들었다. 그에게 코페르니쿠스는 기존 권력과 그것을 공고히 하는 경직된 전통에 대한 반대의 상징이었다. 브루노는 코페르니쿠스의 체계를 더 확장하고자 했다. 그는 태양과 같은 별들이 가득 찬 무한한 우주를 원했다. 그는 각각의 별을 행성들이 둘러싸고 있고 행성들에는 지적인 존재가 살 수도 있다고 주장했다.

> "그렇게 신의 탁월함이 확대되고 신이 만든 왕국의 위대함이 분명해진다. 신은 하나의 태양에서 찬양받는 것이 아니라 무수한 태양에서 찬양받는다. 하나의 지구에서가 아니라 수천 개의 지구에서, 아니 무한히 많은 세계에서 찬양받는다."[8]

브루노의 구호는 무한이었지만, 그의 글은 신비주의적이고 혼란스러운 부분과 뛰어난 통찰이 빛나는 기묘한 조합을 보여준다. 그는 공간과 시간이 모두 무한하다고 믿었고, 무한한 물체에는 중심도 가장자리도 없다는 것을 알았다. 그러므로 무수한 끝없는 세계들 중에서 지구는 '다른 세계들과 마찬가지로 중심이 아니다'.

1591년에 브루노는 파도바 대학의 수학 교수직에 지원했으나 임용되지 못했다(그 교수직은 이듬해에 갈릴레이에게 주어졌다). 이후 브루노는 강경한 반(反)아리스토텔레스적인 견해 때문에 권력자들에게 점점 더 강한 비판과 박해를 받게 됐다. 다음은 그가 지어낸 대화의 일부다. 대화를 나누는 인물은 필로테오와 프라카스토로와 엘피노이며, 대화 내용은 우주는 필연적으로 유한할 수밖에 없다는 아리스토텔레스의 믿음에 대한 조롱이다.

필로테오 세계가 유한하고 세계 바깥에 아무것도 없다면, 나는 당신들에게 묻는다. 세계는 어디에 있는가? 우주는 어디에 있는가? 아리스토텔레스의 대답은 세계가 자신 안에 있다는 것이다. 제1천구의 굽은 표면은 보편적인 공간이고, 제1의 그릇으로서 어떤 것 속에도 들어 있지 않다. 위치는 다만 그릇의 표면과 경계이므로, 자신을 담고 있는 그릇이 없는 물체는 위치가 없다는 것이다. 그러나 존경하는 아리스토텔레스여, '자신 안에 있다'는 말은 무슨 뜻인가? 세계 너머에 있는 것에 대하여 당신은 무엇을 말할 것인가? 세계 너머에 아무것도 없다고 말한다면, 천구들과 세계는 분명 어느 위치에도 있지 않을 것이다.

프라카스토로 그러므로 세계는 어디에도 있지 않을 것이다. 모든 것은 무(無) 속에 있을 것이다."

이 글은 셰익스피어의 『헛소동』의 한 대목이라고 해도 어울릴 것이다.

브루노는 무한한 우주가 중심을 필요로 하지 않는다는 것과, 코페르니쿠스의 우주가 특별한 위치를—외곽의 천구도—필요로 하지 않는다는 것을 잘 알고 있었다. 어느 곳이나 똑같아 보이고 경계가 없고 무한히 많은 별과 행성으로 가득 찬 우주를 브루노는 확신했다. 브루노의 대변자 필로테오는 브루노의 철학을 암시적으로 제시한다.

> **필로테오** 그렇다면 모든 사물은 하나일 것이다. 천구들, 광활한 공간, 우리의 어머니인 지구, 모든 것을 감싸는 우주, 모든 사물이 그곳에서 움직이고 각자의 방식으로 지속하는 에테르로 채워진 영역. 그곳에서 우리의 감각은 무수한 천체와 별과 천구와 태양과 지구를 지각할 것이다. 또 이성은 그것들이 무한함을 추론할 것이다. 거대하고 무한한 우주는 그 속에 있는 모든 공간과 천체의 총합이다.
>
> **엘피노** 그러므로 안으로 또는 밖으로 휘어진 표면을 가진 천구들이나 천상의 원들은 존재하지 않는다. 대신에 모든 것은 하나의 장이며 단일한 공동의 덮개다.
>
> **필로테오** 옳은 말이다.[9]

브루노는 어리석게도 베네치아로 와서 로마 종교재판관 조반니 모케니고의 선생이 되어달라는 부탁을 받아들였다. 모케니고는 브루노에게서 천문학과 기억술을 배우려 한다고 말했다. 브루노는 제자에게 자신의 천문학적 견해를 너무 분명하게 가르친 것으로 보인다. 당연히 그는 체포되었고 이단죄로 재판을 받았다. 그는 자신의 믿음을 바꾸지 않았고 1600년 2월 17일에 화형당했다.

지하로 들어간 우주론

오, 사랑하는 이여, 도대체 무엇이 문제인지?
민요[10]

천문학자들은 우주가 무한한지 아니면 유한한지 하는 문제에 여전히 관심을 가지고 있다. 그러나 그들은 이제 그 문제가 상당히 미묘한 문제임을 알고 있다. 1915년에 아인슈타인은 우주를 단일한 전체로 기술할 수 있는 중력이론을 제시했다. 그 이론은 새로운 공간과 시간의 개념을 도입했다. 공간과 시간의 모양은 그 안에 들어 있는 질량과 에너지의 분

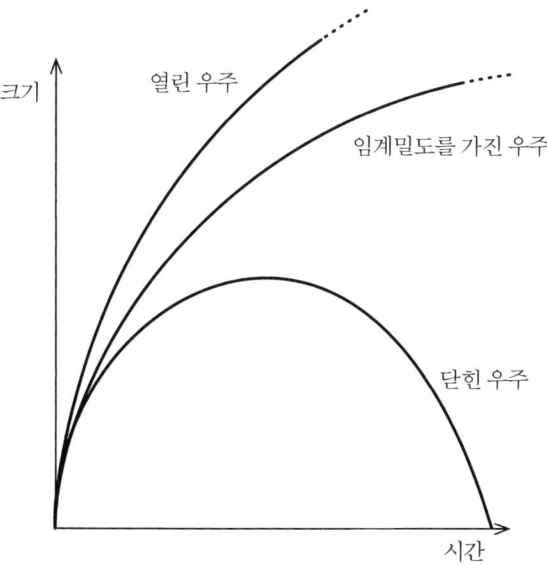

그림 7-3 팽창하는 우주들 중 일부는 영원히 팽창하는 반면에 다른 일부는 결국 수축한다. '임계' 밀도를 가진 우주는 지속적인 팽창이 가능한 한계점에 있는 특수한 우주이다. 만일 그 우주가 물질을 조금이라도 더 많이 가지고 있거나 팽창 속도가 약간이라도 더 느리다면, 그 우주는 결국 수축할 것이다.

포와 운동에 의해 결정된다. 포함한 물질의 밀도가 너무 높은 우주는 휘어져 유한한 부피가 되는 반면, 밀도가 낮은 공간은 감기지 않고 끝없이 펼쳐질 수 있다. 우주의 시간적인 지속도 제한될 수 있다. 그런 우주들의 팽창은 유한한 미래의 시점에서 느려지고 점차 온도와 밀도가 엄청나게 높은 대붕괴(Big Crunch) 상태를 향해 수축할 것이다. 이와 달리 특정한 임계밀도를 초과하지 않는 우주는 영원히 팽창할 수 있을 것이다(**그림 7-3**). 그런 우주는 점점 더 희박해질 것이다.

  우주의 재수축 여부를 결정하는 임계밀도는 지구의 물질 분포를 기준으로 볼 때 매우 낮다—세제곱미터(m^3)당 6개의 원자만 있으면 재수축이 일어난다. 그 밀도는 우리가 지상의 실험실에서 인공적으로 만들 수 있는 '진공'의 밀도보다 더 낮다. 우리가 우주에서 볼 수 있는 모든 물질—광학적인 빛을 발하거나 X선 같은 다른 형태의 복사파를 방출하는 물질—을 고려하면, 우리가 지금까지 발견한 물질의 밀도는 겨우 7세제곱미터당 원자 1개에 불과하다. 이것은 임계밀도보다 턱없이 낮다. 그러나 우리는 우주가 무한하다고 단정할 수 없다. 차갑고 어둡기 때문에 망원경과 탐지장치에 포착되지 않는 물질이 많이 있을지도 모르기 때문이다.

  우주 공간에서 태양 빛이 비치지 않는 지구의 측면을 바라보면, 사람들이 어디에 있는지 확실하게는 알 수 없을 것이다. 그러나 돈이 어디에 있는지는 알 수 있을 것이다. 런던이나 뉴욕, 도쿄 같은 대도시들은 많은 빛을 발할 것이다(**그림 7-4**). 그러나 인구밀도가 높은 아프리카와 중국의 중심지들은 대부분 캄캄할 것이다.

  요컨대 빛이 반드시 인구밀도의 지표가 되는 것은 아니다. 이 같은 사정은 우리 우주의 물질 밀도와 관련해서도 동일할 것이다. 빛은 물질 밀도가 매우 높은 곳에서 방출된다. 빛이 방출되는 곳은 물질이 평균보다

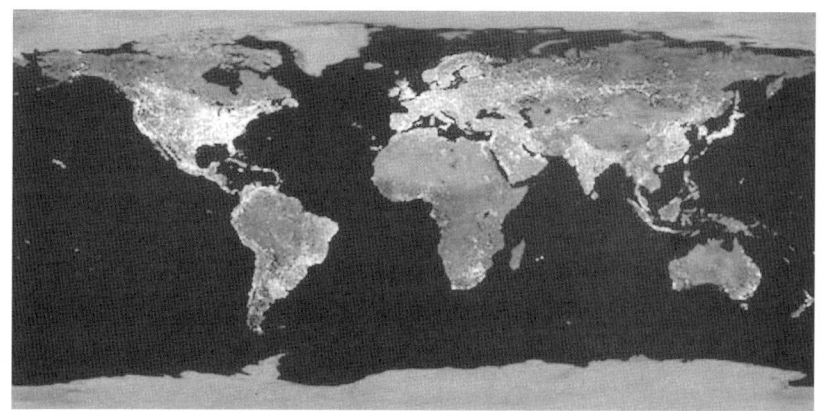

그림 7-4 지구의 밤을 찍은 사진.[11] 가장 밝게 빛나는 구역들은 서양의 대도시들이다. 아시아와 아프리카의 인구 밀집 지역들은 대부분 캄캄하게 보인다. 이처럼 빛은 사람이 많은 곳이 아니라 돈이 많은 곳을 알려주는 지표다.

많이 있는 곳이다. 그 장소들은 강한 중력으로 주위의 물질을 끌어당긴다. 그 장소들은 물질의 바다에 이는 파도의 마루들이다. 그 장소들은 밀도가 가장 높고 가장 눈에 띄는 장소들이다.

그러나 밀도가 높은 장소들 사이에는 무엇이 있을까? 다행히도 중력 덕분에 우리는 빛나는 별들 사이의 어둡고 공허한 공간을 탐색할 수 있다. 빛을 발하든 발하지 않든 모든 물질은 다른 물질에 중력을 발휘한다. 빛나는 별들과 은하계의 운동 속도를 측정함으로써 우리는 그것들이 느끼는 중력장의 세기를 알 수 있다. 놀랍게도 우리가 관찰한 모든 곳에서 천체들은 빛을 내는 물질보다 약 10배 많은 물질의 중력을 받는 것처럼 움직인다. 우리는 그 관찰되지 않는 물질을 차가운 '암흑물질'이라 부른다. 암흑물질의 작은 일부는 평범한 원자와 분자로 이루어져 있다. 그러나 암흑물질의 정체는 밝혀지지 않았다(**그림 7-5**). 암흑물질의 양과 정체를 알아내는 것은 현대 우주론의 중요한 과제다.

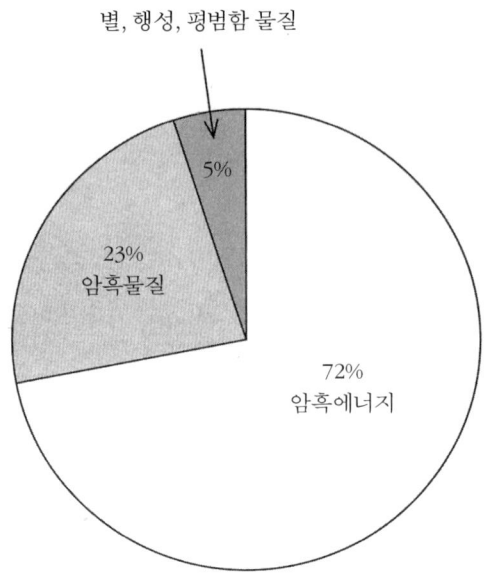

그림 7-5 우주 속 물질은 빛을 내는 물질, 빛을 내지 않는 물질, 그리고 '암흑에너지' 라 불리는 정체 불명의 요소로 이루어져 있다. 암흑에너지는 지난 수십억 년 동안 우주가 가속적으로 팽창해온 원인이다. 우리가 탐지하는 모든 다른 형태의 물질과 복사가 중력적인 인력을 발휘하는 것과 달리 암흑에너지는 중력적인 척력을 발휘한다.

처음에는 주위의 별들에 중력을 발휘하는 암흑물질이 행성과 별과 은하계를 이루는 물질과 같을 것이라고 추측했다. 암흑물질은 다만 밀도가 충분히 높은 집단을 형성하지 못했기 때문에 별처럼 수축하여 핵반응을 일으키지 않는 것이라고 추측했다.

그러나 문제는 그렇게 단순하지 않다. 만일 암흑물질이 빛을 발하는 물질과 같은 종류라면, 심각한 모순을 피할 수 없게 된다. 일반적인 물질은 원자로 이루어져 있고 원자의 핵에는 양성자와 중성자가 들어 있다. 이 입자들은 강한 상호작용에 참여할 수 있고, 가장 단순한 핵—양성자 한 개로 이루어진 수소 핵—에서부터 단계적으로 점점 더 무거운 핵들—

중수소 핵(양성자 1개 + 중성자 1개), 헬륨 핵(양성자 2개 +중성자 2개) 등—을 형성할 수 있다.

우주가 태어난 지 겨우 2분이 지났을 때 모든 곳이 핵반응이 일어날 만큼 충분히 뜨거워서 이전에 생성된[12] 양성자와 중성자가 변환되어 많은 양의 중수소와 헬륨과 리튬이 형성되었을 것으로 보인다. 당시에 있었던 중수소와 헬륨과 리튬의 양은 정확하게 계산할 수 있다. 태어난 지 불과 2분밖에 안 된 우주는 우리의 상식과는 상당히 다른 모습이었을 것이라고 생각하기 쉽지만, 그 우주의 성질은 우리의 예측 범위를 벗어나지 않는다. 당시 물질의 밀도는 물의 밀도보다 조금 더 높았을 것이다. 태어난 지 2분밖에 안 된 우주는 우리가 아는 물리 법칙의 지배를 벗어난 극단적인 조건에 있지 않았다.

놀랍게도 우리는 우주의 초기 상태에 나타난 가벼운 원소들의 양을 계산할 수 있을 뿐 아니라, 그 양이 오늘날 우리가 우리 은하계와 다른 은하계들에서 관찰하는 양과 같다는 것도 안다. 오늘날 존재하는 중수소와 헬륨의 두 가지 동위원소—헬륨 3, 헬륨 4—와 리튬의 양은 우주 팽창의 최초 몇 분 동안 일어난 필연적인 핵반응의 연쇄로 훌륭하게 설명할 수 있다. 그 원소들은 별들 속에서 일어나는 다른 천문학적인 과정들에 의해서 형성될 수 없다. 반면에 우주 속에 있는 모든 무거운 원소들의 양은 별들 속에서 일어나는 과정으로 설명할 수 있다.

이 모든 것이 암흑물질과 무슨 상관일까? 우리가 알고 있는 일반적인 물질의 양을 이용해서 우주가 태어난 지 2분이 지났을 때 일어난 핵반응의 정도를 계산하여 그때 생성된 가벼운 원소들의 양을 추정하면, 그 추정값은 오늘날 우주에 있는 가벼운 원소들의 양과 잘 일치한다. 그런데 만일 우리가 미지의 암흑물질을 평범한 물질로 간주하면 큰 문제가 발생한다. 만일 암흑물질이 평범한 물질이라면, 우주 속에 있는 평범한 양성자의 수는 더 많아질 테고, 그러면 최초 3분 동안 우주에서 핵반응이 더 빠르게 일어났다는 결론을 내릴 수밖에 없다. 이 결론이 옳다면 헬륨 4의 양은 크게 변하지 않지만, 중수소와 헬륨 3의 양은 실제보다 훨씬 줄어들어야 할 것이다.[13]

따라서 우주에 있는 암흑물질은 핵반응에 참여할 수 없는 미지의 형태를 하고 있을 것이다. 암흑물질은 우리처럼 원자와 분자로 이루어지지 않았다. 그렇다면 암흑물질은 도대체 무엇일까? 많은 것들이 암흑물질의 후보로 거론되었다. 암흑물질은 양이 풍부해야 하고 핵반응에 참여하지 않아야 한다. 중성미자들은 이상적인 후보다. 이 기본입자들은 방사능의 원인인 약한 핵력과 중력만을 받으며, 초기 우주에서 암흑물질을 설명하기에 적당한 양만큼 생성된 것으로 추측된다. 1980년대 초에 우주론자들은 암흑물질이 당시에 알려진 가장 가벼운 중성미자일 것으로 추측했다. 당시에 과학계는 그 중성미자의 질량이 수소원자 질량의 100억 분의 1이라는 증거들을 확보하는 중이었다. 그 질량에 입각해서 계산한 중성미자의 밀도는 미지의 암흑물질의 양을 설명하기에 적당했다.

그러나 안타깝게도 우리가 아는 세 가지 유형의 중성미자는 암흑물질일 수 없다는 사실이 지난 20년 동안 밝혀졌다. 실험실에서 이루어진 실험과 중성미자가 생성되는 장소인 별을 관찰한 결과, 중성미자는 질량이 너무 작아서 암흑물질일 가능성이 거의 없음이 밝혀졌다. 빛을 발하는 물질이 중성미자의 중력을 받을 때 어떤 일이 일어나는지에 대한 연구에서도―이 연구는 세계에서 성능이 가장 뛰어난 컴퓨터를 이용했다―해결할 수 없는 문제들이 발생했다. 만일 일반적인 물질이 중성미자의 중력을 받는다면 지금보다 훨씬 작은 규모에서도 집단을 이루고 은하계를 형성할 수 없다. 우리가 아는 세 종류의 중성미자는 질량이 매우 작을 수밖에 없으므로, 우주 속에서 매우 빠르게 움직일 것이다. 그런데 은하계가 형성되고 별이 형성되려면 중성미자가 훨씬 더 느리게 움직여야 한다. 결론적으로 중성미자가 암흑물질일 수 있으려면 더 무겁고 더 느려야 한다.

그렇다면 다른 후보들은 어떨까? 미지의 암흑물질은 질량이 지구보다 작고 크기가 1센티미터인 소형 블랙홀일지도 모른다. 블랙홀은 핵반응에 참여하지 않으므로, 암흑물질이 블랙홀이라면 가벼운 원소들에 대한 우리의 예측들은 그대로 유지된다. 그러나 질량이 지구와 비슷한 블랙홀들이 이토록 많이 생성된 까닭을 납득하기가 어려워 보인다. 왜 지구와 질량이 비슷한 블랙홀들이 거론되는 것일까? 더 무거운 블랙홀이 그렇게 많다고 가정하면, 다른 관찰 증거들과 충돌하는 귀결들이 나오기 때문이다. 그러므로 암흑물질 문제를 해결하려면 적당한 질량의 블랙홀이 풍부하게 형성되어야 한다. 그런데 왜 그래야 하는지를 설명할 뾰족한 방법이 없다. 따라서 우주론자들은 암흑물질이 블랙홀일 가능성을 고려해보았지만 열정적으로 탐구하지는 않았다.

가장 인기 있는 대안은 이제껏 알려진 중성미자들보다 훨씬 더 무거운 중성미자 유형의 입자가 존재한다는 추측이다. 그 입자들은 알려진 중성미자들처럼 다른 기본입자들과 약한 상호작용만을 할 것이고 모든 형태의 물질과 마찬가지로 중력을 받을 것이다. 그런 입자가 직접적으로 탐지되지는 않았지만, 과학자들은 그런 입자가 존재할 것으로 추측한다. 그 입자의 질량은 양성자 질량의 1배에서 1000배 사이일 수 있다. 그 입자의 질량은 현재까지는 정확히 계산할 수 없다. 그러므로 그 입자를 발견하려면 아주 꼼꼼한 관찰이 필요하다.

그 무거운 입자를 발견하기 위한 대규모 지하 탐지시설들이 세계 곳곳에 설치되어 있다. 만일 그 입자가 우리 은하계 내부와 주위의 암흑물질을 이룬다면, 그 입자는 지구를 자주 관통할 것이다. 그 입자와 일반적인 물질의 상호작용은 매우 약하지만, 그 입자는 가끔 규소나 크세논 원자와 충돌하여 그 원자의 에너지를 상승시킬 것이다. 과학자들은 언젠가 그런 충돌을 탐지할 수 있기를 바란다. 만일 그 입자가 암흑물질의 중력을 설명할 수 있을 만큼 풍부하고 예측된 속도로 움직인다면, 탐지장치들은 수년 안에 그 입자를 발견할 수 있을 것이다.

가장 성능이 좋은 컴퓨터로 그 무거운 중성미자의 역사를 추적하면, 그 입자가 가벼운 중성미자들보다 훨씬 더 흥미로운 존재라는 것을 알 수 있다. 그 입자는 무겁기 때문에 더 느리게 움직이고, 은하들 내부의 암흑물질을 설명하기에 충분할 정도로 작은 구역에 집중될 수 있다. 무거운 중성미자에 대한 연구는 현대 우주론에서 흥분을 자아내는 첨단 분야다. 이 분야에서 입자물리학자들은 암흑물질 입자의 후보들을 탐구하고, 천문학자들은 존재하는 암흑물질의 양을 추정하고, 천체물리학자들은 거대한 컴퓨터 프로그램을 실행해 느리게 움직이는 암흑물질이 주도하는 은하계의 형성을 시뮬레이션하고, 실험물리학자들은 지하 깊은 곳의 탐지장치를 통과하는 암흑물질 입자를 찾는다.

수년 전까지만 해도 우주에 있는 물질의 양은 우주의 팽창을 멈추는 데 필요한 양보다 적은 것처럼 보였다. 암흑물질을 추가로 고려해도 결론은 마찬가지였다. 증거에 따라 계산을 해보면 우주는 유한할 수 없어 보였다. 그러나 확실한 결론은 내릴 수 없었다.

휘어진 우주

나는 하늘을 측정하곤 했고
지금은 지구의 그림자를 측정한다.
나의 정신은 하늘에 있었고
지금은 내 육체의 그림자가 여기에 머문다.
케플러 무덤의 비문[15]

우리는 여러 방식으로 휘어진 표면에 익숙하다. 당신 손의 표면은 휘어져 있다. 아인슈타인은 공간 속에 물질이 있으면 공간이 특정한 방식으로

그림 7-6 항정선을 표현한 에스허르의 목판화 구면나선(1958). 항정선은 모든 경선과 동일한 각도로 만난다. 그 결과 항정선은 지구의 북극과 남극 근처에서 무한히 많이 감기는 나선이 된다.[14]

휘어진다는 것을 가르쳐주었다. 만일 물질이 움직인다면, 공간의 굴곡은 그 움직임에 따라서 변할 것이다. 두 점 사이의 최단경로는 공간의 굴곡에 따라 달라진다. 평평한 공간에서는 직선이 최단경로다. 그러나 휘어진 공간에서 최단경로가 무엇인지는 그리 자명하지 않다. **그림 7-6**은 지구 표면의 항정선(loxodrome)을 보여주는 M. C. 에스허르(M. C. Escher)의 목판화다. 항정선은 모든 경선과 동일한 각도로 만난다. 16세기 중반까지만 해도 사람들은 지표면의 두 점을 잇는 항정선이 최단경로라고 믿었다. 포르투갈의 왕실 천문학자였던 수학자 페드로 누네스(Pedro Nunes)는 적에게 탈취당할 수 있는 신형 지구본에 의지하지 않는 항해술을 개발하는 임무를 맡았다. 그는 항정선을 발명하고, 그것을 오늘날 우리가 지표면에서 최단경로임을 알고 있는 대원과 구별했다.[16]

전통적인 포도주 디캔터(decanter)의 표면은 다양한 방식으로 휘어져 있다(**그림 7-7**). 먼저 둥글고 불룩한 부분은 양의 곡률로 휘어졌다. 이는 그 부분의 유리 위에 세 개의 최단경로를 이어 삼각형을 그리면 내각의 합이 180도보다 큼을 뜻한다. 다른 한편 평평한 표면에서는 삼각형의 세 변이 직선이고 내각의 합은 정확히 180도다. 이제 디캔터의 목으로 가보자. 그 부분의 곡률은 음이다. 거기에 세 점을 찍고 최단경로로 점들을 연결하여 삼각형을 그리면 내각의 합이 180도보다 작아진다.

공간의 곡률은 공간의 기하학적인 성질이며 아인슈타인의 중력이론에 따라서 물질의 존재와 운동에 의해 결정된다. 이와 대조적으로 뉴턴은 공간을 물질의 운동이 일어나는 불변의 무대로 여긴다. 우리가 앞장에서 보았듯이 뉴턴의 공간 이론에 따르면 물질에 어떤 일이 일어나더라도 공간은 아무런 영향을 받지 않는다. 심지어 미래에 대붕괴가 일어난다고 해도 공간은 전혀 변하지 않는다. 공간 속에 있는 모든 것이 파괴된다 할지라

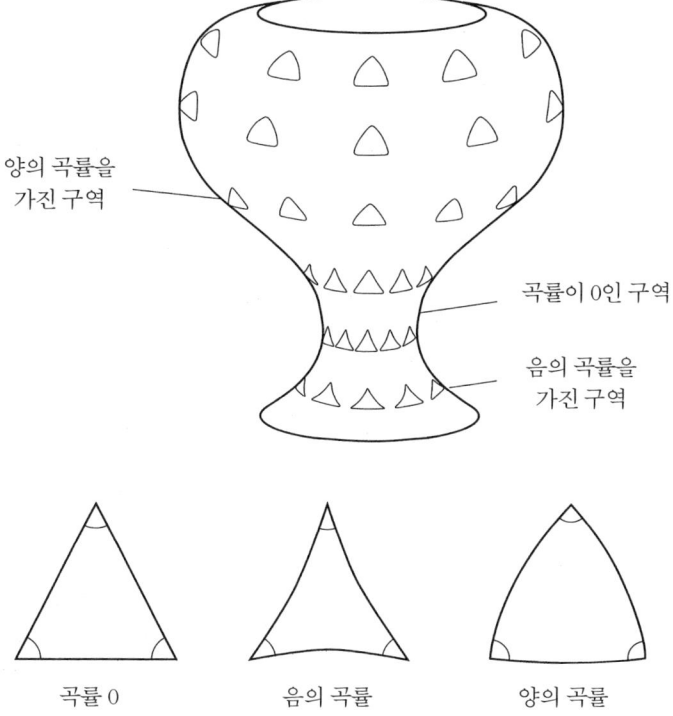

그림 7-7 포도주 디캔터의 여러 장소에서 두 점을 잇는 최단거리. 불룩한 밑둥 부분은 양의 곡률을 가지며, 입구 근처는 음의 곡률을 가진다. 그 사이의 구역은 곡률이 없고 표면이 평평하다.

도 공간과 시간은 영원히 지속된다.

뉴턴이 믿은 것처럼 공간과 물질이 별개라면, 우주가 유한한지 또는 무한한지 알아내는 것은 간단한 문제가 아닐 것이다. 공간은 끝없이 펼쳐지면서 무한한 양의 물질을 공간 전체에 골고루 분포하는 상태로 포함할 수도 있고 유한한 양의 물질만을 포함할 수도 있을 테니까 말이다. 사실 더 많은 가능성들이 있다. 예컨대 만일 먼 공간으로 갈수록 물질이 점점 희박해진다면, 물질이 존재하는 범위는 무한하고 물질의 질량은 유한할 수

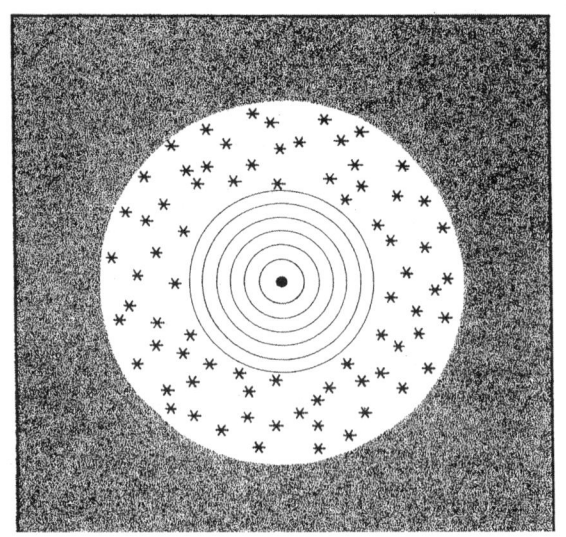

그림 7-8 아리스토텔레스, 스토아 학파, 에피쿠로스 학파의 우주 모형.

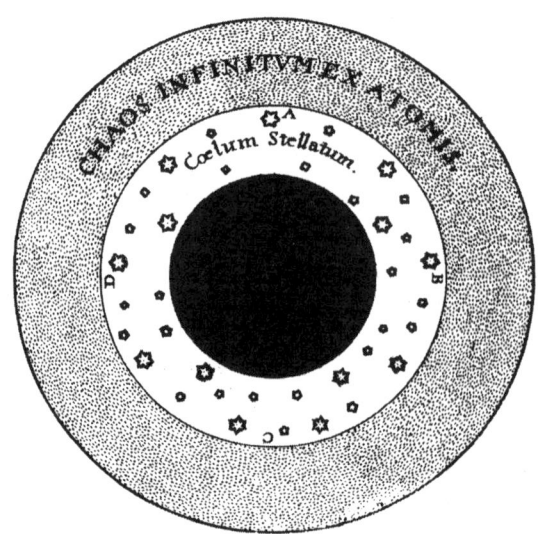

그림 7-9 17세기 뉴턴의 우주관.[17]

있다(**그림 7-8**).

실제로 뉴턴은 17세기에 중력을 연구하기 시작할 때 우주가 별들로 이루어진 유한한 계이며 무한한 허공으로 둘러싸여 있다고 생각했다(**그림 7-9**). 데카르트를 비롯한 다른 사람들은 물질이 없으면 공간도 없다고 주장했지만, 뉴턴은 물질이 없는 곳에서 신의 정신이 공간을 존재할 수 있게 해준다고 믿었다.

유한한 공간과 무한한 공간의 차이에 대한 생각의 중요한 진보는, 300년이 지나서 아인슈타인이 공간도 휘어질 수 있음을 발견하면서 이루어졌다.[18] 그 진보의 가장 중요한 귀결은 유한하면서 경계가 없는 공간이 있을 수 있다는 것이다. 어떻게 그런 일이 가능한지 알아보기 위해서 2차원 세계를 생각해보자. 탁자 윗면은 평평한 2차원 세계의 좋은 예다. 그 세계는 유한하다. 그렇게 평평한 세계가 유한하려면 경계가 있어야 한다. 그러나 2차원 세계가 구면처럼 휘어져 있다고 가정해보자. 그렇다면 그 표면은 유한하고─구면을 칠하는 데 유한한 양의 페인트만 필요하다─경계가 없다. 구면에서 사는 존재는 경계에 도달하지 않고 영원히 이동할 수 있다. 이 같은 성질을 지닌 다른 휘어진 공간들도 있다. 도넛을 생각해보자. 수학자들은 도넛의 표면을 토러스라고 부른다. 도넛의 표면도 면적이 유한하고 곳에 따라 다양한 방식으로 휘어져 있다(**그림 7-10**).

따라서 휘어진 공간은 무한한 우주와 관련한 오래된 딜레마를 해소한다. 핵심 열쇠는 유한하면서 경계가 없는 공간이 있을 수 있다는 사실이다. 3차원 부피를 둘러싼 유한한 2차원 표면이 있는 것처럼, 우리의 3차원 우주가 유한한 4차원 부피를 둘러싼 유한하고 경계가 없는 휘어진 표면일 수 있다. 이때 그 4차원 부피는 물리적인 실재일 필요가 없다.

아인슈타인의 이론은 우주에 있는 물질의 양이 공간의 곡률을 어떻게

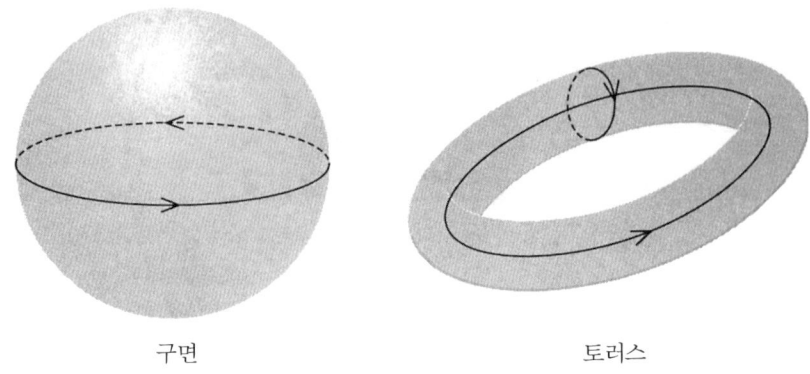

구면   토러스

그림 7-10 구면과 토러스는 면적이 유한하고 경계가 없다. 이 곡면들에서 여행하는 존재는 경계에 도달하지 않고 영원히 여행할 수 있다.

결정하는지 보여준다. 공간이 휘어져 유한하려면 임계밀도 이상의 물질이 필요하다. 암흑물질에 대한 탐구는 우주에 임계밀도 이상의 물질이 존재한다는 것을 입증하려는 노력의 일환이다. 그러나 그 탐구 과정에서 우리는 또 다른 가능성들과 추가 조건들을 발견했다.

우리가 우주에서 임계밀도만큼의 물질을 발견하지 못한다고 가정해보자. 그렇다면 우주는 반드시 무한해야 할까? 세 가지 이유에서 대답은 '그렇지 않다'이다.

위상수학적 문제

웰만 목사는 우리가 보도한 대로 아내를 발로 차서 계단 아래로 굴러 떨어뜨리고 불붙은 등잔을 집어던진 혐의로 체포되지 않았다. 그는 4년 전에 미혼으로 사망했다.
미국 신문의 정정기사[19]

우리가 고려해야 하는 공간의 성질로 기하학적 성질 외에 또 다른 성질이 있다. 그것은 위학수학적 성질이라 불린다. 기하학적 성질과 달리 위상수학적 성질은 예컨대 곡면을 찢거나 구멍을 뚫거나 곡면의 부분들을 이어 붙여야만 변한다. 우리가 평평한 종이를 약간 구부리면 종이의 위상수학적 성질은 변하지 않는다. 그러나 종이에 구멍을 뚫거나 종이를 말아서 원통으로 만들면 위상수학적인 성질이 변한다(**그림 7-11**).

원통은 매우 흥미로운 곡면이다. 당신은 우리가 포도주 디캔터의 휘어진 표면에 삼각형을 그려넣어 공간의 곡률을 알아냈던 것을 기억할 것이다. 곡률이 양인지 음인지에 따라서 삼각형의 내각의 합은 180도보다 크거나 작았다. 또 공간이 평평하면 삼각형의 내각의 합은 정확히 180도였다. 평평한 종이에 정삼각형을 그리자. 이제 종이를 둥글게 말아 원통을 만들고 삼각형을 관찰하자. 삼각형은 원래의 것과 완전히 같은 모습이다.

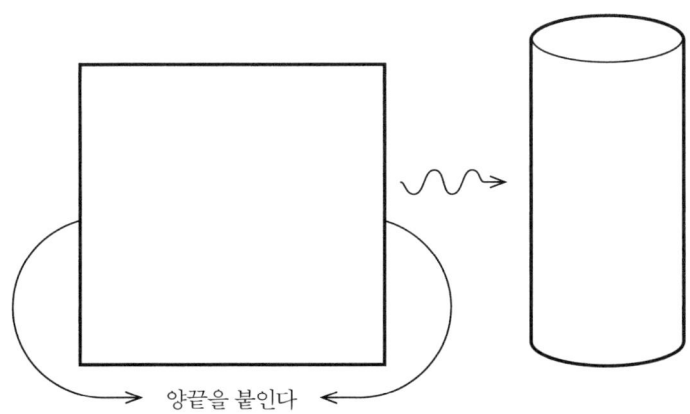

그림 7-11 종이를 둥글게 말고 양끝을 붙여 원통을 만들거나 종이에 구멍을 뚫으면 종이의 위상수학적인 성질이 달라진다. 자르기나 붙이기를 통해 형성된 새로운 모양은 단순히 잡아 늘이는 방법으로는 원래 모양으로 되돌릴 수 없다.

원통 표면에 있는 삼각형의 내각의 합은 정확히 180도다. 그러므로 원통은 당신이 삼각형을 그린 평평한 종이와 마찬가지로 평평한 표면을 가지고 있다. 평평한 종이와 원통의 차이는 기하학적인 차이가 아니라 위상수학적인 차이다.

이 사실은 우주론에서 매우 중요하다. 곡률이 0이거나 음이면서 팽창하는 우주에 대해서 가장 쉽게 할 수 있는 가정은 그런 우주가 가장 단순한 위상수학적 성질을 — 끝없이 펼쳐진 평면이나 음으로 휘어진 곡면의 성질을 — 가진다는 것이다. 끝없이 펼쳐진 평면은 쉽게 상상할 수 있다. 다른 한편 음의 곡률을 지니고 끝없이 펼쳐진 곡면은 한없이 큰 프링글(Pringle) 감자칩과 비슷하다. 이 가정을 채택하면 음의 곡률을 가진 우주는 영원히 팽창할 뿐만 아니라 모든 방향으로 무한한 것처럼 보인다.

그러나 진실은 전혀 다르다. 기하학적으로 평평하면서 영원히 팽창하는 우주를 생각해보자. 그 우주를 말아서 3차원 원통을 만들면 그 우주의 부피는 유한해진다. 또 그 우주는 모든 곳에서 여전히 평평하다. 그 우주는 영원히 팽창하지만 이제 더는 무한하지 않다. 혹시 우리의 우주가 그러하지 않을까?

현재로서는 대답하기가 매우 어렵다. 아인슈타인 방정식은 공간의 위상수학에 대해 아무것도 말하지 않는다. 아인슈타인 방정식이 제공하는 정보와 더불어 우주의 위상수학을 결정하는 추가 조건도 포함하고 있는 심오한 중력법칙이 분명히 있을 것이다. 혹은 우주의 위상수학이 중력법칙과 무관하게 결정되어 있는지도 모른다. 그러나 이 가능성은 물질과 기하학의 밀접한 관계를 생각할 때 약간 비현실적으로 보인다.

유한한 위상수학은 많은 측면에서 특별하다. 이는 유한한 위상수학이 무한한 위상수학보다 우주의 위상수학이 될 가능성이 훨씬 적다는 것을

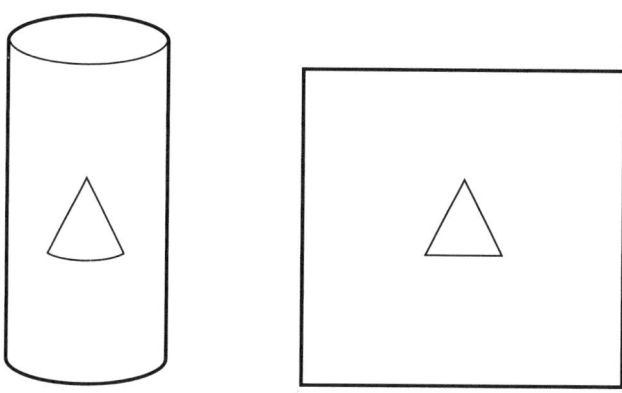

그림 7-12 원통은 국지적으로 평평한 기하학을 가진다. 세 점을 최단거리로 연결하여 그린 작은 삼각형은 내각의 합이 180도이다. 평면과 원통은 위상수학적으로는 다르지만, 기하와 곡률은 동일하다.

의미할 수도 있다. 그러나 그렇게 이해하는 것은 최선의 방법이 아닐 수도 있다. 유한한 위상수학은 단지 모든 물리학 법칙들을 포용하기 위해서 그렇게 특별한 것일 수도 있다.[20] 음으로 휘어진 우주 혹은 '열린' 우주는 특별한 성질들을 가진 유한한 위상수학을 훨씬 더 광범위하게 허용한다. 다시 강조하지만 우주의 위상수학이 유한한지 아닌지를 이론적으로 예측하는 방법은 아직 없다. 우리가 할 수 있는 것은 직접 관찰하는 것뿐이다.

만일 우주의 위상수학이 유한하고 지름이 매우 작다면 우리는 여러 특이한 현상들을 관찰할 수 있을 것이다. 예컨대 우리는 동일한 은하계를 여러 곳에서 반복해서 관찰할 것이다. 위상수학 때문에 유한한 우주는 거울로 둘러싸여 있는 것과 같다. 그런 거울이 없다면 관찰자는 먼 곳에서 온 광선을 받으며, 광선이 더 오랜 시간 이동하여 도착할수록 관찰되는 대상은 더 멀리 있다. 그러나 우주를 둘러싼 거울이 있으면 관찰자는 자신과 거울 사이에 있는 대상의 상을 여러 개 본다. 또한 관찰자 주위의 공간은 끝없이 펼쳐진 것처럼 보이지만, 그것은 광학적인 착각이다. 위상수학으로 인해 유한한 우주에서도 사정은 마찬가지다. 같은 은하계의 상을 여러 개 보는 관찰자는 우주의 참된 크기를 착각할 수 있다. 또 위상수학으로 인해 유한한 우주에서는 복사의 분포도 독특한 형태를 띨 것이다. 이런 현상들이 발견되면, 우리는 우리 우주가 양의 곡률을 지니지 않았으면서도 위상수학 때문에 유한함을 알게 될 것이다. 그러나 이런 현상들은 발견되지 않았다. 이는 만일 우주가 유한한 위상수학을 지녔다면 위상수학적인 접합 부분까지의 거리가 가시적인 우주 전체의 크기보다 훨씬 작지 않음을 뜻한다. 만일 접합 부분까지의 거리가 가시적인 우주의 크기보다 크다면, 그리고 우주가 평평하거나 음으로 휘어져 있다면, 우리는 우주가 유한한지 또는 무한한지 알 수 없을 것이다.

최근에 우주가 유한함을 시사하는 약간의 증거가 발견되었다. 나사의 WMAP 위성에서 관찰한 결과 과거 우주 진동의 한 유형이 크게 감소한 것이 발견되었다.[21] 그것은 이해할 수 없는 수수께끼지만, 우주의 유한성으로 자연스럽게 설명할 수 있을지도 모른다. 왜냐하면 유한한 공간은 그 공간에 '맞는' 특정한 진동 파동만을 허용하기 때문이다. 유한한 우주는 파장이 긴 많은 파동들을 배제할 테고, 따라서 그런 파동들은 눈에 띄게 줄어들 것이다.

균일성 문제

무지개 너머 어딘가에,
저 높은 곳에
내가 자장가에서 들은
나라가 있다네.
〈무지개 너머에〉 입 하버그[22]

위상수학에 대한 우리의 논의는 우주론이 해결해야 할 핵심 문제를 소개하는 것으로 끝났다. 우주는 가시적인 우주와 동일하지 않다(**그림 7-13**). 철학자들과 신학자들은 흔히 '참된 우주'를 얘기한다. 불행하게도 천문학자들은 '참된 우주'에 대해 많은 얘기를 할 수 없다. 참된 우주는 무한할 수도 있고 유한할 수도 있다. 그러나 우리가 관찰을 통해 얻는 정보는 유한한 것에 대한 정보일 수밖에 없다. 우리는 우리가 관찰하는 유한한 우주를 '가시적인 우주'라고 부른다. 가시적인 우주는 우주의 팽창이 시작된 이후에 우리의 망원경에 도달한 빛 신호들이 출발한 곳들로 이루어진 영역으로 우주 전체의 일부다. 현재 가시적인 우주의 지평은 약 420억 광년(우주의 팽창을 감안하지 않으면 약 140억 광년) 떨어진 곳에 있다. 우리의 가시적인 우주는 (우주의 팽창을 감안하지 않을 경우) 매일 빛이 하루 동안에 이동할 수 있는 거리만큼 커지지만, 그것은 중요한 변화가 아니다. 어차피 우리는 가시적인 우주의 지평을 볼 수 없기 때문이다. 가시적인 우주와 참된 우주의 구별은 많은 중요한 귀결로 이어진다.

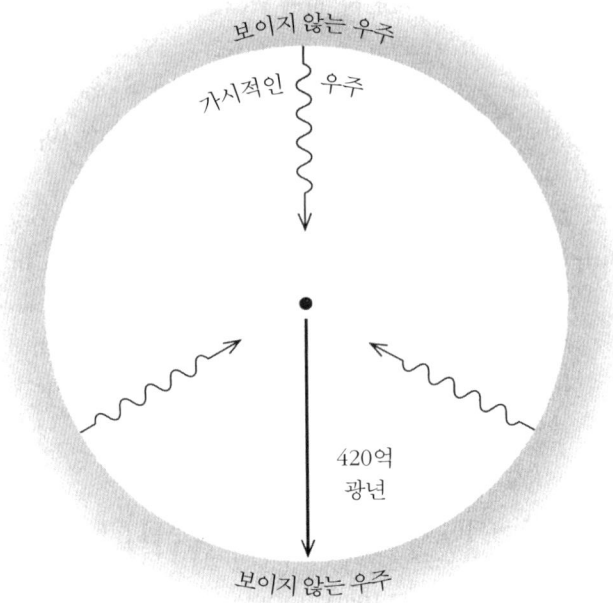

그림 7-13 가시적인 우주와 전체 우주의 차이.

우리는 우주 전체의 유한한 부분만을 볼 수 있다

우주 전체가 얼마나 크든지 간에 우리는 우주의 유한한 부분에 관한 정보만을 얻을 수 있다. 빛의 속도가 유한하기 때문에 우주에 대한 우리의 경험은 항상 유한하다. 만일 우주의 크기가 무한하다면, 우주 전체에서 관찰 가능한 부분의 비율은 0일 것이다. 다시 말해 우주의 가시적인 부분이 아무리 크다 할지라도 그 부분은 우주 전체의 무한히 작은 부분에 불과할 것이다. 그러므로 우리가 보는 부분이 우주 전체를 대표한다는 검증할 수 없는 전제를 채택하지 않는 한, 우리는 항상 무한한 전체의 극히 작은 부분에 관한 정보만을 가지고 있음을 인정해야 한다.

최근까지도 우주론자들은 이런 종류의 지적들이 지나치게 철학적이고 비관적이라고 여겼다. 우리가 알고 있는 지평 너머의 우주가 매우 다르다고 추측할 이유는 없었다. 그러나 현재의 사정은 달라졌다. 가장 널리 알려진 우주론의 하나인 '인플레이션(급팽창)' 이론은 우리가 알고 있는 가시적인 우주의 물질 분포는 비교적 균질적인 반면, 그 너머의 우주는 전혀 다르다고 예측한다. 가시적인 지평을 넘어 충분히 멀리 나아가면, 우리는 팽창 상태와 밀도와 온도와 심지어 자연법칙과 공간과 시간의 차원 개수가 매우 다른 우주를 발견할 것이라고 말이다. 인플레이션 이론은 지평 너머의 우주가 여기와 다르다고 예측할 근거를 최초로 제공했다.

우주의 균일성 문제는 아인슈타인의 일반상대성이론에 따른 우주 모형이 최초로 발견된 직후인 1922년에 프랑스의 수학자 에밀 보렐(Emile Borel)이 제기했다. 보렐은 다음과 같이 썼다.

> 제한된 작은 구석만 보고 우주 전체에 대한 결론을 내리는 것은 성급한 행동으로 보인다. 가시적인 우주 전체가 지구에 있는 한 방울의 물과 같지 않다고 장담할 수 있을까? 그 물방울 속에서 사는 매우 작은 존재는 물방울 외에 철이나 생체 조직처럼 성질이 완전히 다른 물질이 있다는 것을 상상할 수 없을 것이다.[23]

보렐은 국소적인 근거로 광역적인 결론을 끌어내는 추론을 문제 삼는다. 그는 물질의 성질이, 심지어 우주 보편의 성질이라고 믿는 많은 것들이 장소에 따라 다를 수 있다고 주장한다. 인플레이션 우주론은 그런 변이를 허용한다. 그 이론은 우주 팽창의 최초 단계에서 우주가 중력적으로 척력을 발휘하는 물질의 영향을 받았다고 주장한다. 그 영향을 받아 팽창

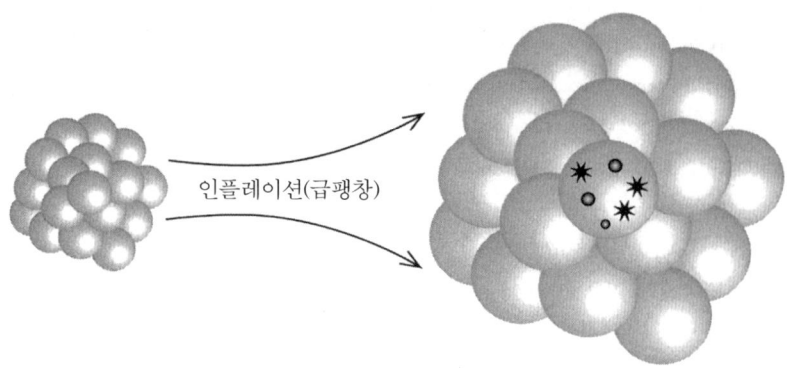

그림 7-14 공간의 다양한 구역들의 급팽창. 거품들이 무작위로 가열되어 다양한 크기로 팽창하는 것을 상상해보라. 어떤 거품은 은하계와 별이 형성되기에 충분할 만큼 크게 성장하고 오랫동안 존속한다. 현재의 가시적인 우주는 그런 거품 속에 있다.

은 극적으로 가속되었는데, 그 극적인 인플레이션 기간은 곳에 따라 조금씩 달랐다. 그 결과는 비누 거품들을 무작위로 가열하는 것과 비슷하다(**그림 7-14**). 어떤 거품은 많이 팽창했다.

 오늘날 우리는 많이—별들과 살아 있는 관찰자가 진화할 시간을 충분히 허용할 만큼 많이—팽창한 구역에서 산다. 그 구역, 즉 우리의 '거품'은 가시적인 우주보다 훨씬 클 가능성이 매우 높다. 만일 그렇지 않다면 그것은 기묘한 우연일 것이다. 우리는 그 거품 속에 있는 모든 것이 동일한 '유전적' 코드를 지녔다고 생각할 수 있다. 동일한 구조적 특성을 띠며 동일한 물리법칙의 지배를 받는다고 말이다. 더 나아가 우리는 가시적인 우주의 팽창이 방향과 장소에 따라 어떻게 다른지 예측할 수 있다.

 최근에 과학자들은 우주배경복사의 공간적인 변이를 탐구하는 데 많은 노력을 기울였다. 그 변이는 기초적인 양자 요동의 화석화된 흔적을 간직하고 있을 것이다. 태초의 양자 요동은 인플레이션 과정에서 거품 전체로 확산되고 결국 오늘날 우리가 보는 은하계들과 별들의 씨앗이 되었다.

현재까지 보고된 관찰 결과는 가장 단순한 인플레이션 우주론과 훌륭하게 일치한다. 인플레이션은 140억 년 동안 팽창한 거품에 뚜렷한 변이의 패턴을 새겨놓았고, 우리는 그 패턴을 우주를 가득 채운 마이크로파 복사에서 본다. 우리의 텔레비전 화면을 왜곡하기도 하는 그 마이크로파는 우주가 시작될 때의 흔적이다. 적당한 감도를 가진 장치를 이용하면 그 잡음의 미세구조를 관찰할 수 있고, 거기에서 과거에 있었던 인플레이션에 관한 정보를 추출할 수 있다.

우리의 거품에 대한 이야기는 이것으로 그치자. 한편 가시적인 우주의 지평 너머에 있는 다른 거품들은 어떨까? 그런 거품들은 무한히 많을 수도 있다. 만일 그 거품들이 우리의 거품과 다른 정도의 인플레이션을 겪었다면, 그것들은 우리의 우주와 다르게 팽창했을 테고 다른 종류의 은하들을 가지고 있거나 은하를 전혀 가지고 있지 않을 수도 있을 것이다. 그 거품들은 물질 분포의 측면에서 우리 우주와 다른 세계들일 것이고 그런 의미에서 우리의 세계에 속한 다른 장소들과 비슷할 것이다.

그러나 우리의 거품과 다른 거품들의 차이는 훨씬 더 클 수도 있다. 일부 인플레이션 이론들에 따르면, 다른 거품들에서는 자연 '상수들'의 값이 우리 우주에서와 다를 수 있다. 그렇다면 물리학은 모든 실질적인 의미에서 거품마다 다를 것이다. 오직 일부 거품들에서만 생화학과 생명이 가능할 것이다. 심지어 공간 차원의 개수도 거품마다 다를 수 있다. 자연의 힘에 관한 최신 이론들은 공간 차원의 개수가 3보다 훨씬 더 커야만 유의미해지는 것으로 보인다. 가장 선호되는 이론에 따르면 공간 차원이 열 개 존재하고, 우리는 '브레인 세계(braneworld)'라는 3차원 공간에 산다고 한다. 브레인 세계의 세 차원은 아직까지 명확하게 밝혀지지 않은 이유로 인해 크게 확대되었다.

한편 다른 차원들은 오늘날 우리가 감지할 수 없을 정도로 작은 상태로 머물렀다. 해결되지 않은 의문점들이 많다. 왜 세 개의 차원이 커졌을까? 확대된 차원이 셋인 것은 물리적인 법칙 때문일까, 아니면 무작위한 과정의 결과일까? 무작위한 과정에 따라 세 개의 차원이 확대되었다면, 다른 거품들에는 크게 확대된 차원이 7개 또는 2개 있을 수도 있고 심지어 전혀 없을 수도 있을 것이다.

우리는 이 시나리오가 옳은지 그렇지 않은지 모른다. 과학자들은 추가 차원들이 우리의 3차원 세계에 미치는 가시적인 영향을 관찰하기 위해 많은 노력을 기울이고 있다. 가시적인 우주의 세 차원과 네 개의 힘과 유한한 크기는 무한한 전체의 작은 부분에 불과할 뿐만 아니라 대표성이 전혀 없는 부분일지도 모른다. 가시적인 우주의 핵심 특징은 우리 같은 복잡한 관찰자의 존재를 허용한다는 것이다. 만일 그것이 아주 드문 특징이라면, 우리가 우리의 가시적인 우주에서 그 특징을 발견하는 것이 당연한 일이라 할지라도, 그 특징은 여전히 아주 드문 특징일 것이다.

우리는 우주가 유한한지 무한한지 결코 알 수 없다

인플에이션 이론의 예측대로 만일 우주가 공간적인 변이를 가질 수 있다면, 우리는 우주 전체가 유한한지 또는 무한한지 결코 알 수 없을 것이다. 우리의 거품처럼 큰 인플레이션을 겪은 거품들은 무제한 팽창과 대붕괴를 향한 수축을 가르는 경계선에 매우 근접해 있다. 우리 주변 우주의 밀도와 임계밀도 사이의 차이는 우주 속의 여러 구역들 간의 밀도 차이와 비슷할 수도 있다. 이는 우리가 전체적으로 밀도가 매우 높은 우주 속의 밀도가 낮은 부분에서 살고 있을지도 모른다는 것을 의미한다. 만일 그렇

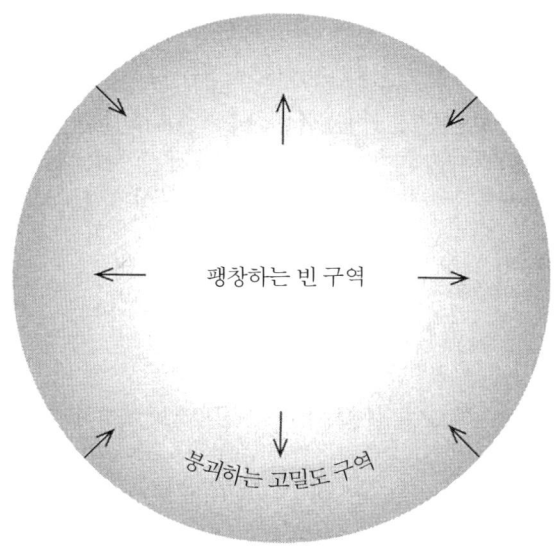

그림 7-15 우리는 전체 밀도가 임계밀도보다 더 높은 우주의 저밀도 구역에 살면서 우주의 전체 밀도가 임계밀도보다 낮다고 착각하는지도 모른다.

다면 우주는 결국 수축할 것이다. 우리는 무한하고 영원히 팽창하는 우주에 산다고 생각하겠지만, 그것은 터무니없는 착각일 것이다(**그림 7-15**).[24] 이것은 우주의 한 부분에서 사는 생명체가 어쩔 수 없이 직면하는 난감한 문제다.

그림 7-8에 있는 포도주 디캔터를 생각해보자. 그 그릇의 밑동은 결국 재수축할 닫힌 우주처럼 양으로 휘어져 있다. 반면에 입구 근처의 표면은 영원히 팽창할 우주처럼 음으로 휘어져 있다. 입구 근처에 사는 개미는 포도주 디캔터가 음으로 휘어져 있다고 판단하고 경우에 따라서는 그것이 끝없이 펼쳐져 있다고 생각할 것이다. 그러나 3차원에서 내려다보는 우리는 곡률이 양인 다른 구역들이 있음을 안다. 게다가 곡률이 양인 구

7장 우주는 무한할까? 189

역은 곡률이 음인 구역보다 훨씬 크고 디캔터의 표면은 유한하다.

가속 문제

하지만 나는 물리학의 법칙을 바꿀 수 없습니다, 선장님!
스코티, USS 엔터프라이즈호 수석 기관사

지난 수년 동안 우주가 유한한지 혹은 무한한지를 판단하는 데 도움이 되는 새로운 정보들이 추가되었다. 가시적인 우주의 가장자리에서 폭발하는 별들이 내는 희미한 빛을 관찰함으로써 우리는 그 별들까지의 거리를 어느 정도는 정확히 알 수 있게 되었다. 또 그 빛의 색이 빨간색 쪽으로 치우치는 정도를 관찰하면 우리는 그 별들이 얼마나 빠르게 멀어지고 있는지 알 수 있다. 이 결론들을 종합하여 우리는 우주의 팽창을 탐구할 수 있다.

천문학자들은 우주의 팽창 속도가 꾸준히 느려질 것이라고 예측했다. 왜냐하면 팽창이 시작된 후에는 팽창 속도를 줄이는 중력만 작용하기 때문이다. 우주의 팽창에 영향을 미칠 만한 다른 힘은 없다. 그러나 천문학자들은 가시적인 우주의 가장자리 근처에 있는 천체들이 가속하면서 멀어지는 것을 관찰했다. 그것은 중력에 반발하는 미지의 암흑에너지가 현재의 우주 팽창을 주도하고 있음을 뜻한다. 우리가 관찰한 가속을 설명하려면, 우주 속에 있는 에너지의 70퍼센트가 그 이상한 암흑에너지여야 한다. 얄궂게도 우주의 구성요소들 가운데 우리가 가장 잘 모르는 요소인 암흑에너지가 가장 많은 비중을 차지하는 요소인 것으로 보인다.

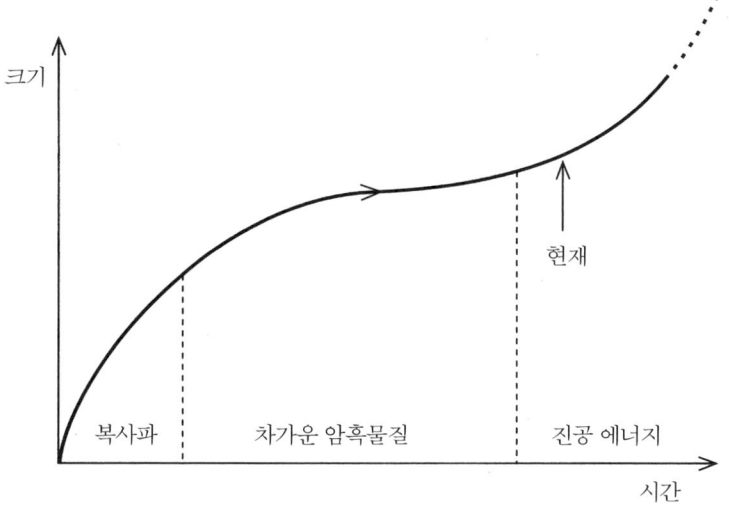

그림 7-16 감속 팽창에서 가속 팽창으로 바뀌는 우주에서 서로 멀리 떨어져 있는 두 부분 사이의 거리 변화. 그림이 보여주는 우주의 역사 속에 우리가 있는 위치를 표시해놓았다.

가속하는 우주의 발견은 우주론자들에게는 커다란 도전이었다. 그것은 우주의 팽창이 **그림 7-16**에 있는 곡선을 따를 가능성이 높다는 것을 뜻한다. 우주는 137억 년 동안 팽창한 것으로 보인다. 처음 37만 9000년 동안 우주의 팽창 속도는 복사의 중력적인 인력의 통제를 받으며 천천히 줄어들었다. 그 후에 원자와 분자가 주도권을 쥐면서 팽창 속도는 계속 줄어들었고, 복잡한 과정들을 거쳐 별과 행성이 만들어져 오늘날 우리가 보는 우주의 모습이 갖춰졌다. 그러나 우주의 팽창이 시작되고 80억 년이 지난 후에 암흑에너지가 우주를 지배하게 되었다. 느려지던 우주의 팽창 속도는 빨라지기 시작했고, 은하는 더 이상 형성될 수 없게 되었다. 물질이 억제할 수 없을 정도로 우주의 팽창은 빨라지기 시작했다.

그 팽창은 멈출 수 없을 것처럼 보인다. 우주는 영원히 팽창할 것이고, 모든 생물들은 아무리 복잡하고 발달한 것이라 할지라도 멸종할 수밖에 없어 보인다. 국소적인 구조들은 유지되지 못하고 새로운 별과 은하계는 영원히 형성될 수 없을 것처럼 보인다. 무한을 향한 가속은 짜릿할 듯하지만, 우리가 소중히 여기는 모든 것의 종말을 뜻한다.

그렇게 황량하고 무한한 미래에 직면하면, 누구나 자연스럽게 탈출 가능성을 모색하게 될 것이다. 언젠가 우주 팽창이 가속을 멈추고 중력적인 인력의 익숙한 효과가 다시 지배권을 회복할까? 그런 일이 일어나려면 적당한 시간이 지난 후에 암흑에너지가 일반적인 복사로 붕괴해야 한다. 암흑에너지는 우주의 팽창을 가속시켜서 우주가 현재의 모습을 지니도록 만든 다음에 점차 복사로 바뀌어야 한다. 그러면 우주의 팽창 속도는 다시 줄어들기 시작할 테고, 생명은 한 가닥 희망을 가질 수 있을 것이다. 또한 정보도 우주의 가속 팽창에 의해 영구적으로 파괴될 운명을 벗어나 저장되고 처리될 수 있을 것이다. 그러나 암흑에너지가 언젠가 붕괴할지 여부는 아무도 모른다.

미래를 예측하려 할 때 직면하는 문제 중 하나는 오늘날 우주에 영향을 미치지 않는 매우 느리고 하찮은 변화가 궁극적으로 우주의 미래를 지배하고 우리의 모든 예측을 무너뜨릴 수 있다는 점이다. 전통적인 자연의 '상수들' 중 하나가 시간에 따라 천천히 변하여 중력이나 원자들을 묶는 전자기력의 세기가 천천히 감소한다고 가정해보자. 천천히 축적된 효과는 마침내 거대한 차이를 만들어낼 것이다. 중력의 감소는 별이나 은하 같은 구조가 지속할 수 없도록 만들 것이다. 강한핵력과 약한핵력의 세기 변화는 원자와 별이 존재할 수 없도록 만들 것이다. 이런 종류의 느리고 미세한 변화는, 결국 자연의 구조에 결정적인 영향을 미칠 것이다.

우리가 아는 것과 모르는 것

예측하기는 매우 어렵다. 미래에 대한 예측은 더더욱······.
닐스 보어[25]

우리는 영원히 팽창할 우주에서 살고 있는 것처럼 보인다. 우주의 팽창 속도는 점점 더 빨라질 수도 있고, 언젠가 다시 줄어들 수도 있다. 어느 쪽이든 새로운 일들이 예기치 못한 변화를 일으키지 않는 한, 우주의 미래는 무한해 보인다. 그러나 우주의 미래가 영원히 계속된다 할지라도, 우주의 공간이 무한하다는 결론은 나오지 않는다. 물론 우주의 위상수학이 단순하다고 전제하면, 그런 결론을 내릴 수 있다. 그러나 그 전제는 틀릴 수도 있다. 영원히 팽창하면서 유한한 우주도 존재한다. 언젠가 우리는 우리의 우주가 그런 특별한 우주인지 아닌지를 알게 될지도 모른다. 만일 우주가 유한하다면, 파장이 가장 긴 복사파들은 우주의 유한성에 맞도록 제한될 것이다. 그리고 우리는 그 제한 효과를 관찰함으로써 우주의 모양에 관한 정보를 얻을 수 있을 것이다. 그러나 이런 식으로 우리의 우주가 위상수학적으로 유한한지 무한한지를 확인한다 하더라도, 우리의 우주가 곳에 따라 조금씩 다를 가능성은 여전히 남을 것이다.

우리 주변의 우주는 무한하고 영원히 팽창하는 우주의 특징을 지녔지만, 그 너머의 우주는 밀도가 충분히 높아서 그곳의 공간은 마치 구면처럼 휘어져 유한할지도 모른다. 실제로 우리의 가시적인 우주는 무제한 팽창과 궁극적인 수축을 가르는 경계선에 매우 가까운 정도로 팽창하고 있다. 따라서 구역에 따른 미세한 밀도의 차이가 우주의 미래를 완전히 뒤바꿀 수 있다.

우리의 우주는 무한할지도 모른다. 그러나 정말로 무한한지 아닌지는 가장 잘 감춰진 비밀 중 하나다. 무한은 유한에 의해 가려져 있다. 무한은 정보가 퍼져나가는 속도의 한계에 의해 보호된다. 당신은 우주가 무한한지 아닌지를 발견할 수 있다. 그러나 그것을 발견하는 데는 무한한 시간이 걸릴 것이다.

밤하늘의 어둠

낮과 밤
밤과 낮.
콜 포터, 〈밤과 낮〉

에드먼드 핼리(Edmond Halley)는 그의 이름을 따서 명명된 혜성 때문에 전 세계의 모든 사람들에게 잘 알려진 인물이다. 핼리는 핼리 혜성의 궤도를 계산했고 1531년, 1607년, 1682년에 관찰된 혜성들이 (평균적으로) 76년 주기로 찾아오는 동일한 혜성임을 알아냈다.[26] 불행하게도 핼리는 그가 예측한 대로 1758년 성탄절 전야에 핼리 혜성이 돌아오는 것을 보지 못하고 1742년에 사망했다. 혜성의 회귀는 특별한 장관은 아니지만, 세대와 세대를 연결하는 사건들 중 하나다. 나는 핼리 혜성을 1986년에 보았다. 우리는 영국의 서식스 주 루이스(Lewes)에 있는 어느 정원에서 혜성을 관찰했다. 내 친구이자 뛰어난 동료인 빌 맥크리(Bill MaCrea)[27]는 전에도 핼리 혜성을 본 적이 있다고 하여 우리를 놀라게 했다.

혜성의 회귀를 예측한 것이 핼리의 가장 중요한 업적은 아니다. 사실

핼리는 혜성보다 훨씬 더 흥미로운 것을 발견했지만 불행하게도 그 공로는 다른 사람에게 돌아갔다. 핼리는 우주의 무한성에 관심이 있었다. 시대를 감안할 때 그 관심사는 최첨단이었다. 우주가 무한한지 아닌지에 관한 물음은 천문학적인 실재와 철학적인 우주관이 만나는 지점에 있었다.

핼리는 무한한 우주와 관련이 있는 듯한, 단순하면서도 근본적인 문제를 발견했다.

> 만일 별의 개수가 무한하다면 가시적인 천구의 표면 전체가 밝게 빛나야 한다는 주장을 들은 적이 있다.[28]

실제로 우주가 충분히 크더라도 유한하다면 캄캄한 밤하늘은 문제가 될 수 있다. 우리가 숲을 바라본다고 상상해보자. 우리가 어느 방향을 바라보든, 우리의 눈에는 나무 기둥이 보일 것이다(**그림 7-17**).

핼리는 무한히 많은 별을 포함한 우주를 바라볼 때도 똑같은 일이 일어나야 함을 깨달았다. 우리가 하늘을 바라보면 모든 방향에서 별을 만나야 한다. 그러므로 하늘 전체는 밤이나 낮이나 별의 표면처럼 빛나야 한다. 그러나 밤하늘은 빛나지 않는다. 이것이 '핼리의 역설'이다. 비록 역사적인 우연에 의해 '올버스의 역설'이라 불리게 되었지만 말이다![29]

이 역설을 우회하는 간단한 방법이 몇 가지 있다. 우선 공간은 끝없이 펼쳐졌지만 별들은 그렇지 않다고 생각할 수 있다. 요컨대 공간은 무한하지만 물질적인 우주는 유한하다고 생각하는 것이다. 만약 그렇다면 별에서 우리에게 도달하는 빛의 양이 유한할 것이고, 우리가 보는 하늘은 태양이 지면 어두워질 것이다(**그림 7-18**).

그러나 이것은 억지스러운 해결책처럼 보인다. 우주의 크기가 무한하

그림 7-17 숲의 모습. 당신의 시선이 향하는 곳마다 나무가 있다. 우리가 우주를 바라보면, 별들의 숲이 보여야 할 것이다.

다면, 별들과 행성들이 작은 구역에 국한되어 있을 이유가 있겠는가? 그 작은 구역이 그런 특별한 지위를 누릴 이유는 없을 것이다. 이 해결책을 채택하려면 우주에 특권적인 장소가 있다는 반(反)코페르니쿠스적인 견해를 받아들여야 한다. 더 나아가 유한한 물질 분포 너머의 무한한 공간을 굳이 언급할 필요가 있을까? 이 우주 모형에서 무한한 공간은 단지 우주의 무한성을 확보하기 위해서만 존재하는 사족처럼 보인다.

역설을 회피하는 또 한 가지 방법은, 우주는 무한하지만 별들은—별들의 개수는 무한해도 좋다—유한한 과거에 태어났다고 주장하는 것이다. 우리에게 도달하는 빛은 별들이 태어난 시점부터 지금까지 빛이 이동할 수 있는 거리 안에 있는 별들이 보내는 빛이다. 요컨대, 광속이 유한하기 때문에 우리가 보는 우주는 유한한 것처럼 보인다. 결론적으로 우리 주변

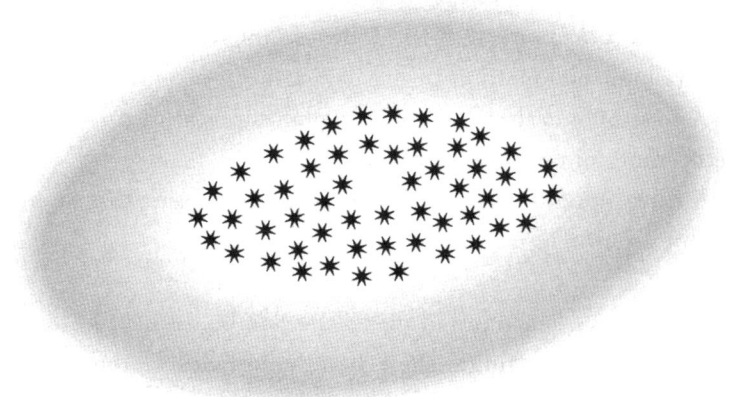

그림 7-18 오직 유한한 별의 충돌을 포함한 무한한 우주는 우리를 둘러싸고 있다. 그리고 그 너머에는 아무것도 없다. 왜냐하면 별들은 모두 죽었거나 이미 그곳에는 없기 때문이다.

에 분포하는 별들의 밀도가 그리 높지 않다면, 밤하늘은 어두울 수 있다.

핼리와 동시대 사람인 영국의 시인 에드워드 영(Edward Young)은 우주의 본성에 관한 시를 썼다. 「야상Night Thoughts」이라는 그 시에서 영은, 아주 먼 곳에서 유한한 속도로 우리에게 오는 빛에 대해 성찰한다.

> (지혜로운 이가 말하듯이) 그토록 멀다면
> 자연의 탄생 시점에서 출발한 빛이
> 이 낯선 세계에 도달했을지
> 의심하는 것은 어리석은 일이 아니다
> 빛이 다른 모든 것보다
> 두 배 이상 빠르다 할지라도[30]

7장 우주는 무한할까? 197

헬리가 역설을 발견한 이후 300년 동안 밤하늘이 왜 어두운지를 해명하기 위한 많은 노력이 있었다.[31] 어떤 이들은 별들 사이의 먼지가 빛을 가린다고 주장했다. 그러나 그 주장은 타당하지 않음이 밝혀졌다. 빛을 가리는 먼지는 가열되고, 결국 흡수한 것과 똑같은 양의 복사파를 방출하기 마련이다. 밤하늘의 어둠은 아인슈타인의 일반상대성이론과 우주 팽창이론이 등장한 후에야 비로소 완전히 이해되었다.

우주에 생명이 존재하려면, 수소나 헬륨보다 무거운 원소들이 있어야 한다. 그 무거운 생화학적인 원소들―탄소, 질소, 산소 등―은 별 속에서 만들어진다. 별 속에서 일어나는 핵반응은 수소를 천천히 태워 헬륨을 만들고, 헬륨을 태워 베릴륨, 탄소, 산소를 만든다. 이 복잡한 원소들은 별이 생을 마치면서 폭발할 때 우주 공간으로 분산된다. 그 원소들은 결국 행성과 사람의 재료가 된다. 그러나 이 과정은 길고 느리다. 별 속에서 탄소가 생성되려면 수십억 년이 걸린다. 따라서 우리는 우주가 왜 이토록 크고 늙었는지 이해할 수 있다. 생명의 기초적인 구성요소들이 생성되려면 우주가 수십억 년의 나이를 먹어야 한다. 또 우주가 팽창한다면, 우주의 크기는 수십억 광년이어야 한다. 수천억 개의 별을 포함한 우리 은하만 한 우주도 충분히 크다고 생각할 수 있겠지만, 그런 우주는 (팽창하는 우주라면) 나이가 1개월 남짓에 불과하다. 그 정도의 시간은 살아 있는 복잡한 구조가 형성되기에 충분하지 않다. 그러므로 그 작은 우주 속에는 관찰자가 존재하지 않을 것이다. 우리는 우리 우주가 이토록 크다는 사실에 놀라지 말아야 한다. 우주가 훨씬 더 작다면, 우리는 존재할 수조차 없을 테니까 말이다.

우주가 생명을 진화시키려면 엄청나게 긴 시간이 필요하다는 사실은 다른 귀결들로도 이어질 수 있다. 우주가 팽창하면 우주의 물질 밀도는 낮아지고 원자들, 별들, 행성들 사이의 거리는 점점 멀어진다. 또 우주 복사의 온도도 떨어진다. 오늘날 우주 복사의 온도는 절대온도로 겨우 2.7도다. 우주에 생명이 존재하려면 우주의 나이가 많아야 하고 따라서 어쩔 수 없이 우주가 차갑고 밀도가 낮아야 한다. 낮은 온도와 낮은 밀도는 생명의 진화를 방해하는 것처럼 보이지만 사실은 생명에 필수적인 요소이며 팽창하는 우주의 필연적인 특징이다.

충분히 오래 팽창하여 생명의 구성요소들을 발생시킨 우주는 필연적으로 밀도가 낮다. 이것이 핼리의 역설을 푸는 열쇠다. 밤하늘이 캄캄한 까닭은 우주에 밤하늘을 밝힐 만큼의 에너지와 물질이 없기 때문이다. 우주 속에 있는 모든 물질이 갑자기 복사로 바뀐다 할지라도 우리는 그 변화를 거의 느끼지 못할 것이다. 그 변화는 우주 복사의 온도가 절대온도 2.7도에서 10도 정도로 높아지는 것에 불과할 테니까 말이다. 우주가 원자에 기초한 복잡한 생명의 거처가 될 수 있을 만큼 나이가 많다는 것은 우주의 크기가 크다는 것을 뜻한다. 그것은 또한 우주를 관찰하는 생명체가 존재할 만큼 충분히 늙은 우주는 물질과 복사에너지의 밀도가 매우 낮다는 것을 뜻한다. 우리는 밤하늘이 캄캄한 것을 이상하게 여기지 말아야 한다. 밤하늘이 밝다면 우리는 이 우주에 존재할 수 없을 것이다.

우주 팽창의 초기인 약 130억 년 전에는 실제로 우주 전체가 찬란했다. 그러나 우주의 팽창은 그 찬란한 빛을 퇴화시켜 오늘날의 미약한 마이크로파 배경복사로 만들어놓았다. 핼리의 역설에 대한 이 현대적인 해답은 그 역설이 우주의 유한성과 아무 상관이 없음을 뜻한다. 캄캄한 하늘을 가진 팽창하는 우주는 유한할 수도 있고, 무한할 수도 있다.

8장

|

무한 복제 역설

지혜로운 사람은 중요한 일에 흔들리지 않고
중요하지 않은 일에 관심을 가질 수 있는 자기 자신을 자랑스럽게 여긴다.
그는 그 능력을 관점을 반성하는 능력이라고, 혹은 '분수'를 지키는 능력이라고 부른다.
셀리아 그린[1]

원본이 없는 우주

당신이 바다에서 모든 것을 올바르게 하고 엄격한 절차를 따른다 할지라도
바다는 당신을 죽일 것이다. 그러나 당신이 훌륭한 항해사라면,
최소한 당신이 어디에서 죽는지 알 수 있을 것이다.
저스틴 스콧[2]

우리가 원본이 전혀 없는 우주에서 산다고 상상해보자. 모든 것이 모조품이다. 어떤 생각도 새롭지 않다. 새로움도 독창성도 없다. 최초로 이루어지는 일도 없고 마지막으로 이루어지는 일도 없다. 어떤 것도 유일하지 않다. 모든 사람 각각에게 한 명의 분신이 아니라 무한히 많은 분신들이 있다. 이 이상한 사태는 우주의 크기(부피)가 무한하고 생명이 발생할 확률이 0이 아닐 때 성립한다. 왜냐하면 무한은 유한한 수와 전혀 다르기 때문이다.[3]

무한히 큰 우주에서는 발생 확률이 0이 아닌 모든 일이 무한히 자주 일어나야 한다. 따라서 임의의 시점에—가령 지금 이 순간에—우리들 각

그림 8-1 무한 복제 역설은 그 속에 원형이 전혀 없는 우주에서 극적인 현실성을 얻는다. 론코니가 감독한 연극 〈무한〉에서.

각이 하는 행동과 동일한 행동을 하는 우리들의 복사본(분신)이 무한히 많이 존재해야 한다. 또 우리의 행동과 다른 행동을 하는 복사본도 무한히 많이 존재해야 한다. 심지어 우리가 지금 이 순간에 할 확률이 0이 아닌 임의의 행동을 지금 이 순간에 하는 복사본이 무한히 많이 있을 것이다.

많은 사람들은 무한 복제 역설이 독일 철학자 프리드리히 니체(Friedrich Nietzsche)의 『힘에의 의지』(저자가 1886년부터 예고했으나 완성하지 못한 작품이다—옮긴이)에서 최초로 논의되었다고 믿는다.[4] 그는 다음의 사실을 알고 있었다.

우주는 자신의 존재 자체인 거대한 우연의 게임에서 계산할 수 있는 개수의 조합들을 거쳐야 한다…… 무한한 우주에서는 모든 가능한 조합이 어느 순간에 실현되어야 하며, 더 나아가 무한히 많은 순간에 실현되어야 한다.[5]

그러나 니체 자신은 이러한 생각의 단초를 독일의 시인 하인리히 하이네(Heinrich Heine)의 글을 읽으며 얻은 것이라고 썼다. 니체는 무한 회귀가 공간의 무한성에 따른 귀결이 아니라 시간의 무한성에 따른 귀결이라는 생각의 단초를 하이네의 작품에서 얻었다.

시간은 무한하다. 그러나 시간 속에 있는 사물은, 구체적인 물체는 유한하다…… 아무리 긴 시간이 지난다 해도, 이 영원한 반복의 놀이에서 발생하는 조합들을 지배하는 영원한 법칙에 따라서 과거에 지상에 존재했던 모든 상태들은 다시 서로를 만나고 끌어당기고 밀어내고 접촉하고 망가뜨려야 한다…… 따라서 나와 똑같은 사내가 어느 날엔가 다시 태어나고, 메리와 똑같은 여자가 다시 태어날 것이다.[6]

공간적인 무한 복제 역설은 심리적인 불안을 일으킬 뿐 아니라 다양한 종류의 괴상한 귀결을 낳는다. 우리는 생명이 지구에서 자연적으로 발생했으므로 생명이 발생할 확률은 0이 아니라고 믿는다. 그렇다면 무한히 큰 우주에는 생명체들의 문명이 무한히 많아야 한다. 또 그 문명들 중에는 우리 문명의 모든 가능한 시대와 동일한 복사본들이 있을 것이다. 우리들 각각이 죽을 때, 어딘가에는 우리의 과거 경험과 기억을 똑같이 가지고 생명을 유지하는 우리 자신의 복사본이 무한히 많이 존재할 것이다. 우리의 삶은 그 복사본들에 의해 무한히 계승될 것이고, 어떤 의미에서 우리는 영원히 '살' 것이다.

이런 생각들은 뜨거운 신학적 논쟁을 불러일으킨다. 우리가 이와 유사한 생각을 예수의 죽음에 적용한다고 해보자. 예수의 죽음이 발생할 확률이 0이 아니라면, 예수의 죽음은 무한히 큰 우주의 다른 장소들에서 이미 무한히 여러 번 발생했어야 한다. 성 아우구스티누스는 이런 생각은 터무니없고 따라서 생명은 지구에만 존재하고 예수의 죽음은 다른 세계에서는 일어나지 않아야 한다고 주장했다. 반면에 토머스 페인은 다른 곳에도 생명이 존재한다는 전제는 자명한 참이고, 예수의 죽음은 일어나지 않았다고(또는 예수의 죽음은 전통적으로 주장된 효과를 가질 수 없다고) 주장했다.

우리가 우리의 복사본을 만난다면 어떤 일이 일어날까? 어떤 이들은 거울 앞에서 쉐도복싱을 하는 것을 상상할지도 모르지만, 우리의 복사본이 우리와 똑같이 행동할 이유는 없다. 우리와 복사본은 그 순간까지 동일한 과거를 겪었을지라도 이제 새로운 상황에 직면하여 다르게 반응할 수 있다. 마치 일란성 쌍둥이가 각각 다르게 행동할 수 있는 것처럼 말이다. 시간이 지나면 우리와 복사본의 경험과 선택은 점점 더 달라질 수도 있을 것이다.

사실 우리와 복사본의 미래는 유사하게 유지될 가능성보다 달라질 가능성이 더 높다. 그러나 무한한 우주 어딘가에는 우리와 같은 결정을 하고 모든 면에서 우리와 똑같은 복사본이 미래에도 반드시 있을 것이다. 요컨대 우리가 매 순간 선택할 수 있지만 선택하지 않는 모든 선택지들 각각이 어딘가에서 우리와 똑같은 과거를 거쳤지만 우리와 다른 선택을 하는 누군가에 의해 선택될 것이다. 허버트 스펜서(Herbert Spencer)는 1896년에 진화 과정과 관련해서 이 같은 생각을 언급했다.

과거에는 현재 진행 중인 진화와 유사한 진화가 일어났지만 미래에는 다른 진화가 일어날 수도 있다는 생각, 원리는 항상 같지만 구체적인 결과는 항상 다를 수 있다는 생각이 제기되었다.[7]

이러한 생각은 매우 이른 시기에 작은 요동이 있었다면 진화 과정이 전혀 다르게 진행되었을지 아닐지와 관련해서 지금도 이루어지는 논쟁을 상기시킨다.[8] 이 '이론'의 기이한 특징은(만일 이 이론이 참이라면) 이 이론은 독창적일 수 없다는 것이다. 이 이론은 과거에 이미 무한히 여러 번 제시되었을 것이다.

위대한 탈출

만일 우리가 동일한 개별 사태가 반복된다는 피타고라스주의자들의
믿음을 받아들인다면, 나는 언젠가 지금처럼 앉아 있는
당신에게 이렇게 지휘봉을 손에 들고 다시 말하게 될 것이다.
다른 모든 것도 지금과 같을 것이다.
로도스의 에우데모스[9]

우리가 무한히 많은 복사본들로 둘러싸여 있다는 결론은 매우 기괴하고 불편해서 우리는 이 결론을 피할 방법이 있는지 묻게 된다. 가장 단순한 탈출 방법은 우주가 유한하다고 주장하는 것이다. 일부 우주론자들은 무한 복제 역설에 매우 심각한 문제가 있기 때문에 그 역설의 귀결에서 벗어나기 위해 유한한 우주를 받아들이는 것이 합당하다고 생각한다.

다른 우주론자들은 빛의 속도가 유한하므로 우리가 무한한 우주의 유

한한 부분만 볼 수 있다는 사실에 의지하여 안도한다. 설령 우주가 무한하더라도 우리가 우리의 복사본을 거의 확실히 만나려면, 우리는 약 10^N(N=10^{27})미터를 이동해야 할 것이다.[10] 이것은 엄청난 거리다.[11] 우리가 최첨단 망원경으로 볼 수 있는 거리(가시적인 우주의 반지름)는 약 10^{27}미터에 불과하다(**그림 8-2**). 가시적인 우주는 먼 미래에 우리의 복사본을 포함할 만큼 충분히 팽창할 것이다. 그러나 그때 우리는 이미 죽은 지 오래일 것이고, 우주도 너무 늙어서 별과 태양계조차 없을 것이다. 우리가 10^N(N=10^{119})미터를 이동하면, 우리는 현재의 가시적인 우주와 동일한 구역을 만날 것이다.

무한 복제 역설을 피하는 또 다른 방법은 우주 속에서 생명이 발생할 확률이 0이라고 주장하는 것이다. 만일 그렇다면, 이 순간에 무한한 우주 속에 존재하는 복사본의 수는 $0 \times \infty$(0 곱하기 무한대), 즉 임의의 유한한 수와 같을 것이다. 왜냐하면 1을 0으로 나누면 무한대이고, 2를 0으로 나누어도 무한대이고, 임의의 수를 0으로 나누어도 무한대이기 때문이다. 그렇다면 다른 곳에 당신의 복사본이 한 개 존재할 수도 있고, 백만 곱하기 십억 개가 존재할 수도 있다. 발생할 확률이 0이지만 생명이 발생했다고 생각하는 것은 생명의 발생이 기적적이거나 초자연적이라고 말하는 것과 같다.[12] 만일 생명이 지구에서만 발생하도록 예정되었다면 역설은 사라진다.

역설에서 탈출하는 또 다른 길은 가능한 생물의 가짓수가 무한하다고 상상하는 것이다. 조지 엘리스(George Ellis)와 제프 브런드릿(Geoff Brundrit)은 이러한 가능성을 숙고하고 부정한다.

만일 가능한 생명 형태가 무한히 다양하다면, 동일한 존재자들이 있다는 주

지구의 크기	1.28×10^7 미터
태양까지 거리	1.5×10^{11} 미터
가장 가까운 별까지 거리	6×10^{16} 미터
우리 은하계의 끝까지 거리	3×10^{19} 미터
가시적인 우주의 끝까지 거리	10^{27} 미터
당신이나 나의 복사본을 처음 만나는 곳까지 거리	$2 \times 2^{5 \times 10^{28}}$ 미터 $\approx 10^{10^{28}}$ 미터
지구의 복사본을 처음 만나는 곳까지 거리	$10^7 \times 2^{10^{51}}$ 미터 $\approx 10^{10^{50}}$ 미터
가시적인 우주 전체의 복사본을 처음 만나는 곳까지 거리	$10^{27} \times 2^{10^{120}}$ 미터 $\approx 10^{10^{119}}$ 미터

그림 8-2 지구의 복사본이나 당신 자신의 복사본을 만나려면 얼마나 멀리 가야 할까? 지름이 10^{27} 미터인 우리의 가시적인 우주 속에는 $N=10^{120}$개의 아원자입자가 들어갈 공간이 있다. 따라서 우리의 가시적인 우주는 (입자들이 들어갈 수 있는 미세한 공간 각각이 채워지거나 비는 것에 따라서) 2^N개의 상태를 가질 수 있다. 결론적으로 우리의 가시적인 우주의 복사본을 만나려면 대략 $2^N \times 10^{27}$미터를 가야 한다고 예상할 수 있다.

장은 타당성을 잃을 것이다. 그러나 우리는 원소의 종류가 유한하고 안정적인 분자의 최대 크기에 한계가 있다는 것을 근거로 위의 전제를 부정할 수 있다고 믿는다. 생물이 기초로 삼을 만한 기초를 이루는 분자 구조의 수는 유한하다. 우리는 간단히 베르너 하이젠베르크(Werner Heisenberg)의 불확정성 원리를 써서 문제를 해결할 수 있다고도 믿지 않는다. 왜냐하면 양자이론이 임의의 초기 상태에서 무한히 많은 역사가 발생하는 것을 허용한다 할지라도, 그것의 시간적인 역도 참이기 때문이다. 즉 임의의 최종 상태는 무한히 많은 과거 역사들에서 귀결될 수 있다. 따라서 초기 상태로부터 최종 상태로의 이행은 불확정성 원리에 의해 더 복잡해진다. 그러나 그렇다고 해서 지구와 매우 유사한 행성들이 발생할 확률이 0이 될 것 같지는 않다. 우리는 지구와 임의의 특정한 정도만큼 유사한 행성이 발생할 확률이 0이 아니라고 주장할 수 있다. 결론적으로 우리는 현실적인 역사와 매우 유사한 역사를 일으킬 것으로 기대되는 다른 환경들이 존재한다고 주장할 수 있다.[13]

시간적인 무한 복제 역설

이미 있던 것이 훗날에 다시 있을 것이며
이미 일어났던 일이 훗날에 다시 일어날 것이다.
이 세상에 새것이란 없다.
「전도서」[14]

'영원회귀' 신화는 고대에도 있었다. 우리는 그 신화를 동양과 서양의 철학 곳곳에서 발견할 수 있다. 그 신화는 세계를 영원한 과정으로, 우리를 우리와 같거나 비슷하거나 전혀 다른 존재로 대체될 일시적인 존재로 여긴다. 일부 학자들은 유대교와 기독교 전통은 이 같은 순환적인 역사관을 억누름으로써 진보를 바람직하게 여기는 세계관이 형성되는 데 큰 기여를 했다고 주장한다. 역사에 시작이 있고 현재와 다른 미래가 있다고 보는 직선적인 역사관은 과학적인 세계 탐구에 근거를 제공하고 사회적인 진보와 윤리에 기반을 제공한다.

현대의 과학적인 우주론들 중 일부는 고대의 순환적인 우주관의 특징들을 지녔다. 예컨대 우리가 목격하는 우주의 팽창은 거듭되는 팽창과 수축의 한 단계에 불과하다는 주장이 있다 (**그림 8-3**).

또 우주의 평균적인 모습이 항상 같다고 주장하는 정상우주론도 있다.

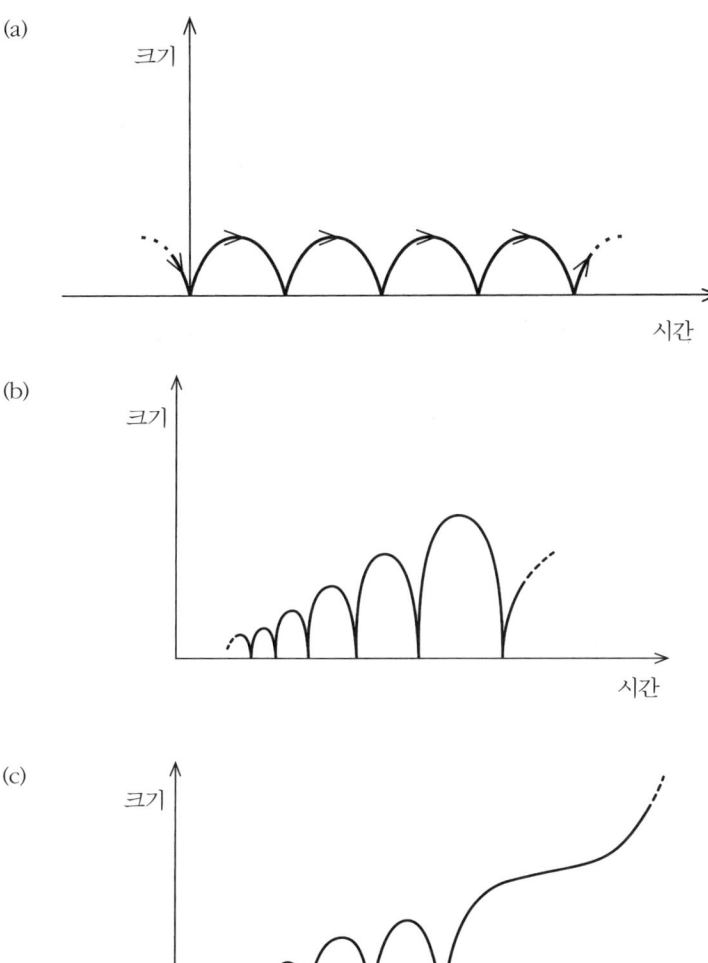

그림 8-3 진동하는 우주가 맞이할 수 있는 세 가지 가능한 미래 : (a) 동일한 주기로 여러 번 진동하는 우주. (b) 진동이 계속되면 열역학 제2법칙에 따라서 최대 크기가 점점 증가해야 한다. (c) 만일 암흑에너지가 존재해서 팽창을 가속시킨다면, 진동이 점점 큰 규모로 반복되다가 결국 끝나고 무제한적인 팽창이 시작된다.

이 이론에 따르면 우주는 항상 같은 속도로 팽창한다. 이 이론이 주장하는 우주는 역사 속의 어느 시점에서 관찰하더라도 평균적으로 동일하게 보인다. 정상우주론은 한때 그럴듯하게 여겨졌지만, 우주배경복사와 가벼운 원소들에 대한 연구에 의해 우주가 과거에 더 뜨겁고 밀도가 더 높았다는 사실이 밝혀져 반박되었다. 우주는 정적인 상태에 있지 않다. 만일 우주가 변화하지 않는다면, 몇 가지 이상한 귀결이 발생할 것이다. 다음은 그중 하나다.

만일 우주가 정적인 상태에 있어서 항상 평균적으로 동일한 구조를 가진다면, 그리고 무한히 늙었다면, 무한 복제 역설은 시간적으로도 성립할 것이다. 요컨대 발생할 가능성이 유한한 모든 사건은 과거에 무한히 여러 번 발생했을 것이다. 어떤 생각도 새롭지 않을 것이다. 그런 우주는 특이한 성질을 가진다.[15] 예를 들어 지적인 생명이 진화할 확률은 유한하므로, 지적인 생명은 무한히 흔해야 하고 세월이 흐름에 따라 무수히 번성해야 한다. 따라서 우리는 지적인 생명을 흔히 발견해야 마땅하다. 쉽게 말해서 만일 우주가 무한히 늙었고 지적인 생명이 발생할 확률이 0이 아니라면, 지적인 생명은 이미 무한히 여러 번 발생했어야 함을 뜻한다. 다시 말해 모든 곳에 이티(ET)가 있어야 한다. 그러나 역설적이게도 우리는 어디에서도 외계 생명체를 보지 못했다. 물론 이티가 매우 많지만 아주 작아서(나노 규모여서) 우리 눈에 띄지 않는 것일 수도 있다. 천문학자들은 이티의 높은 존재 확률과 이티의 존재를 알리는 관찰 가능한 증거의 부재를 조화시키는 논증을 즐겨 제시한다.[16]

오늘날 인기 있는 어느 우주관은 우주가 무한히 큰 규모에서 정적이라고 생각한다.[17] 그 우주관에 따르면 우주는 팽창하고 수축하면서 끊임없이 다른 거품들을 낳는 거품들로 이루어진 끝없는 바다와 같다. 다음

장에서 본격적으로 논하겠지만, 영원한 인플레이션 우주론이라 불리는 이 우주관은 우주의 시작이나 끝을 필요로 하지 않는 것처럼 보인다. 물리학 법칙과 자연 상수의 값은 거품마다 제각각 다를 수 있다. 이 거품 세계들에 무한 복제 역설을 적용하면, 이제 복잡한 생물이 무한히 다양한 형태로 존재할 수 있기 때문에 사정은 더욱 복잡해진다. 만일 생물들이 무한히 다양하다면, 다른 세계들의 우주적인 역사 속에 우리의 복사본이 무한히 많이 존재할 필연성은 사라진다. 생물의 가짓수가 유한하다면, 끝없는 시간과 공간 속에 우리의 복사본이 무한히 많이 존재해야 한다.

끝없는 이야기

무한은 바닥도 벽도 천장도 없는 방이다.
익명[18]

무한 복제 역설은 과학자와 철학자뿐만 아니라 작가들도 매료시켰다. 아르헨티나의 위대한 단편 작가 호르헤 루이스 보르헤스는 무한 복제 역설의 귀결들에 항상 매력을 느꼈다. 다음은 그가 무한의 역설적인 속성들을 토대로 삼아 창조한 세 가지 시나리오이다.

첫 번째는 모든 가능한 책들이 들어 있는 방들이 벌집처럼 무한히 배열된 「바벨의 도서관」이다. 그 도서관은 무한히 크고 무한히 오래되었고, 니콜라우스 쿠자누스가 지적한 무한한 우주의 특징을 지닌다. 즉 그 도서관의 중심은 어디에나 있고 가장자리는 어디에도 없다. 움베르토 에코

(Umberto Eco)가 『장미의 이름』에서 묘사한 신비로운 도서관은 보르헤스의 거대한 바벨 도서관의 유한한 축소판인 듯하다.

> 그 우주(다른 사람들은 그 우주를 도서관이라 부른다)는 무제한적으로 많은, 아니 어쩌면 무한히 많은 육각형 열람실들로 이루어졌다……임의의 육각형 방에서 위층과 아래층을 볼 수 있다. 층들은 끝없이 계속된다. 나는 그 도서관에 끝이 없다고 선언한다……그 도서관은 임의의 육각형 방이 정확한 중심이고 가장자리는 없는 구다……나는 몇 가지 공리를 제시하고자 한다……그 도서관은 영원한 과거에도 존재했다. 합리적인 정신은 이 진실을—이 진실의 직접적인 귀결은 그 도서관의 미래가 영원하다는 것이다—의심할 수 없다……약 500년 전에 철학자는 책들이 아무리 다양하다 할지라도 모든 책은 동일한 요소로 이루어졌다고 주장했다. 공백과 마침표와 쉼표와 22개의 알파벳이 그 요소들이다. 그는 또한 모든 여행자가 확인한 사실을 주장했다. 도서관 전체를 샅샅이 뒤져도 동일한 두 권의 책은 없다. 이 확고한 전제들에서 출발한 사서들은 그 도서관이 '완전하다'—완벽하고 빠짐이 없고 온전하다—는 결론을 내렸고, 그 도서관의 서가들에는 22개 철자들의 모든 가능한 조합이(그 조합들의 개수는 상상할 수 없을 정도로 크지만 유한하다) 있다는 결론을 내렸다. 즉 모든 언어로 표현할 수 있는 모든 것이 다 있다는 결론을 내렸다. 모든 것이 다 있다. 상세한 미래의 역사와 대천사들의 자서전과 신뢰할 수 있는 도서목록과 수많은 거짓 목록과 그 거짓 목록의 실상을 밝히는 글과 참된 목록의 오류를 밝히는 글과 바실리데스의 영지적인 복음과 그 복음에 대한 해설과 당신의 죽음에 관한 참된 기록과 모든 책의 모든 언어로 된 번역서와 모든 책에 삽입된 모든 책과 색슨족의 전설에 관해 비드가 쓸 수 있었던 (그러나 쓰지 않은) 논문과 유실된 타키투스의 책

들이 있다.

그러나 유한한 개수의 철자들로 이뤄진 가능한 순열의 개수는 무한하지 않다. 바벨 도서관의 장서는 무한한 세월 동안 모든 가능한 길이의 책들이 수집되어야만 무한해질 수 있다. 보르헤스는 자신이 버트런드 러셀(Bertrand Russell)의 역설에 봉착한다고 느낀다. 그 역설은 '자기 자신을 원소로 지니지 않은 모든 집합들의 집합은 자기 자신을 원소로 지닐까?'라는 질문에 답하려 할 때 발생한다.

> 그 도서관에 모든 책이 있다는 선언을 들었을 때 사람들이 처음 보인 반응은 한없는 기쁨이었다……훌륭한 해결책이 없는 문제는 존재하지 않는다. 어느 육각형 방 어딘가에 해결책이 있다. 더 나아가 사서들의 주장에 따르면, 어느 방 어느 서가에는 다른 모든 책의 요약이며 완벽한 주석인 책이 있어야 한다. 어느 사서는 그 책을 검토했어야 한다. 그 사서는 신과 유사하다.

그러나 보르헤스는 자신이 창조한 시나리오가 타당하지 않다고 느끼고 한 걸음 물러나 그 도서관이 무한한 것이 아니라 경계가 없다고 상상한다. 그는 그 도서관의 공간이 심하게 휘어져 경계가 없다고 제안한다.

> 나는 방금 "무한하다"라고 썼다. 그 단어는 습관적인 말투 때문에 들어간 것이 아니다. 내가 말하려는 바는 그 도서관이 무한하다는 생각이 비논리적이지 않다는 것이다…… 그 도서관이 경계가 없는 세계라고 생각하는 사람들은 가능한 책의 개수는 한계가 있음을 망각한 것이다. 나는 이 오래된 문제의 해법을 과감하게 제시하려 한다. 그 도서관은 경계가 없고 주기적이다

(periodic). 만일 불멸의 여행자가 그 도서관 안에서 어느 방향으로든 나아가다면, 그는 똑같은 책들이 똑같이 무질서하게 반복되는 것을 언제인지 모를 미래에 발견할 것이다. 반복되는 무질서는 질서가 된다. 질서.

요컨대 바벨 도서관의 장서는 유한하지만, 도서관 이용자는 서가들이 끝나는 곳에 도달하지 못한다.

보르헤스는 「끝없이 두 갈래로 갈라지는 길들이 있는 정원」에서 다시 무한의 역설을 다룬다. 이 작품에서 이야기는 갈림길처럼 갈라진다. 모든 가능한 선택지들이 선택되어 서로 다른 역사들로 이어진다. 이 시나리오는 양자역학에 대한 '다수 세계' 해석을 연상시킨다. 이 해석에서 모든 가능한 역사들은 실제로 일어난다.

이 글을 발견하기 전에 나는 책이 어떻게 무한할 수 있을지 의심했다. 내가 상상할 수 있는 유일한 방법은 책이 순환적으로 이어지는 것이었다. 마지막 페이지가 첫 페이지와 같아서 독자가 무제한적으로 계속 읽게 되는 것이었다. 나는 또한 『천일야화』 속의 어느 밤에 셰헤라자드가(어떤 마술적인 힘에 의해 필사자의 정신이 혼란스러워져) 천일야화 이야기를 다시 시작하는 것을 상상했다. 그렇게 이야기를 다시 시작한 그녀는 다시 그 어느 밤에 이르러 또다시 모든 이야기를 시작할지도 모른다. 그런 식으로 끝없이 다시 이야기를 시작할지도 모른다. 거의 순간적으로 나는 깨달았다―그 카오스적인 소설은 두 갈래 길이 있는 정원이다. '여러 개의 미래'라는 구절에서 나는 공간적인 갈림길이 아닌 시간적인 갈림길을 연상했다⋯⋯당신은 매 순간 갈라진 선택지들을 만나 하나를 선택하고 나머지들을 버린다. 추이 펜의 작품 속에서 주인공은―동시에―모든 선택지들을 선택한다. 그리하여 그는

'여러 개의 미래'를, 여러 개의 시간을 창조하고, 시간은 번창하고 갈라진다……낯선 사람이 팡의 방문을 두드린다. 당연히 여러 가지 가능한 결과가 있다―팡이 침입자를 죽일 수도 있고, 침입자가 팡을 죽일 수도 있고, 둘 다 살 수도 있고, 둘 다 죽을 수도 있다. 추이 펜의 소설에서는 이 모든 결과가 실제로 일어난다. 각각의 결과는 또 갈라질 길의 시작이다. 그 미로 속의 길들은 가끔씩 한 곳으로 모인다. 예를 들어 당신은 이 집에 온다. 그러나 가능한 과거 중 하나에 당신은 나의 적이다. 다른 과거에 당신은 나의 친구이다……

수렴하거나 갈라지거나 단절되거나 수백 년 동안 아예 잊힌 시간의 가닥들은 모든 가능성을 포함하고 있다. 그 시간들 중 대부분 속에서 우리는 존재하지 않는다. 어떤 시간 속에서 너는 존재하고 나는 존재하지 않는다. 다른 시간 속에서 나는 존재하고 너는 존재하지 않는다. 또 다른 시간 속에서 우리는 둘 다 존재한다. 우호적인 우연의 손이 내게 선사한 이 시간 속에서 너는 내 집으로 왔다. 다른 시간 속에서 너는 내 정원을 지나서 내가 죽은 것을 발견한다. 또 다른 시간 속에서 나는 지금 하는 것과 똑같은 말을 한다. 그러나 나는 오류이고 유령이다……시간은, 끊임없이, 무수한 미래들로 갈라진다. 그중 한 시간 속에서 나는 너의 적이다.

보르헤스는 『모래의 책』에서 마지막으로 무한의 역설을 다룬다. 그 작품에 나오는 한 남자는 무한히 많은 페이지가 있는 전설적인 책을 입수한다. 그 책 속에는 모든 것이 있다. 그러나 그 책을 가진 사람이 한 페이지를 넘기면, 그는 그 페이지를 다시 찾을 수 없다. 왜냐하면 두 무한소수 사이에 무한히 많은 다른 수가 있다는 것이 칸토어가 정의한 셀 수 없는 무한의 성질이기 때문이다. 보르헤스는 이렇게 운을 뗀다.

그 행은 무한히 많은 점으로 이루어져 있다. 그 페이지는 무한히 많은 행으로 이루어져 있다. 그 책은 무한히 많은 페이지로 이루어져 있다. 그 전집은 무한히 많은 책으로 이루어져 있다……아니다. 확실히 이것은 내 이야기를 시작하는 최선의 방법이 아니다.

그 이상한 책은 첫 페이지도 마지막 페이지도 없다. 그 책은 소유자에게 "악몽 같은 대상, 현실 자체를 더럽히고 모욕하는 불경스러운 물건"이 된다. 그러나 그는 그 책을 단순히 태워버리는 것은 위험천만한 행동이라고 생각한다. 그 행동의 귀결은 무한하지 않을지 몰라도 책을 태웠을 때 발생하는 연기는 확실히 무한하지 않겠는가. 그 책을 숨기는 것이 낫다. 그리고 최선의 은닉 장소는 수많은 책들 속일 것이다. 한때 일했던 국립도서관으로 다시 숨어든 그는 자신의 행동을 자각하지 않으려 노력하면서 '모래의 책'을 지하실에 있는 곰팡이가 슨 서가에 꽂는다.

무한의 윤리학

모든 사람을 당황하게 하고 타락시키는 개념이 있다.
나는 악마를 말하는 것이 아니다.
악마는 윤리의 영역에 제한되어 있다. 내가 말하는 것은 무한이다.
호르헤 루이스 보르헤스[19]

존 채프먼(John Chapman)은 요크셔에서 미국으로 이주한 영국인 이민자의 아들이었다. 그는 매사추세츠 주 레오민스터에서 1774년에 태어나

71년 후 인디애나 주 포트웨인 근처에서 죽었다. 그 사이에 그는 성인 아시시의 프란체스코를 감동시킬 만한 삶을 살았다. 당대에 그는 애플트리 맨(Apple Tree Man) 혹은 간단히 '조니 애플시드(Johnny Appleseed)'라고 불렸다. 거의 50년 동안 그는 북서부 지역을 돌아다니면서 사람들을 돕고 동물을 돌보고 환경을 보호했다.[20]

그는 새로운 정착민들과 인디언들에게 공평하게 조언을 해주었고, 그들 모두에게 따뜻한 대접을 받았다. 이민자들은 그를 친구요 박애주의자로 여겼고, 인디언들은 그를 위대한 영혼의 손길을 받은 사람으로 존경했다. 매우 소박하게 살면서 고기를 먹지 않은 그는 시대를 앞서 갔다. 그러나 그는 다른 세상을 꿈꾸는 몽상가가 아니었다. 애플시드는 신중하게 토지와 나무를 사고 팔았고, 가장 좋은 토지를 소유하고, 사과 농사와 박애적인 계획을 확대하기 위해 막대한 자금을 모았다. 그가 오늘날에 살았다면 확실히 대규모 자선 단체의 회장이 되었을 것이다.

채프먼은 26세였던 1800년에 거대한 나무 심기 사업을 시작했다. 그는 서부로 이동하는 많은 이민자들보다 앞서 이동하면서 모든 곳에 사과나무를 심는 일을 시작했다. 그는 신중하게 계획해서 행동했고, 육묘장은 잡목숲이나 울타리로 굶주린 야생 사슴으로부터 보호했다. 그는 정기적으로 가지치기를 하고 울타리를 보수하고 원하는 사람 모두에게 사과밭을 팔았다. 결국 애플시드의 사과밭을 중심으로 작은 마을이 여러 곳 형성되었다. 애플시드는 나무나 밭을 살 돈이 없는 사람도 빈손으로 돌려보내지 않았다. 그는 낡은 옷이나 신발도 기꺼이 받았고 외상 거래도 했다. 그는 사과나무 외에 약초도 심었다. 애플시드를 존경하는 사람들은 오랫동안 그 약초를 '조니 풀'이라 불렀다.

그런데 애플시드가 무한과 무슨 관계가 있을까? 그의 모든 활동은 유한했고 그의 씨앗의 개수도 유한했고 그의 기여도 유한했다. 나무를 더 많이 심으려는 그의 욕구는 이해할 만하다. 더 많은 나무는 더 많은 사과를 뜻하고, 더 많은 사과는 더 많은 식량을 뜻하고, 더 많은 식량은 더 적은 굶주림과 더 나은 건강을 뜻한다. 새로 심은 나무 한 그루는 많은 사람들의 행복이 증진하는 것을 뜻한다. 따라서 나무 심기는 중요한 도덕적인 명령이라고 할 수 있을 것이다.

애플시드의 행동의 밑바탕에는 많은 종교에 들어 있는 윤리 체계와 종교를 전혀 믿지 않는다고 말하는 사람들도 따르는 행동 규범이 있다. 그 규범은 유한한 우주에서 지극히 당연하다. 그러나 우주가 무한하다면 기묘한 문제들이 발생한다. 이미 무한히 많은 사과나무가 있는 무한한 우주에서라면 조니의 공헌은 미미할 것이다. 나무 한 그루를 더 심는다고 해도 세상의 나무는 여전히 무한히 많을 것이다. 무한한 우주에서는 어떤 행위로도 사과나무의 총수를 늘릴 수 없다. 애플시드는 자기 주변의 사과나무 밀도를 증가시킬 수 있지만 우주에 있는 사과나무의 총량을 증가시킬 수 없다.

사과나무 심기가 부질없는 짓이 되는 것은 심각한 문제가 아닐 수도 있다. 그러나 훨씬 더 근본적인 문제들이 있다. 만일 우주에 있는 선(혹은 악)의 총량이 무한하다면, 우리의 행위는 선을 증가시킬 수 없다. 무한에 어떤 것을 더한 결과는 여전히 그대로 무한이니까 말이다.[21] 이것이 무한한 우주의 첫 번째 딜레마다. 만일 도덕적인 명령이 단순히 선을 증진하는 데 기반을 둔다면, 무한한 우주에서는 그 명령이 부질없다. 이 문제에서 탈출하려면 다른 형태의 명령들을 고안해야 한다.

그러나 많은 대안적인 명령들 역시 더 깊은 윤리적인 문제에서 자유롭지 못하다. 모든 문제는 무한한 우주에서 성립하는 기초적인 무한 복제 역설에서 나온다. 만일 어떤 일이 발생할 확률이 0이 아니라면, 그 일은 이 순간에 다른 곳에서 무한히 많이 발생하고 있다. 이는 우리와 같은 선택을 하는 우리의 복사본이 다른 곳에 무한히 많음을 뜻한다. 물론 우리와 다른 선택을 하는 복사본도 무한히 많다.

무한한 세계에서 성립하는 이러한 문제는 심각한 함의를 지녔다. 악한 대안을 선택하는 우리의 복사본이 무한히 많다면, 왜 하필 우리만 악을 피해야 하는가? 선이 악을 정복하는 세계가 있는 것과 마찬가지로 항상 악이 선을 정복하고 히틀러가 지배하는 세계도 있을 것이다. 이런 귀결들의 의미는 윤리에 국한되지 않는다. 이타적인 행동 가운데 일부는 개인이 타인들과 공존하기 위한 최선의 전략이고 따라서 자연선택에 의한 진화의 결과로 간주할 수 있음이 밝혀졌다. 그러나 진화론적으로 볼 때 안정적인 전략에 따라 행동하지 않는 생물들의 사회가 무한히 많다면, 세계에 대한 진화론적 이해는 위협을 받을 것이다.

우리가 특정한 윤리 규범을 선택한다면, 예를 들어 (이웃이 우리와 같은 취향이라는 전제하에서) 이웃을 자기 자신처럼 대하라는 『성경』의 명령을 계승한 칸트의 윤리를 선택한다면, 우리는 곧바로 역설에 봉착한다. 애플시드가 열심히 사과 씨앗을 뿌리던 때와 거의 같은 시기에 니체는 우리가 우리의 행동이 무한히 반복될 것을 아는 것처럼 행동해야 한다고 주장했다. 그가 최초로 주목한 무한 복제 역설과 그것의 귀결에 깊은 인상을 받은 니체는 시간적으로 영원히 반복되는 순환적인 우주를 생각했고, 우리 각각이 다시 태어나 같은 행동을 다시 반복하고 같은 효과를 무한히 여러 번 일으킬 것이라고 생각했다. 만일 우리가 오늘 하는 행동이 무한히 여러 번 반복된다면, 우리는 선을 위한 행동을 선택할 것이라고 니체는 생각한다. 그러나 이 윤리적인 명령은 우리가 다시 태어나서 모든 가능한 행동을 무한히 여러 번 할 것이고, 심지어 니체가 바라는 선한 행동의 반대인 악한 행동도 할 것임을 생각하면 위태로워진다.

일부 종교에서는 이 무한의 역설들이 불만스럽고 심지어 허용할 수 없는 귀결들로 이어진다고 생각한다. 우리 세계가 악으로 물들어 있고 구원과 변화를 필요로 한다면, 다른 곳에 있는 다른 세계들은 어떨까? 우리가 말하는 다른 세계들이 무한한 우주 곳곳의 행성들에 자리 잡은, 우리의 문명과 유사한 다른 문명들이라면, 원죄를 범하지 않았고 따라서 구원과 변화가 필요하지 않은 문명도 무한히 많이 있어야 할 것이다. C. S. 루이스(C. S. Lewis)는 유명한 과학소설 3부작에서 그런 시나리오를 전개한다.[22] 지구는 우주 속에서 도덕적으로 낙오된 세계다. 지구는 악이 발생하고 구원이 필요한 유일한 세계다. 외계인들은 완벽하고, 악한 행동의 귀결로부터 구제받을 필요가 없다. 무한한 우주의 역설은 이 시나리오를, 그리고 이와 유사한 모든 시나리오들을 배제할 수 없게 만든다.

윤리학이 무한한 우주에서 발생하는 결과들의 총합보다 개별 행동을 중시한다는 것은 중요한 사실이다. 그렇지 않다면 당신이 타인을 죽이지 말아야 할 이유가 무엇이겠는가? 우주의 다른 곳에 그 타인의 복사본이 무한히 많이 살고 있을 텐데 무엇이 문제가 되겠는가? 우리가 총체적인 관점을 취하면, 무한한 우주에서 우리의 행동은 돌이킬 수 없는 결과를 초래하지 않을 것처럼 보인다. 그리고 우리는 무한한 우주 곳곳에 존재하는 우리 자신의 정확한 복사본들을 어떻게 생각해야 할까?

우리는 성 아우구스티누스가 기독교의 부활 교리를 위해 이 문제들을 고민했다는 것을 이미 언급한 바 있다. 만일 구원이 필요한 다른 세계들이 있다면, 예수의 부활은 그 세계들에서도 일어나야 할 것이다. 그러나 아우구스티누스는 그것이 불가능하다고 생각했고("그리스도는 타인들을 위해 한 번 죽었다……") 따라서 다른 문명들이 존재할 수 없다는 결론을 내렸다. 그는 또한 우주가 무한할 수 없다는 결론을 내려야 했을 것이다. 흥미롭게도 인본주의 철학자 토머스 페인은 천여 년 후에 같은 고민을 하고 반대의 결론을 내렸다. 다른 세계들의 존재를 부정할 수 없고 기독교의 교리에 따라서 그 세계들도 예수의 부활을 통한 구원을 필요로 한다고 믿은 그는 예수의 부활이 어느 한 장소에서 일어나지 않았다는 결론을 내렸다.

모든 가능한 세계들이 어떤 의미로든— 우리의 무한한 우주의 다른 곳에 혹은 유한하거나 무한한 다른 우주들에—존재한다면, 또 다른 신학적 문제가 발생한다. 즉, 이른바 '신의 관점'이 이해할 수 없는 수수께끼가 되어버린다. 신은 모든 가능한 세계들을 본다. 무한히 많은 세계들에서 악이 발생하고 구원을 필요로 한다. 그러나 무한히 많은 다른 세계들에서는 악이 발생하지 않고 구원이 필요하지 않다. 그러나 우리가 아는 자연법칙의 제약과 자기의식을 가진 존재의 자유의지를 전제할 때, 구원을 통해 악이 사라진 미래는 어쩌면 논리적으로 불가능한지도 모른다. 행동의 귀결들이 끝없이 이어진다면, 타인에게 '좋은' 귀결만을 가지는 행동은 불가능할 것이다.

많은 사람들은 이런 기묘한 귀결들 때문에 무한한 우주가 일관적일지라도 도덕적으로 못마땅하다고 여긴다. 현실 세계에서 우리는 광속의 유한성에 의해 무한한 복사본들의 힘으로부터 보호를 받는다. 빛의 속도는 우리의 상호작용이 우주가 탄생한 이래로 빛이 이동한 거리와 크기가 같은 지평 안에 머물도록 제한한다. 그러나 어떤 사람들은 그 제한이 충분하지 않다고 생각한다. 우리의 우주 옆에 모든 가능한 사건들이 일어나는, 모든 가능한 우주들이 있다는 말도 위로가 되기 어려울 것이다. 거대한 우주의 어딘가에서 모든 가능한 일들이 실제로 일어난다면 선은 무엇이고 악은 무엇이겠는가? 요컨대 우리 우주가 어떤 심오한 목적과 의미를 가지려면 우주의 유한성이 필수적이지는 않을지라도 바람직해 보인다. 대안은 모든 가능성이 실현된다는 것을 부정하는 것이다. 예컨대 유한한 개수의 역사들만이 있을 법한 역사들이라는 입장을 취할 수 있을 것이다. 유한한 개수의 역사들만이 의식과 윤리를 발생시킨다는 입장도 가능할 것이다.[23]

결국 우리는 가시적인 우주의 구조와 자연상수들이 어찌 된 영문인지 생명에게 우호적이라는 사실을 이해하기 위해 도입한 것과 매우 유사한 해결책으로 이끌린다. 모든 가능한 세계들에 모든 가능한 자연상수들의 조합이 존재한다면, 우리의 세계가 복잡한 생명의 진화와 존속을 허용하는 자연상수들을 지닌 소수의 세계들 중 하나라는 결론은 불가피하지 않을까?[24]

그러나 이런 생각이 무한한 우주가 일으키는 윤리적인 문제들에서 탈출하는 데 도움이 될까? 도움이 되려면 엄청나게 많은 가능한 세계들이 비어 있어야 할 것이다. 생각해보면, 모든 가능한 도덕적 악행들이 저질러지고 항상 상호 파괴가 발생하는 극단적인 세계들은 정말로 비어 있을 법하다. 그러나 엄청나게 많은 세계들이 그렇게 극단적이라고 볼 수는 없을 것이다. 악한 행동이 팽배한 다른 세계들은 심지어 우리 자신의 역사의 일부와 놀랍도록 유사할 수 있을 것이다. 악이 선을 누르고 승리하는 것을 상상하기는 그리 어렵지 않다. 악의 승리가 반드시 멸종을 가져오는 것은 아니다. 악의 승리는 다만 독재를 가져온다.

무한한 우주가 유발하는 윤리적인 문제를 쉽게 해결할 방법은 없다. 어쩌면 우리의 지구 중심 윤리관에 문제의 원인이 있을지도 모른다. 어쩌면 정신은 단 하나뿐이고 우주는 유한할지도 모른다. 마지막으로 우리 우주가 지닌 특징 하나를 언급할 필요가 있다. 이 특징은 언젠가 무한 복제의 수수께끼를 풀 열쇠가 될지도 모른다. 우리 우주의 물질은 동일한 기본입자들로 이루어진 듯하다. 우리는 그 입자들을 '전자', '중성미자', '쿼크' 등의 이름으로 부른다. 전자 하나를 보는 것은 모든 전자를 보는 것과 같다. 그렇다면 전자 각각의 정체성은 과연 회복될 수 있을까? 전자들의 개수가 무한하다거나 유한하다는 말이 과연 중요할까?

9장

무한히 많은 세계들

공간은 무한히 분할 가능하고 반드시 모든 곳에 물질이 있는 것은 아니므로,
신은 장소에 따라 다양한 크기와 모양의 물질 입자들을 밀도와 힘이 다르게 창조하고
이를 통해 자연법칙들을 바꾸고,
여러 종류의 세계들이 우주의 여러 부분에 존재하도록 만들 수도 있을 것이다.
아이작 뉴턴[1]

다른 세계들의 역사

"하지만 교수님, 정말로 다른 세계들이 있을 수 있다고 말씀하시는 겁니까?
저 너머 아득한 모든 곳에 있을 수 있다는 말씀이십니까?" 피터는 물었다.
교수는 안경을 벗어 닦기 시작하면서 대답했다.
"그보다 더 그럴듯한 일은 없지." 이어서 그는 혼잣말로 중얼거렸다.
"다른 세계들의 학교에서는 무엇을 가르칠지 궁금하군."
C. S 루이스, 『사자, 마녀, 옷장』[2]

인간은 한 번도 한 세계에 만족한 적이 없다. 처음에 사람들은 다른 지역을 탐험하고 지평 너머의 잊힌 대륙들을 꿈꾸었다. 또한 사람들은 늘 밤하늘의 별에 관심을 기울였다. 별은 죽은 영혼들이 가는 곳일까? 별은 멀고 희미할까, 아니면 가깝고 밝을까? 별은 지구처럼 거주자가 있는 곳일까? 얼마나 많은 별이 있을까?

고대 그리스인들 사이에는 대립하는 의견들이 있었다. 루크레티우스(Lucretius)와 에피쿠로스(Epikouros) 등의 원자론자들은 온갖 종류의 세계들이 무한히 많이 존재한다고 믿었다. 그것은 무한한 우주 속에 무한히 많은 원자가 존재한다는 믿음의 자연스러운 귀결이었다. 우주의 한 부분이 다른 부분과 다르다고 믿을 이유는 없다. 따라서 지구 같은 행성과 태양 같은 별이 무한히 많이 존재한다고 추측할 수 있다. 기원전 4세기에 에피쿠로스는 이 같은 믿음을 간략하고 명료하게 밝혔다.

> 우리 세계와 비슷하거나 비슷하지 않은 세계들이 무한히 많이 있다. 왜냐하면 우리가 이미 증명했듯이 원자가 무한히 많고 아주 먼 곳에도 있기 때문이다. 세계의 구성요소가 될 수 있는 원자들이 한 세계나 유한히 많은 세계들을 구성하느라 고갈되는 일은 없다. 그러므로 무한히 많은 세계들의 존재를 막을 장애물은 어디에도 없다.[3]

고대의 권위자 아리스토텔레스는 이 견해에 반대해서 우주가 유한한 양의 물질로 이루어졌고 대칭성과 고정된 중심을 가진다고 주장했다(**그림 9-1**). 그는 고정된 중심과 대칭성을 사물의 필수적인 속성으로 여겼다. 지구 같은 세계를 많이 포함하고 있는 무한한 우주는 단일한 중심에 의해 보장되는 균형을 유지하지 못할 것이다. 그리하여 아리스토텔레스는 우주가 무한할 수 있다는 생각과 지구 외에도 무한히 많은 다른 세계가 있을 가능성을 부정했다.[4]

그 후 2천 년 동안 아리스토텔레스의 생각은 철학과 신학과 과학의 표준적인 모범이 되었다. 아리스토텔레스는 사물의 형상과 존재를 완전히 설명하는 한 요소로서 사물의 목적을 매우 중시했다. 원자의 무작위한 운동을 사물을 설명하는 기초로 삼는 원자론은 아리스토텔레스적인 세계관을 지닌 사람들에 의해 강력하게 억압되었고, 15세기 초 유럽에서 부활할 때까지 잠들어 있었다. 아리스토텔레스의 목적론은 자연스럽게 초기 기독교 신학과 손을 잡았다. 그렇지만 원자론은 그러지 못했다. 원자의 우연한 운동은 신의 전능함에 대한 모독으로 여겨졌다. 초기의 원자론자들이 그리스와 로마의 신들과 죽음 이후의 삶에 대한 생각의 유의미성을 반박한 탓에, 원자론은 무신론과 동일시되었다.

그림 9-1 아리스토텔레스[5]

아리스토텔레스 철학과 기독교 신학의 연합이 굳어지면서 지구와 유사한 세계가 무한히 많다는 생각과 관련한 여러 흥미로운 문제들이 제기되었다. 첫 번째 문제는 우주에 대한 신의 지배력에 관한 질문, 그리고 창조된 질서가 어느 정도까지 창조자의 본성을 반영해야 하느냐는 질문이었다. 어떤 이들은 『성경』을 문자 그대로 받아들이고 『성경』에서 분명하게 긍정하지 않은 모든 것을 불신했다.

그들은 「창세기」 속의 창조 이야기가 지구에 있는 생명 이외의 생명과 다른 세계들을 언급하지 않았으므로 그런 것들은 존재할 수 없다고 주장했다. 신은 일곱째 날에 휴식했다. 신은 다른 우주들을 창조하지 않았다. 다른 이들은 이 규범적인 부정 신학에 반대하면서, 우리는 『성경』이 긍정하는 것을 믿어야 하지만 『성경』이 긍정하지 않은 것을 반드시 불신해야 하는 것은 아니라고 주장했다. 우리의 태양계에 있는 다른 행성들을 『성경』에서 언급하지 않았다는 사실이, 그것들이 존재하지 않음을 뜻하는 것은 아니라고 말이다.

어떤 이들은 신이 무한한 우주를 창조할 능력이 있는데도 유한한 우주만 창조한 것을 납득할 수 있다고 주장했다. 그들에 따르면, 신은 할 수 있는 모든 일을 하거나 할 필요가 있는 존재가 아니었다. 다른 이들은 신의 무한한 능력이 신의 작품들에서 드러나야 하며, 신이 자신의 창조력을 잠재적 무한의 유한한 부분에 국한한다고 상상하는 것은 신을 제한하는 것이라고 주장했다.

위대한 독일의 철학자 칸트는 우리의 앎과 우리가 앎을 얻는 방식을 연구하는 비판철학자가 되기 이전에 상상력이 풍부한 천문학 이론가였다. 1755년에 31세였던 칸트는 태양계의 형성과 우주에 있는 생명과 정신에 대한 새로운 이론을 제시했다. 칸트는 우주가 무한하고 거주자가 있는 세계들을 무한히 많이 가지고 있다고 믿었다.[6] 이 믿음에서 필연적으로 또 하나의 믿음이 도출되었다. 칸트는 우주가 '광활하고 황량하고 끝이 없는 존재의 부정'이라고 생각할 수 없었다. 그는 유한한 우주가 무한한 신을 반영할 수 없다고 생각했다. 그 이유는 아래와 같다.

> 신이 자기 능력의 무한히 작은 부분만을 써서 행동한다는 생각, 신의 무한한 능력 — 무한히 많은 세계와 자연의 원천 — 이 영원히 발휘되지 않는 상태에 갇혀 있다는 생각은 불합리하다. 어떤 척도로도 측정할 수 없는 신의 능력을 창조된 세계가 반영하는 것이 훨씬 더 합리적이지 않을까? 혹은 더 낫지 않을까? 그것이 필연적이지 않을까?…… 공간의 무한성을 동반하지 않은 영원은 지고의 존재를 드러내기에 충분하지 않다.[7]

이 주장은 새로운 것이 아니다. 또 핵심은 신이 무한한 일을 할 수 있는지 없는지가 아니라, 신이 무한한 일을 하기로 결정하느냐 마느냐이다. 이런 종류의 주장을 한 가장 유명한 사람은 성 아우구스티누스(St Augustine, 354~430)다. 그는 『신국』에서 신이 우주의 모든 장소에서 활동한다고 믿는 사람은 세계와 존재가 무한히 많다는 결론에 필연적으로 도달한다고 주장했다. 다른 곳에 무수히 많은 다른 세계들이 있다는 생각과 관련해서 그가 가장 크게 염려한 것은 우리가 앞장에서 논의한 무한 복제 역설의 귀결들이었다. 무한히 많은 세계가 있다면 기독교의 부활 교리에 따라서 부활이 여러 장소에서 무한히 많이 일어나야 한다. 더구나 우주가 끝없이 순환한다는 스토아 철학자들의 견해까지 받아들인다면, 부활은 시간적으로도 무한히 자주 일어나야 할 것이다. 이것은 터무니없는 결론이라고 아우구스티누스는 생각했다.

> 이 동일한 플라톤과 동일한 학교와 동일한 제자들이 존재했으므로 또한 미래의 끝없는 순환 속에서 거듭 존재하리라는 것을 우리는 믿어야 할까? 내가 말하노니 우리는 그것을 믿지 말아야 한다. 그리스도는 우리의 죄를 위해서 한 번 죽었다. 그리고 죽음에서 부활하여 다시는 죽지 않는다!

이 논증은 원자론자들을 설득하지 못할 것이다. 그러나 이 논증은 인류의 역사에 있었던 단일한 사건이 다른 곳에 있는 무한히 많은 세계를 부정하기에 충분한 증거가 될 수 있음을 보여주는 흥미로운 실례다. 아우구스티누스는 다른 논증들을 제시할 수도 있었다. 그는 우주의 무한성을 인정하고 심지어 우주에 무한히 많은 세계들이 있음을 인정하면서도, 생명은 오직 지구에서만 발생했다고 단언함으로써 예수의 부활은 다른 곳에서 일어날 수 없거나 일어날 필요가 없다고 주장할 수 있었을 것이다. 그러나 이 주장은 크기가 무한한 우주가 일으키는 문제는 해소하지만, 영원한 회귀를 반박하지는 못한다. 왜냐하면 생명이 지구에만 있다 하더라도, 지구의 역사가 (과거에 무한히 반복된 것처럼) 미래에 무한히 여러 번 반복될 수 있고, 지구 역사의 복사본들이 예수의 부활을 포함할 수 있을 것이기 때문이다.

예수 부활의 유일성을 근거로 다른 세계들의 가능성을 부정하는 아우구스티누스의 논증은 16세기에 씌어진 필리프 멜란히톤(Philip Melanchthon)의 글에서도 등장한다. 멜란히톤은 마르틴 루터(Martin Luther)의 개혁신학을 해설한 주요 인물이다. 그러나 역사 속에서 가톨릭 교회는 더 복잡한 주장들과 반대 주장들을 경험했다. 코페르니쿠스는 우주의 무한성과 우주와 다른 세계들의 다수성을 옹호하지 않았지만, 많은 사람들은 그것이 지구를 아리스토텔레스적인 중심에서 밀어낸 코페르니쿠스 체계의 귀결이라고 생각했다. 중심이 바뀌자 아리스토텔레스의 주장들은 현저히 힘을 잃었고, 브루노, 존 윌킨스(John Wilkins), 헨리 고어(Henry Gore) 등의 비판적인 주석가들에 의해 점차 무너져갔다.

프랑스의 작가 미셸 몽테뉴(Michel de Montaigne)[8]는 '왜 자연법칙이 다른 세계들에서도 동일해야 하는가'라는 질문을 제기하여 다수의 세계들에 대한 논의를 더욱 심화했다. 다른 세계에서는 다른 자연법칙이 성립하면 안 될 이유가 있을까?

> 데모크리토스(Dēmokritos)와 에피쿠로스와 거의 모든 철학자들이 가르친 대로 많은 세계들이 있다면, 이 세계의 규칙과 원리가 다른 세계들에서도 유사하게 적용되는지 여부를 우리가 어떻게 알 수 있을까? 어쩌면 다른 세계들은 다른 모습과 다른 법칙을 지녔을지도 모른다.

이런 종류의 주장은 다른 세계에서 무엇이 가능한지에 대한 모든 대답을 위태롭게 만들고, 무한히 많은 가능한 세계들에서 모든 가능한 자연법칙이 성립할 것이라는 사변적인 생각을 지지한다. 곧 보겠지만, 이런 주장은 오늘날 우리에게 익숙하다. 그러나 그것이 다뤄지는 방식은 과거와 전혀 다르다. 우리는 모든 가능한 법칙의 지배를 받는 모든 가능한 세계들 중 일부에서만 생명이 존재할 수 있다고 추측한다. 우리는 오직 그 특별한 세계들에서만 존재할 수 있다. 우리는 우리 자신이 특정한 의미에서 특별하며, 우리 세계의 법칙들이 생명의 존재를 허용하는 것은 행운이라고 생각할 수밖에 없다. 우주에서 우리가 점한 위치가 모든 의미에서 특별한 것은 아니라는 코페르니쿠스의 생각은 옳지만, 우리의 위치가 어떤 의미에서도 특별할 수 없다는 것은 참이 아니다.

영국의 젊은 성직자이자 과학자인 윌킨스는 다수의 세계들과 관련해서 새로운 구별을 도입했다. 그는 불과 24세였던 1638년에 출간한 『달에 있는 세계의 발견』(그는 이 책을 일주일 만에 썼다고 밝혔다)에서 기독교 신앙과 이성이 대립하지 않는다는 것과, 달에 거주자가 있으며 우주 곳곳의 다른 세계들에 생명이 있다는 믿음이 기독교와 이성에 반하지 않는다는 것을 보이려 했다. 윌킨스는 일반적으로 혼동되는 두 종류의 '세계'를 세심하게 구별했다.[9] 한편으로 그는 세계라는 단어가 모든 별과 지구를 포함한 우주 전체를 가리킬 수 있다고 말한다. 그러나 다른 한편으로 그 단어는 달이나 다른 거주 가능한 행성 같은 특정한 천체를 가리킬 수 있다.

무한히 많은 세계가 있다는 믿음 때문에 가장 큰 곤욕을 치른 과학자는 브루노다. 그는 우주에 지구와 비슷한 세계가 무한히 많다고 확신했다. 우리가 이미 보았듯이 그는 아리스토텔레스의 우주관과 모든 측면에서 대결했다. 그는 우주를 물리적인 물체들이 있는 달 아래의 유한한 영역과

에테르로 이루어진 물체들이 있는 천상의 영역으로 구분한 아리스토텔레스의 우주관이 우주의 통일성을 부정한다고 지적했다. 그는 또한 세계의 다수성과 무한한 우주를 부정하는 아리스토텔레스의 모든 논증을 반박했다. 아리스토텔레스는 둘 이상의 세계가 있으면 대칭성이 깨진다고 주장했다. 오직 하나의 세계가 중심에 있을 수 있고, 하나의 세계만을 포함한 우주에서만 질서 있는 운동이 가능하다고 말이다. 그러나 브루노는 무한한 우주에서는 단일한 중심과 가장자리가 없고 따라서 아리스토텔레스의 논증은 타당하지 않다고 지적했다.

이 모든 논쟁에서 우리는 거주자가 있는 다수의 세계에 대한 생각과 우주의 무한성에 대한 생각이 긴밀하게 연결되는 것을 본다. 한 생각에 대한 지지나 반대는 쉽게 다른 생각에 대한 지지나 반대와 연결되는 경향이 있었고, 그 두 생각을 구별하려는 노력은 거의 없었다. 그러나 우리는 당시의 우주에 대한 과학적인 인식이 오늘날보다 훨씬 부족했음을 상기해야 한다. 당시에 우주의 기본 요소는 별과 행성이었고, 이것들은 삶에 필요한 것들과 긴밀하게 연결되어 있었다.

이 세계 밖으로

세계는 충분하지 않다.
〈007〉 영화 제목

세계의 다수성에 대한 논쟁은 오늘날에도 벌어지고 있다. 논쟁은 과거에 항상 그랬듯이 지금도 열을 뿜지만 다행스럽게도, 틀린 주장을 한다는 이유로 화형을 당하는 사람은 이제 없다. 윌킨스가 구별한, 다수의 우주에 대한 주장과 우리 우주에 있는 다수의 거주 가능한 세계(행성)에 대한 주장은 서로 다른 방향으로 발전했다. 우리는 다양한 천문학자들과 생물학자들 사이에서 벌어지는 외계 생명의 개연성과 확실성에 대한 논쟁을 알고 있다. 단순한 생물들—예를 들어 박테리아—은 우주에 풍부하게 있으며, 심지어 화성에도 혹은 토성과 목성의 위성에도 있을 것이라는 주장이 널리 받아들여지고 있다. 그러나 지적인 생명과 우리보다 더 발전한 생명에 대해서는 다만 여러 추측이 있을 뿐이다. 우리는 생명이 지구에서 발생하고 진화한 과정을 이해하지 못한다. 우리는 다른 행성의 다른 조건 하에서 의식이 발생할 수 있는지에 대해 가치 있는 예측을 할 수 있을 만큼 정확하게 의식을 이해하지 못한다. 문제는 우리가 하나의 사례를 일반화하려 한다는 것이다. 만일 우리 태양계의 다른 장소에서 생명이 발견된다면, 다른 곳의 생명에 대한 추측이 봇물 터지듯 쏟아져 나올 것이다.

다수-세계 논쟁의 두 번째 형태인 다수-우주 논쟁은 더 사변적이다. 이 논쟁의 화두는 우리 우주의 다른 행성들이 아니라 다른 우주들이다. 다른 우주들은 다른 요소들로 이루어지고 다른 법칙들의 지배를 받을 수 있다. 그러나 우리는 한 우주 안의 다수-세계와 다수-우주가 그다지 명확하게 구별되지 않는다는 것을 알게 될 것이다. 우주가 무한하다면 오직 하나의 우주만 존재해도 우주 곳곳에 전혀 다른 세계들이 있을 수 있다. 현대의 우주론자들이 진지하게 고찰하는 가능성들은 무엇일까? 그리고 그들은 왜 그 가능성들을 진지하게 고찰하는 것일까?

다른 우주들을 생각하는 이유는 두 가지다. 첫째, 가장 최근에 대두된 이유는 현대물리학이 다수의 우주들을 요구할 가능성이 있다는 것이다. 하나의 우주가 존재한다면 다른 우주들도 존재해야 한다는 주장이 현대

물리학에서 제기되었다. 두 번째 이유는 전혀 다르다. 우리의 가시적인 우주가 여러모로 생명에 우호적이라는 것은 이미 잘 알려진 사실이다. 만일 우리 우주의 팽창 속도나 균일성의 정도가 약간 다르다면, 또는 자연 상수들의 값이 약간 다르다면, 아니면 공간의 거시적인 차원의 개수가 3이 아니라면, 원자에 기초한 복잡한 생명은 존재할 수 없을 것이다. 그런 의미에서 우리 우주는 거꾸로 서서 균형을 유지하고 있는 원뿔과 비슷하다. 우주의 성질들을 약간만 건드리면, 모든 것은 엉망이 될 것이다. 별도 행성도 원자도 복잡한 사물도 생명도 사라질 것이다. 결론적으로 우리는 우리 우주가 생명을 위해 '정밀하게 조정되어 있다'는 견해에 도달한다.

우리는 이 정밀 조정을 어떻게 이해해야 할까? **그림 9-2**는 몇 가지 대답을 보여준다. 만일 가능한 우주가 오직 하나만 존재할 수 있다면, 우리는 운이 억세게 좋은 존재들이고, 더 이상 할 말은 없다. 우주는 아무 이유 없이 생명의 존재를 허용하고, 지구에서 일어난 진화 과정은 그 놀라운 가능성을 잘 이용했다. 30년 전에는 이런 생각이 지배적인 견해였다. 물리학자들은 우주가 오직 한 가지 방식으로만 존재할 수 있음을 증명할 만물의 이론을 추구했다. 그들은 단 하나의 정답이 있는 조각 맞추기 퍼즐을 기대했다. 그런 퍼즐에서 조각 하나의 모양을 바꾸면 퍼즐은 완성될 수 없다. 그러나 세월이 흐르고 만물의 이론이 희미하게 모습을 드러내기 시작하면서 모든 것을 확정하고 설명하는 단호한 이론에 대한 기대는 점차 약해지기 시작했다.

대신에 한 우주를 특정하기 위해 필요한 정보— 자연법칙들, 자연상수들, 우주론적 속성들—와 만물의 이론에 포함될 수 있는 내용 사이에 간극이 생기기 시작했다. 1980년대에 만물의 이론의 첫 번째 후보들이 끈 이론을 발판으로 삼아 등장하면서 유일한 이론에 대한 희망은 사라졌다.

몇 가지 선택지

논리적으로 오직 한 개의 우주만 존재할 수 있다 —그 유일한 우주 속에 생명이 존재할 수 있는 것은 우리에게는 행운이다
모든 가능한 우주들이 존재한다 —우리는 생명이 존재할 수 있는 우주들 중 하나에서 살고 있음이 분명하다
'생명'은 우리가 생각하는 것보다 훨씬 더 쉽게 탄생하며, 탄소 중심의 화학결합에 기초한 우리의 생명과 전혀 다른 형태로 존재할 수 있다 —충분히 복잡한 우주는 거의 모두 생명을 탄생시킬 수 있다
자연의 상수들과 법칙들은 고정적이지 않다 —필연적으로 현재의 잘 조율된 상태에 도달하는 진화 과정이 존재한다
우주는 결국 생명을 포함해야 한다. 아직 알려지지 않은 어떤 이유 때문에 자기 지칭은 우주의 필연적인 속성이다
우주의 속성들은 무한하고 다양하다 —생명의 존재를 위해 필요한 우연들이 발생하는 장소가 항상 존재한다

그림 9-2 우리의 존재를 위해 꼭 필요하다고 여겨지는 (정교한 조율 상태에 있는) 우주의 구조에 관한 몇 가지 대답들.

왜냐하면 무려 다섯 개의 후보들이 존재하는 것처럼 보였기 때문이다. 그 후 사정은 달라졌고, 그 다섯 개의 이론들은 아직 발견되지 않은 더 심오한 'M'이론(M은 '신비mystery'를 의미한다)의 서로 다른 측면들이라고 여겨졌다. 그 후에 그 이론들과 M이론을 비롯해서 무한히 많은 이론이 존재한다는 것이 확실하게 밝혀졌다. 요컨대 만물의 이론을 위한 광활한 가능성의 지평이 열린 것이다.[10]

게다가 우주의 속성들 가운데 절대다수는 무작위하거나 융통적인 듯하다. 다시 말해 만물의 이론을 위반하지 않으면서 달라질 수 있는 것처럼 보인다. 오직 소수의 가장 근본적인 상수들과 속성들만이 만물의 이론의 특수한 수학적 성질에 의해 확정되어 있는 듯하다. 나머지 상수들과 속성들은 폭넓게 허용된 범위 내에서 무작위로 선택되는 것처럼 보인다. 현재 우리는 무엇이 가장 개연성이 높은 조합인지 판단하는 방법을 모른다. 또한 우리가 그 방법을 안다 할지라도, 그 앎이 유용할지는 불확실하다. 만일 가장 개연성이 높은 속성들의 조합이 생명을 허용하지 않는 우주를 기술한다면, 그 조합은 우리 우주의 기술일 리 없다(**그림 9-3**). 생명에게 우호적인 조합은 모든 가능성들의 바다에서 매우 희귀할지도 모른다. 그러나 우리 우주는 그런 희귀한 우주들 중 하나임이 분명하다.

만물의 이론의 주요 후보는 우주가 세 개가 아니라 열 개의 차원을 가진다고 예측한다. 오직 10차원에서만 자연의 힘들 사이의 불일치와 모든 성가신 무한들이 사라진다. 그 예측과 우리 우주가 네 개의 차원— 공간 차원 세 개와 시간 차원 한 개— 을 가지고 있다는 엄연한 상식을 조화시키는 유일한 방법은 '추가적인' 6개의 차원들이 모두 공간적이며 감지할

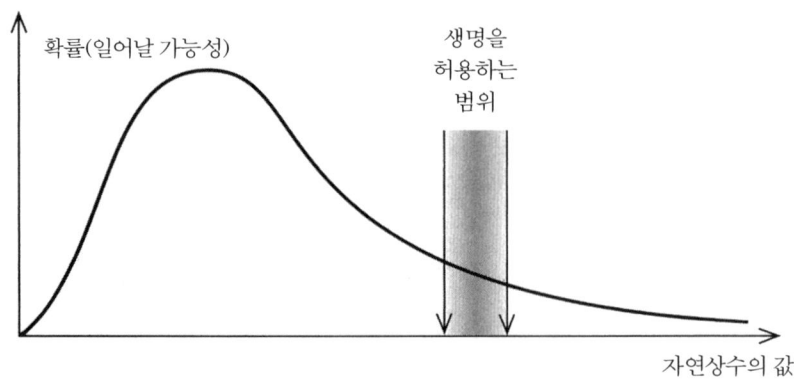

그림 9-3 어떤 자연상수가 다양한 값을 가질 확률을 나타낸 가상의 곡선. 이론적으로 확률이 가장 높다고 예측된 값이 생명의 존재를 허용하는 좁은 범위 안에 들어오지 않을 수도 있다.

수 없을 만큼 작다고 가정하는 것이다. **그림 9-4**에서 보는 것처럼 세 개의 차원만이 천문학적으로 확대되었다고 말이다.

왜 세 개의 차원들만 확대되었을까? 우리는 모른다. 어떤 심오한 이유가 있을 수도 있다. 혹은 우주가 탄생할 무렵에 일어난 사건들의 무작위한 결과로 세 개의 차원만 확대되었을지도 모른다. 만일 후자가 옳다면, 큰 차원이 모든 곳에서 세 개일 이유는 없다. 무한한 우주의 어떤 부분에서는 큰 차원이 세 개이고, 다른 부분에서는 두 개이고, 또 다른 부분에서는 아홉 개일 수도 있다. 차원의 개수가 곳에 따라 다를 수도 있을 것이다. 우리가 말할 수 있는 것은 다만 원자와 생명은 큰 공간 차원이 세 개인 곳에서만 존재할 수 있다는 것이다.[11] 무한한 우주의 다른 곳에서는 큰 차원의 개수가 다를 수 있다. 그러나 그곳에는 생명도 관찰자도 없을 것이다.

생명에게 우호적인 정밀 조정에 대한 새로운 태도도 등장하기 시작했

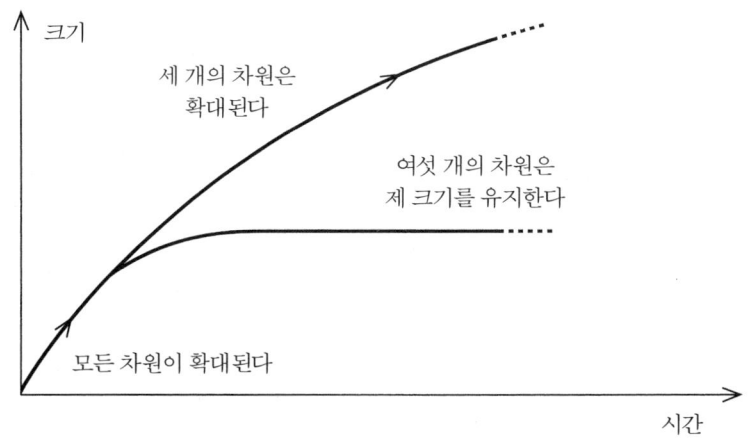

그림 9-4 우리 우주가 공간 차원 9개를 지녔고 그중 3개가 확대되었다면 나머지 6개는 작은 크기를 유지하고 있어야 한다. 그 나머지 차원들도 확대된다면 우리의 3차원 공간에 관찰 가능한 효과가 나타날 것이다.

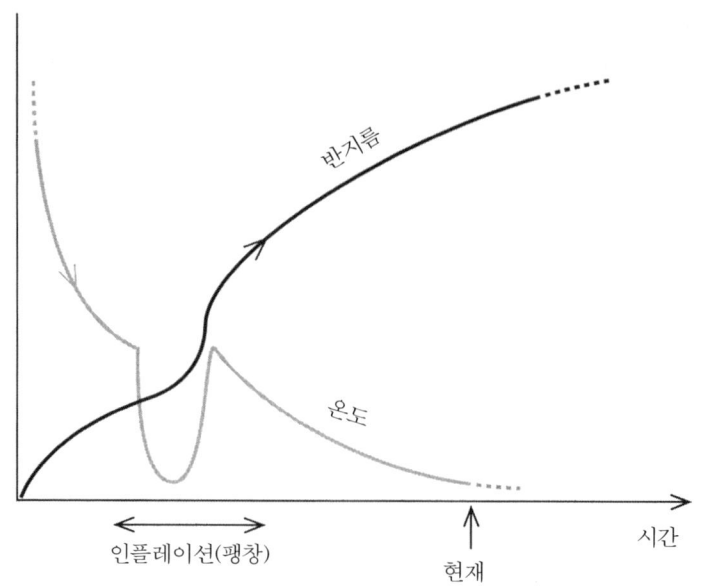

그림 9-5 인플레이션 과정은 매우 작은 공간 영역을 매우 크게 확대시킨다. 빛의 속도로 일어나는 물리적인 과정들에 의해서 고도의 균일성을 유지할 수 있을 만큼 작은 구역들은 인플레이션에 의해서 쉽게 성장하여 오늘날의 가시적인 우주 전체보다 더 크게 확대될 수 있다. 그림은 인플레이션을 겪는 어떤 구역의 크기와 온도의 변화를 보여준다. 인플레이션을 겪는 구역은 극적으로 냉각되었다가 단기적 가속 급팽창을 가능케 한 특이한 형태의 물질과 에너지의 붕괴에 의해서 다시 가열된다.

다. 우주의 상수들과 속성들이 곳에 따라 다를 수 있다면, 우리는 그것들이 생명에게 우호적이도록 조정된 구역에서 살고 있음이 틀림없다. 그 조정이 아무리 절묘하다 할지라도, 우리는 우리가 사는 구역에서 그 조정을 발견할 수밖에 없다. 왜냐하면 우리는 그렇게 조정된 곳에서만 존재할 수 있기 때문이다.

장소에 따라 속성들이 매우 다른 무한한 우주를 필연적으로 산출한, 우주의 초기 역사를 다루는 주목할 만한 이론들이 존재한다. 가장 유명한 이론은 알렉스 빌렌킨(Alex Vilenkin)과 안드레 린데(Andre Linde)의 영원한 인플레이션 우주론이다. 이 이론은 우리 우주의 많은 거시적인 속성들을 잘 설명하는 인플레이션 우주론을 일반화한 것이다. 인플레이션 우주론은 우주 역사의 최초 10^{-35}초 동안에 매우 높은 온도에서 존재했을 것으로 추정되는 새로운 형태의 물질 때문에 우주가 잠깐 가속 팽창을 겪었다고 주장한다. 그 물질은 곧바로 복사파로 붕괴했고, 우주는 감속하는 팽창을 회복했다(**그림 9-5**).

그 일시적인 팽창률 급상승의 효과로, 아주 작고 (장소에 따라 미세한 변이는 있지만) 거의 균일한 구역이 확대되어 오늘날 우리가 보는 가시적인 우주 전체가 발생했다.[12] 우주의 팽창 속도가 급격히 빨라지면서('인플레이션'이 일어나면서) 그 (온도와 밀도의) 미세한 변이는 큰 공간으로 확대되었다. 오늘날 우주배경복사의 온도가 방향에 따라 조금씩 다른 것

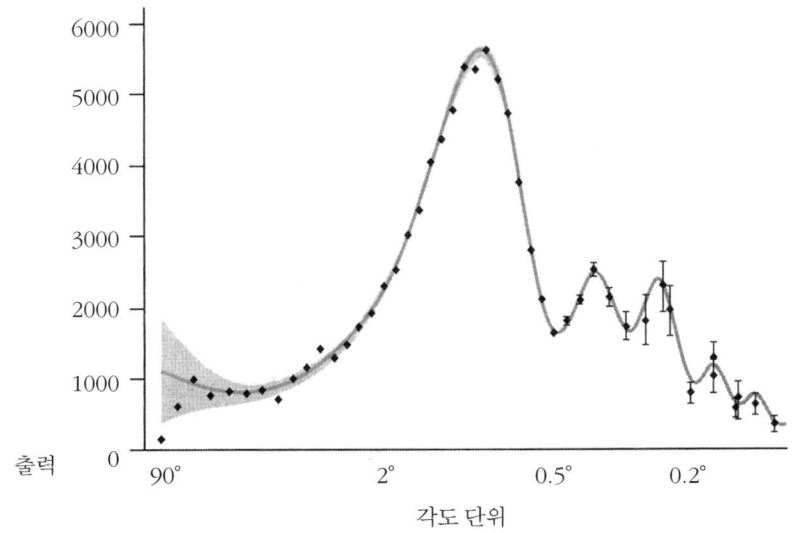

그림 9-6 WMAP(윌킨슨 마이크로파 비등방성 탐사)에서 관찰한 배경복사의 온도 요동과 가장 단순한 인플레이션 이론으로 예측해본 배경복사의 온도 요동.

9장 무한히 많은 세계들 243

이 그 변이의 흔적이다. 우주가 인플레이션을 겪을 때의 물리법칙이 오늘날과 동일했다고 가정하면, 우리는 그 미세한 변이가 어떠했을지 예측할 수 있고, 그 예측이 옳은지를 오늘날의 우주배경복사에서 확인할 수 있다.

우주 역사의 초기에 발생한 우주배경복사의 작은 온도 차이를 탐구하는 것은 지난 20년 동안 관찰 우주론의 주요 목표였다. 그 탐구는 매우 성

그림 9-7 프랑스의 철학자 샤를 드부엘르의 1510년 작품 〈창조의 제7일〉에 삽입된 이 그림은 무에서 우주가 창조된다는 것을 표현한다. 신이 갓 태어난 우주에 생기를 불어넣고 있다. 이것을 원시적인 '인플레이션' 이론으로 간주할 수 있을까?

공적이었다. 높은 상공의 풍선과 인공위성에서 고도의 기술을 동원한 실험들을 수행한 결과, 우리는 배경복사의 요동을 일관되게 이해할 수 있게 되었다. 가장 극적인 관찰은 2003년 초에 그 결과가 발표된 나사의 윌킨슨 마이크로파 비등방성 탐사(WMAP)였다.[13] **그림 9-6**은 관찰의 결과를 보여준다.

가장 단순한 인플레이션 이론의 예측과 WMAP의 결과는 세부까지 놀랄 만큼 정확하게 일치한다. WMAP의 측정 불확실성은 매우 작으며, 이론을 비틀어 고도로 정확한 관찰 자료에 맞출 수 있을 가능성은 매우 낮다. 이는 인플레이션이 우주가 팽창하기 시작한 직후에 일어난 사건들 중 하나라는 것을 보여주는 확실한 증거다. 특히 놀라운 것은 우주 역사의 최초 10^{-35}초 이내에 일어난 사건이 오늘날 탐지할 수 있는 흔적을 마치 화석처럼 남겼다는 사실이다. **그림 9-7**에 있는 인상적인 그림을 그린 15세기의 작가는 이 사실을 더 충격적으로 받아들였을 것이다.

인플레이션 우주론의 단순한 예측과 정밀한 관찰 자료의 인상적인 일치는 우리로 하여금 인플레이션 이론의 다른 귀결들을 진지하게 고찰하도록 한다.

인플레이션— 이곳, 저곳, 그리고 모든 곳

우리는 우주를 정말로 '알' 수 있을까?
신이여, 차이나타운에서 길을 찾는 것만도 충분히 어렵습니다.
우디 앨런[14]

무한한 인플레이션 우주는 새로운 다양성을 허용한다. 오늘날 우리가 가시적인 우주라고 부르는 거대한 구역으로 팽창한 미세한 거품은 애초에 많은—무한히 많은—거품들 중 하나에 불과했다. 거품들은 제각각 다른 정도의 인플레이션 팽창을 겪었을 것이다. 그 결과로 발생한 우주는 거품들 사이의 구조적 차이를 확대된 상태로 보유하고 있을 것이다.

우리는 단일한 거품으로부터 '유전적인 정보'를 물려받은 구역들 중 하나에서 살고 있는 것으로 보인다. 그러나 만일 우리가 우주의 팽창이 시작된 이후 빛이 이동한 거리(약 140억 광년)보다 훨씬 멀리 이동할 수 있다면, 우리는 다른 거품으로부터 전혀 다른 구조를 물려받은 구역을 만나게 될 것이라고 기대할 수 있다. 요컨대 무한한 인플레이션 우주는 엄청나게 복잡한 지형을 가질 것이다.

카오스적인 인플레이션의 결과로 산출된 무한한 우주에는 모든 가능한 온도와 밀도와 팽창 정도를 지닌 구역들이 다 있을지도 모른다. 일부 구역들은 우리의 구역처럼 생명이 발생할 조건을 갖추었을 것이다. 그런 구역 내부의 국지적인 물질 밀도의 차이는 모든 것이 블랙홀이 될 정도로 크지도 않고, 모든 것이 끝없이 분산될 정도로 작지도 않을 것이다. 자기네 구역을 관찰하는 관찰자들은 그렇게 물질 밀도가 너무 높지도 낮지도 않은 '골디락스(Goldilocks)' 구역에서는 발생할 수 있을 것이다.

만일 관찰자들이 우리처럼 수소와 헬륨보다 무거운 원자들로 이루어졌다면, 그들이 발생하는 데는 많은 시간이 필요하다. 따라서 팽창한 거품 속에 관찰자가 있으려면, 별의 내부에서 느린 핵반응이 100억 년 동안 일어나 탄소와 질소와 산소 등의 모든 복잡한 생화학적인 원소들이 형성될 수 있을 만큼, 거품은 충분히 늙고 충분히 커야 한다.

물리학자들은 다양한 거품들로 이루어진 복잡한 지형이 우리의 단일한 우주에서 실현될 가능성을 탐구했다. 인플레이션을 겪은 거품들은 밀도와 온도뿐만 아니라 훨씬 더 많은 측면에서 서로 다를 수 있다는 것이 밝혀졌다. 짧은 인플레이션 기간이 끝났을 때 거품들은 매우 다양한 상태에 있을 수 있다(**그림 9-8**). 각 구역의 힘들과 자연상수들은 냉각 과정에서 무작위하게 결정될 것이다. 어떤 구역에는 중력만 있고, 어떤 구역에는 우리의 세계에서 볼 수 있는 약한 핵력과 강한 핵력과 전자기력도 있을 것이다. 또 다른 구역에는 우리의 세계에는 존재하지 않는 강한 힘들과 감지할 수 없을 만큼 약한 힘들도 있을 수 있다. 자연법칙들은 다양한 구역들을 발생시키고, 각각의 구역은 무작위하게 결정된 나름의 내부 법칙의 지배를 받을 것이다.

이런 생각은 우리의 우주가 곳에 따라 다르다고 예측할 근거를 최초로 제공했다는 점에서 주목할 만하다. 우리는 가시적인 지평 너머의 우주의 구조가(어쩌면 자연법칙까지도) 모든 가능한 방식으로 다를 것이라고 기대한다. 가능한 모든 구조와 법칙이 무한한 우주 안에 실현되어 있을 것이라고 말이다. 우리의 가시적인 우주의 법칙들과 상수들은 상상을 초월할 정도로 다채로운 거대도시의 한 구역을 지배하는 내부 법칙인 것으로 보인다.

일찍이 고대인들은 지역적인 다양성을 아주 훌륭하게 상상했다. 완고한 신학적 교리나 철학적 교설을 동원하지 않는 한, 그 다채로움을 배제할 수 없었다. 그러나 인플레이션 우주론은 한 가지 중요한 측면에서 혁명적이다. 그 이론은 그런 공간적인 다양성이 있어야 한다고 적극적으로 주장한다.

인플레이션의 중요한 특징이 하나 더 있다. 인플레이션의 지형적인 복잡성이 발견된 직후에 그것에 어울리는 역사적인 복잡성이 있었다는 것

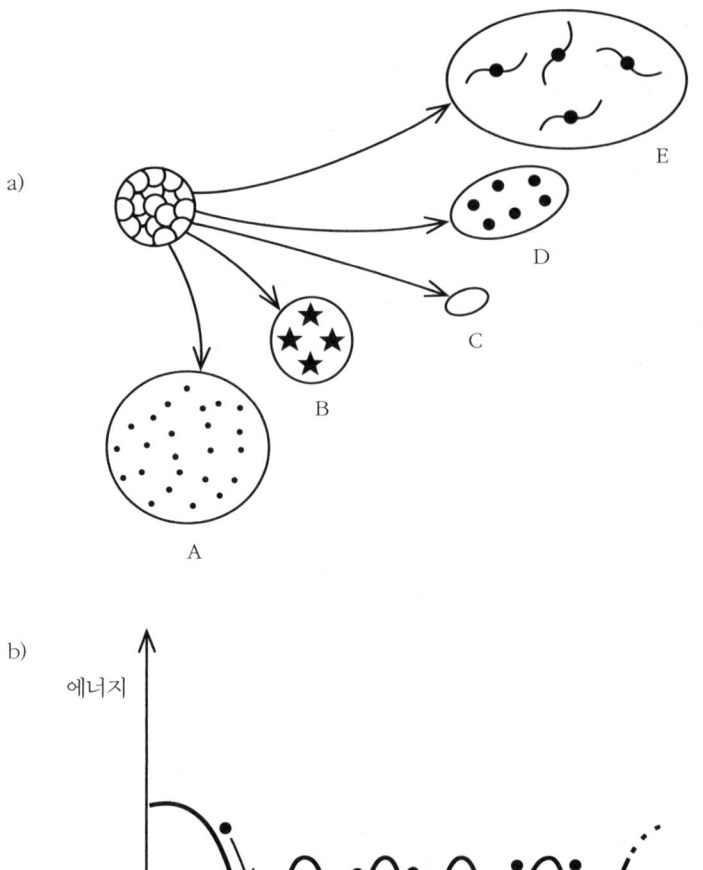

그림 9-8 (a) 우주의 여러 부분들이 다양한 정도의 인플레이션을 겪는다. (b) 우주의 상태가 어떤 에너지 '계곡'에 정착하는지에 따라서 일부 법칙들과 자연상수들을 지배하는 대칭성이 달라질 수 있다. 각각의 계곡에는 우주가 더 팽창하고 냉각될 때 발생하는 다양한 물리법칙들 중 하나가 대응한다. 상태 A, B, C, D, E에 정착하는 우주의 부분들은 서로 다른 물리적 현상을 가질 것이며, 그 부분들 중 일부만이 복잡한 생물의 발생을 허용할 것이다.

이 밝혀졌다. 미세한 거품이 인플레이션을 겪고 성장하기 시작하면, 그 거품은 내부에 있는 많은 하부구역들에서 인플레이션이 일어날 조건들을 창출한다. 이 과정은 일단 시작되면 멈추지 않는다. 요컨대 팽창하는 거품은 자신을 재생산한다. 이 재생산은 영원한 분기(branching) 과정처럼 끝없이 일어난다(**그림 9-9**). 이 과정은 아주 특별한 통계학적 속성들을 지녔다.

우리는 끝없는 재생산 과정 가운데 우리 자신이 어디에 위치하는지 물을 수 있다. 우리는 별이 형성되고 생화학적인 원소가 발생할 시간이 있을 정도로 충분히 팽창한 구역에서 산다. 인플레이션 이론은 재생산 과정에 끝이 없다고 예측한다. 그러나 그 과정에 시작이 있을지 없을지는 아직 밝혀지지 않았다. 개별 구역들은 '시작'을 가질 수도 있지만, 재생산 과정 전체와 시간 그 자체는 시작을 가질 필요가 없다고 우리는 추측한다. 따라서 우리는 그 과정을 '영원한' 인플레이션이라고 부른다.

카오스적인 인플레이션 과정에서와 마찬가지로 영원한 인플레이션에서도 거품들은 제각각 다른 개수의 힘들과 다른 값의 상수들과 다른 개수의 공간 및 시간 차원을 가질 수 있다. 그렇다면 가능한 우주의 구조들이 거의 다 실현될 것이다.

이러한 생각은 모든 가능한 세계를 이해하는 데 매우 중요하다. 왜냐하면 이러한 생각은, 우주의 크기가 무한하다면 논리적으로 가능한 무한히 많은 조건들이 (우리 우주 옆에 있는 '다른' 우주들과 같은 형이상학적인 개념에 의지하지 않아도) 우리 우주 안에서 물리법칙들에 의해 산출될 수 있음을 보여주기 때문이다. 하나의 무한한 우주 안에는 모든 가능성들이 들어가기에 충분한 공간이 있다. 이것이 보수적인 다중우주(multiverse) 이론이다.

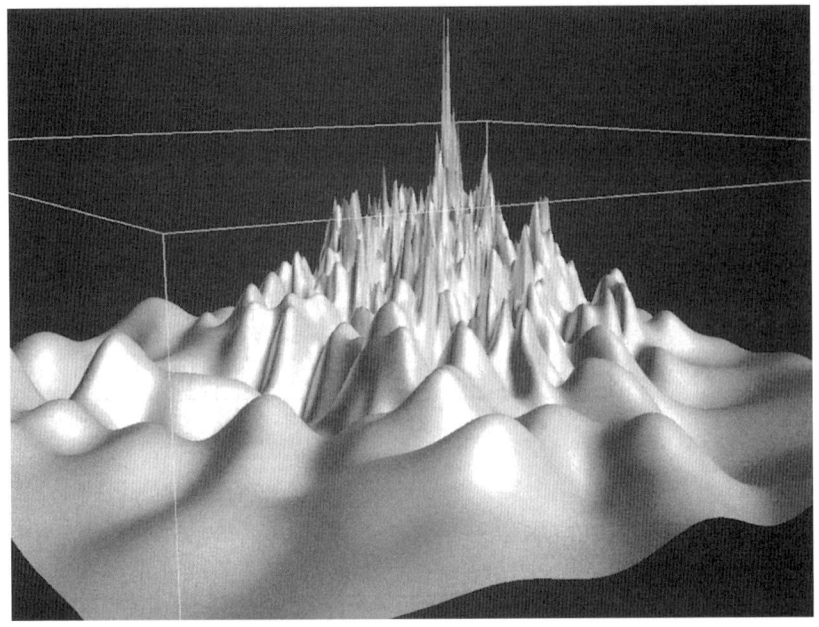

그림 9-9 영원한 인플레이션을 나타내는 영원한 프랙털 분기 과정— '칸딘스키 우주'. 솟아오른 봉우리는 인플레이션을 겪는 구역을 나타낸다. 그런 봉우리에서 또 작은 봉우리들이 가시처럼 솟는다. 이런 프랙털 과정이 끝없이 계속되어 공간을 채운다.[15]

그런데 이러한 생각을 관찰을 통해 검증할 수 있을까? 현재로서는 직접적인 관찰에 의한 검증이 어떻게 가능할지 상상하기 어렵다. 다른 물리법칙들과 자연상수들은 정의상 가시적인 지평 너머에 있다. 우리는 그것들을 지금 당장 우리의 망원경으로 볼 수 없다. 아주 먼 미래에 우리가 다른 세계들을 발견하는 것이 원리적으로 가능하다 하더라도, 그 발견이 실현된다면, 그것은 놀라운 행운일 것이다. 왜냐하면 그 발견을 위해서는 우리의 가시적인 지평이 우리의 거품을 벗어나야 할 텐데, 그렇게 되리라고 기대할 근거는 전혀 없기 때문이다.

우리의 거품은 현재 가시적인 우주보다 훨씬 더 크게 팽창했을 것이 거의 확실하다. 또 우리는 가시적인 우주 밖으로 나가지 못할 것이다. 그것은 잘된 일이다. 우리가 가시적인 우주 밖으로 나간다면, 우주는 대재앙을 맞이할 것이기 때문이다. 그러나 우리의 지평 너머에 다른 자연법칙이 지배하는 세계들이 있음을 보여주는 간접 증거가 확보될 가능성은 열려 있다. 어떤 이론이 다양한 구역들의 존재를 허용하고 각각의 구역에 대응하는 관찰 가능한 단서가 있다고 예측한다고 해보자. 그 단서는 예컨대 초기 우주에서 나온—관찰할 수 있는—전파 요동의 특징적인 패턴일 수 있다.

이 경우에 우리는, 그 이론이 다른 증거들에 의해 입증되었다면, 그 이론을 근거로 하여 여러 구역들의 존재를 배제할 수 있을 것이다. 아마도 이것이 우리가 희망할 수 있는 최선일 것이다. 우주가 우리에게 편리하도록 만들어져 있다고 믿을 근거는 없다. 우리는 우주에 관한 모든 이론을 우리가 할 수 있는 관찰을 통해 검증할 수 있다고 기대할 특권을 가지고 있지 않다. 우리에게 그런 특권이 있다는 생각은 코페르니쿠스의 원리에 정면으로 배치되는 견해일 것이다.

의식이 있는 존재의 개입—맨 인 블랙

별을 창조한 존재는 우주의 기초적인 원리를 정하고 초기 조건을 설정한 후에 사태를 지켜보는 것으로 만족했다. 그러나 그는 때때로 자신이 정한 자연법칙을 위반하는 방식으로, 또는 새로운 구성원리를 도입하는 방식으로, 또는 직접적인 계시로 피조물의 정신에 영향을 미치는 방식으로 개입한다. 나의 꿈에 따르면, 그런 개입은 우주의 설계를 개선하기 위해 때때로 일어났다. 그러나 더 많은 개입은 원래의 계획에 포함되어 있었다.

올라프 스테이플던[16]

급팽창하는 거품들이 자신 안에 자기 재생산을 위해 필요한 조건들을 창조할 수 있다면, 공학자들도 그 조건들을 발생시킬 수 있지 않을까? 이것은 무서운 생각이다. 이 생각은 지적인 존재가 우주의 환경에 어떤 영향을 미칠 수 있는지를 묻는 질문과 연결된다. 인간은 행동의 귀결을 예견하는 능력과 지능 덕분에 지상의 환경에 거대한 영향을 미쳐왔다. 우리는 지표면의 여러 부분들의 변화 방식을 결정할 수 있고, 날씨를 바꿀 수 있고, 다른 생물의 개체수를 바꿀 수 있고, 심지어 가까운 행성의 자연적인 진화 과정을 바꿀 수 있다.

과학자들은 항상 그들이 수행하는 실험과 방정식에서 그들 자신을 배제하는 데 익숙했다. 세계를 관찰하는 행동은 완벽하게 숨어서 새를 바라보는 것과 비슷했다. 19세기의 물리학에서 세계를 관찰하는 행동은 관찰되는 세계에 영향을 미치지 않았다. 이 같은 객관적 관찰에 대한 믿음은 양자역학의 등장으로 무너졌다. 그러나 자유의지와 지능이 물리학 실험에 개입하면 어떤 일이 일어날까라는 질문에 대한 답은 양자역학보다 먼저 제시되었다.

19세기의 유명한 영국의 물리학자 제임스 클러크 맥스웰(James Clerk Maxwell)은 기념비적인 사고실험을 고안했다. **그림 9-10**에서처럼 벽에 의해 두 부분으로 분할된 방을 상상해보자. 벽에는 작은 문이 달린 구멍이 뚫려 있다. 만일 문이 열려 있으면, 분자들은 서로 충돌하고 벽에 부딪혀 튕기면서 결국 평형상태를 이루고, 온도(분자들의 속도의 평균값)는 방

전체에 걸쳐 동일해질 것이다.

이제 맥스웰은 빠르게 움직이는 분자와 느리게 움직이는 분자를 식별할 수 있는 작은 '도깨비'가 방 안에 있으면 어떻게 될지 묻는다. 도깨비는 느린 분자가 한 부분에 모이고 빠른 분자가 다른 부분에 모이도록 문을 여닫는다. 그렇다면 어떤 일이 일어날까? 평형상태가 형성되는 대신에, 빠른 분자가 모인 부분은 뜨거워지고 다른 부분은 차가워질 것이다! 그렇게 온도 차이가 형성된 후에 문을 제거하면, 이 계를 기계를 작동시키는 데 이용할 수 있을 것이다. 요컨대 우리는 무에서 에너지를 창출할 수 있을 것이다. 이는 열역학의 근본법칙을 위반하는 사례인 것처럼 보인다.

다행스럽게도 이 역설을 자세히 검토하면, 도깨비가 필요로 하는 에너지를 함께 고려할 경우 열역학 법칙에서 벗어나는 것은 아니라는 사실이 밝혀진다. 도깨비는 분자의 운동을 식별하고, 문을 여닫고, 다음 측정을

그림 9-10 맥스웰의 도깨비는 경계벽에 있는 문을 여닫아 빠르게 움직이는 분자와 느리게 움직이는 분자를 분류한다. 모든 빠른 분자들이 한쪽에 모이면, 그쪽은 다른 쪽보다 뜨거워질 것이다. 이는 열역학 법칙을 위반하는 사례인 것처럼 보인다.

위해 정보를 적은 서판을 깨끗이 지우는 일을 해야 한다. 그러나 이 역설의 해결도 흥미롭지만,[17] 우리가 이 역설에 관심을 기울이는 주된 이유는, 이 역설이 의식이 있는 행위자가 과학적인 '실험'에 등장하는 것을 허용하면 발생할 수 있는 문제를 상징적으로 보여주기 때문이다. 자유의지가 개입하면, 방정식에 무언가 새로운 요소를 집어넣어야 한다. 그 요소는 초과학적이지 않다. 그 요소를 알아내기 위해 필요한 것은 다만 세심한 생각뿐이다.

의식이 있는 존재가 우주의 역사에 직접 개입하는 경우에 대한 최초의 연구는 애리조나 대학의 우주론자 에드워드 해리슨(Edward Harrison)에 의해 이루어졌다. 그는 실험실에서 우주를 '창조'하는 것이 가능한지에 대한 기존의 관심을 연구의 출발점으로 삼았다. 우주론자들은 지금 여기에서 영원한 인플레이션이 일어나기 위해 필요한 극단적인 조건들을 고려했다. 지금 여기에서 일어나는 영원한 인플레이션은 엄청난 대격변일 것이라고 생각하는 독자들도 있겠지만, 사실은 그렇지 않다.

왜냐하면 '창조된' 인플레이션 거품은 기껏해야 빛의 속도로 팽창할 수밖에 없으므로, 우리는 아무것도 인지하지 못할 것이기 때문이다. 영원한 인플레이션을 일으키는 간단한 방법은 아직 발견되지 않았지만, 언젠가는 문제점들을 극복할 수 있을지도 모른다. 해리슨이 제안한 대로,[18] 그 현실적인 문제점들이 정말로 극복할 수 있고, 우리보다 훨씬 더 발전한 문명들이 실험실에서 영원한 인플레이션을 일으키고 제어할 수 있다고 가정해보자.[19] 그 문명들은 소형-우주가 인플레이션 단계를 거친 후에 도달할(아무도 개입하지 않으면 무작위하게 결정될) 상태를 제어할 수 있을 것이다. 다시 말해 소형-우주의 자연상수들과 힘들의 일부를(어쩌면 전부를) 선택할 수 있을 것이다.

이런 우주 창조 능력을 지닌 발전한 문명은 창조된 아기우주들이 생명에게 우호적이도록 만들고자 할 것이라고 해리슨은 추측한다. 우리처럼 그 문명도 특정한 자연상수의 값과 우주의 구조가 생명이 발생하고 존속할 가능성을 높인다는 것을 알 것이다. 따라서 그 문명은 창조된 새로운 아기우주들에서 생명을 지원하는 우연들이 매우 정확하게 일어나도록 조정할 것이 분명하다. 그런 식으로 미래에 생명이 발생할 확률을 최대화할 것이다.

그렇다면 장기적으로 어떤 일이 일어날까? 정밀하게 제어된 아기우주들은 더 발전한 독자적인 문명들을 발생시킬 것이다(이 문명들은 아기우주를 만든 문명으로부터 발전에 필요한 정보를 전수받을지도 모른다). 아기우주 속의 문명들이 선배 문명처럼 행동한다면, 그들은 더 많은 아기우주를 만들고 조정 가능한 상수와 속성이 생명에 더 우호적이도록 제어할 것이다. 여러 세대에 걸쳐 이런 인위적인 번식[20]이 이루어지면, 자연상수의 값과 우주의 구조가 극도로 정밀하게 조정된 소형 우주들이 발생할 것이라고 해리슨은 주장한다. 그 조정이 미세하게 변경된다면, 생명이 존재할 가능성은 감소하거나 완전히 사라질 것이다. 이는 우리 우주의 상황과 상당히 비슷해 보인다.

먼 미래에는 우리 자신도 발전한 기술을 통해 점점 더 큰 우주 구역의 진화를 제어할 수 있을 것이다. 우리는 이미 소행성과 혜성이 지구와 충돌하는 것을 막는 대책이 인류를 위해 필요하다는 것을 잘 알고 있다. 천체의 충돌이나 매우 가까운 접근은 고등한 생물들에게 치명적일 것이며, 그 때문에 발생하는 기후의 변화는 지구의 전체적인 진화의 행로를 바꿔놓을 것이다. 그러나 아주 먼 미래를 내다보는 우주론들의 오랜 과제는 모든 별과 행성이 사라진 후에도 (지적인 존재의 필수 활동인) 정보처리를 무제한으로 지속할 방법을 찾는 것이다.[21] 발전한 문명들은 우주팽창률의 방향에 따른 작은 차이로부터 에너지를 추출할 것이라는 시나리오를 생각할 수 있다. 이것은 말하자면 우주적인 조석(潮汐) 에너지의 이용을 상상하는 것이다.[22] 여러 방향으로 복사 광선들을 발사하여 광선들이 서로 다른 정도로 냉각되도록 만들 수 있을 것이다. 광선들 간의 온도 차이에 의해 온도 기울기가 형성될 것이고, 그 기울기는, 기본입자의 형태로라도 하드웨어가 존재한다면, 계산기계를 작동시키는 데 이용할 수 있을 것이다. 만일 우주가 영원히 가속 팽창을 지속하지 않는다면, 그 계산기계는 무한한 미래의 시간 속에서 무한히 많은 정보의 비트를 처리할 수 있을 것이다. 요컨대 그 계산기계는 영원히 '살' 것이다.

이 예들은 지적인 행위자가 우주 전체나 부분의 행동에 영향을 미칠 경우, 의지와 기술적인 능력이 있다면, 거의 불가능한 사건이 확실히 일어나는 사건으로 돌변할 수 있음을 보여준다. 무엇이 확실한 사건이 될지는 과학적인 문제일 뿐 아니라 예측할 수 없는 정치적·사회적 문제이기도 하다. 우리가 말할 수 있는 것은 특정한 사건이 가능한지 불가능한지뿐이다. 우리는 그 사건이 실제로 일어날지에 대해서는 말할 수 없다.

시뮬레이션된 우주

세계 전체는 무대이고
모든 남자와 여자는 그저 배우일 뿐이다.
셰익스피어, 『뜻대로 하세요』

의식이 있는 존재의 개입을 허용하면, 완전히 새로운 차원의 다중우주 문제가 발생한다. 우리가 다른 우주들을 생각하게 된 한 동기는 우리의 가시적인 우주가 왜 그토록 많은 '우연의 일치'[23]를 통해 생명을 지원하고 매우 많은 우연적인 장점을 가지는지 이해하기 위해서였음을 상기하자. 그러나 가능한 모든 우주를 고찰하면, 더 큰 판도라의 상자가 열린다.

왜냐하면 모든 가능성 중에는 가상의 시뮬레이션을 통해 우주들을 창조할 수 있는 발전한 존재들이 사는 우주도 포함되어야 하기 때문이다. 그 존재들은 우리의 컴퓨터보다 성능이 훨씬 좋은 컴퓨터를 가지고 있을 것이다. 그들은 (우리처럼) 은하계의 형성을 시뮬레이션하는 수준을 넘어 별과 태양계의 형성도 시뮬레이션할 수 있을 것이다.

더 나아가 그들은 천문학적인 시뮬레이션에 생화학 법칙들을 집어넣어 생명과 의식의 진화를 원하는 속도로 가속시켜 관찰할 수 있을 것이다. 우리가 초파리의 일생을 관찰하듯이 그들은 지적인 생명의 진화를 추적하고, 문명들이 성장하여 서로 교류하고 혹시 우주를 창조하고 자연법칙에 아랑곳없이 우주에 개입할 수 있는 천상의 위대한 프로그래머가 존재할지를 놓고 토론하는 것을 관찰할 수 있을 것이다.

미래에 우리의 후손들은 그런 시뮬레이션 우주를 창조하게 될까? 과연 그럴 만한 동기가 있을까? 각각 합리적이며 함께 고려할 경우 매우 설득력 있는 많은 동기들이 있다. 우리의 후손은 최소한 우리만큼 지적인 호기심을 가지고 있을 것이 분명하다. 그들이 어떤 일을 할 수 있고 그 일에 대해 논의하길 원한다면, 결국 그들 중 누군가가 그 일을 할 것이 확실하다. 대안적인 현실을 시뮬레이션하는 것에는 역사학적인 이유도 존재한다. 그들은 다른 방식으로 얻은 지식을 통해 과거에 무슨 일이 일어났고, 무슨 일이 일어날 수 있었으며, 무슨 일이 일어날 수 없었는지를 알기 원할 것이다.

뿐만 아니라 시뮬레이션한 현실들은 오락 산업에 쓰일 수도 있다. 사실 우리의 컴퓨터에서 실행하는 가장 용량이 큰 프로그램은 교육 프로그램이나 사업 계획 프로그램이나 수학 방정식 풀이 프로그램이 아니라 예술의 경지에 오른 게임 프로그램이다. 투자자들은 게임 산업에 경쟁적으로 뛰어든다.

시뮬레이션이 활발히 이루어지는 미래에 대한 생각들 중에서 가장 위협적인 것은 우리가 누군가의 시뮬레이션 속에서 살게 될 수도 있다는 생각이다. 이것은 얼핏 생각하는 것처럼 기괴한 시나리오가 아니다. 이 시나리오는 신이 세계를 출발시킨 후에 경우에 따라서 개입하기로 결정하거나(정통 기독교의 교리) 개입하지 않기로 결정할(이신론deism의 교리) 수 있는 위대한 프로그래머라고 믿는 여러 종교의 믿음과 매우 유사하지 않은가! 이 시나리오는 또한 가능성이 희박하지도 않다. 일단 하나의 발전한 문명이 관찰자를 포함할 만큼 복잡한 시뮬레이션 현실을 창조할 수 있게 되면, 무한히 많은 시뮬레이션 현실들을 창조할 수 있다. 따라서 무작위로 선택된 관찰자[24]는 제1세대 시뮬레이션 현실이 아니라 후속 세대 시뮬레이션 현실 속의 거주자일 가능성이 매우 높다.

많은 우주론자들은 우주가 위대한 설계자에 의해 생명을 위해 특별히 설계되었다는 결론을 피해기 위한 방편으로 다중우주 시나리오를 선호한다. 다른 우주론자들은 다중우주 시나리오를 정밀 조정 문제에 대한 언급을 피하는 방편으로 삼는다. 그러나 우리가 이제 알듯이, 의식이 있는 관찰자가 아무 행동도 하지 않는 '관찰자'로 머물지 않고 우주에 개입하는 것을 허용하면, 새로운 문제가 발생한다.

우리는 결국 무수한 신들이 시뮬레이션 현실 속의 삶과 죽음을 좌우하는 힘을 가진 시뮬레이터의 모습으로 재등장하는 것을 상상하게 된다.[25] 시뮬레이터는 창조된 현실을 지배하는 법칙을 결정한다. 그는 그 법칙을 변경할 수 있다. 그는 언제든 시뮬레이션에 공급되는 전력을 차단할 수 있고, 시뮬레이션에 개입하거나 거리를 둘 수 있고, 시뮬레이션된 피조물들이 자신들의 세계를 제어하고 개입하는 신의 존재에 대해 논의하는 것을 관찰할 수 있고, 기적을 일으킬 수 있고, 윤리적인 원칙을 시뮬레이션 현실에 은밀히 주입할 수 있다. 시뮬레이터는 시뮬레이션된 누군가를 해친 것에 대해 양심의 가책을 전혀 느끼지 않을 수 있다. 왜냐하면 그가 만든 장난감 '현실'은 현실이 아니기 때문이다. 시뮬레이터는 심지어 시뮬레이션된 존재들이 성숙하여 그들 자신의 피조물을 시뮬레이션하는 것을 관찰할 수 있다.

이런 시뮬레이션들이 거듭되면 발생하는 이상한 귀결이 있다. 시뮬레이터들, 혹은 최소한 첫 세대의 시뮬레이터들은 자연법칙에 대한 매우 발전한 지식을 가지고 있으나 그 지식이 여전히 불완전하다고 가정해보자. 그들은 우주를 시뮬레이션하기 위해 필요한 물리학과 컴퓨터 프로그래밍에 대해서 많은 것을 안다. 그러나 그들의 지식에는 허점이 있고, 더 심각하게는 자연법칙에 대한 그릇된 추론이 있다. 물론 그들은 '발전한 문명'에 도달한 존재들이므로 그 허점과 오류는 미묘하고 전혀 자명하지 않다. 따라서 그들이 만든 시뮬레이션은 오랜 기간 심각한 문제없이 실행된다.

그러나 결국에는 문제가 불거지기 시작한다. 수시로 논리적인 모순이 발생하고, 시뮬레이션 속의 법칙들이 무력해지는 것처럼 보인다. 시뮬레이션 속의 거주자들은 혼란을 느낀다. 그들은 자연상수들이 천천히 변하고 있다는 (시뮬레이션된) 천문학자들의 말을 도저히 믿을 수 없다.[26]

이윽고 시뮬레이션 현실 속의 법칙들이 갑자기 돌변하는 일이 자주 발생한다. 아마도 시뮬레이터가 다른 모든 복잡한 계의 시뮬레이션에서 효과적이었던 기술, 즉 오류 수정 프로그램을 사용하기 때문일 것이다. 만일 우리의 유전 암호가 그 자체로 방치된다면, 우리는 오래 존속하지 못할 것이다. 암호 복제가 거듭되면서 오류가 축적되고, 곧이어 죽음과 돌연변이가 따라올 것이기 때문이다. 우리는 유전 암호에서 오류를 찾아내고 수정하는 오류 수정 메커니즘에 의해 그런 사태에서 보호된다. 많은 복잡한 컴퓨터 시스템은 그와 유사한 내적인 면역 체계를 통해 오류가 축적되지 않도록 막는다.

만일 시뮬레이터가 오류 수정 프로그램을 사용하여 시뮬레이션의 오류를 막는다면, 시뮬레이션의 상태나 법칙들이 빈번히 수정될 것이다. 다른 법칙 체계에 의해 지배되는 듯이 보이는, 혹은 어떤 법칙에 의해서도 지배되지 않는 듯이 보이는 신비로운 변화들이 일어날 것이다.

시뮬레이션을 유지하기 위해 필요한 자연법칙에 대해서 부분적인 지식만을 가진 시뮬레이터가 창조한 시뮬레이션 현실은 장기적으로 어떻게 될까? 그 현실은 결국 작동을 멈추고 창조자의 무능력의 희생양이 될 것이다. 오류는 축적되고, 예측은 빗나갈 것이다. 그 현실은 비합리적이게 될 것이다. 오류가 치명적인 수준으로 축적되면, 시뮬레이션된 세계는 생물학적인 유기체의 죽음과 유사한 상태를 향해 치달을 것이다. 유일한 탈출 방법은 문제가 생길 때마다 창조자가 개입하여 일일이 수습하는 것이다.

사용자들을 바이러스에서 보호하기 위해 이메일로 백신 프로그램을 배포하는 컴퓨터 시스템 관리자와 마찬가지로, 시뮬레이션의 창조자는 그런 유형의 일시적인 방어 수단을 제공할 수 있을 것이다. 창조자는 시뮬레이션이 시작된 후에 얻은 지식을 추가로 감안하여 자연법칙을 개정할 수도 있을 것이다. 이 모든 것은 제작자가 의식하지 못한 논리적인 허점을 보완하거나 새로운 형태의 침입자에게서 운영체계를 보호하기 위해 거의 매일 최신 자료와 개량된 프로그램을 내려받는 개인용 컴퓨터 소유자들에게 매우 익숙한 일이다.

시뮬레이션된 현실에서 나타날 수 있는 또 다른 문제는 시뮬레이터가 일관된 자연법칙을 사용하는 복잡한 작업을 회피하고 훨씬 더 쉽게 날림으로 현실을 모방할 위험이 있다는 것이다. 디즈니 사는 호수의 수면에서 반사하는 빛을 표현할 때 양자전기역학과 광학의 법칙을 이용하여 빛의 산란을 계산하지 않는다. 그렇게 하려면 엄청나게 많은 세부적인 계산이 필요하다. 그 회사는 빛의 실제 산란을 시뮬레이션하는 대신에 훨씬 더 간단하면서도 실감 나는 결과를 산출하는 그럴 듯한 규칙들을 이용한다. 컴퓨터 게임 산업계에서는 그런 식으로 작업을 하고 있다. 시뮬레이션 현실들 역시 그런 식으로 제작되기 시작할 가능성이 매우 높다(더 나아가 이미 그런 식으로 제작되기 시작했다고 할 수 있다). 시뮬레이션 현실들이 오로지 유희를 위해 존재한다면, 경제적이고 실용적인 이유 때문에 그런 방식으로 시뮬레이션을 제작해야 할 것이다. 그렇게 시뮬레이션된 현실은 실제 세계와 많이 다를 것이다.[27]

게다가 우리는 시뮬레이션된 대상들의 계산적 복잡성의 최댓값이 전반적으로 거의 같은 수준일 것이라고 예상해도 될 것이다. 시뮬레이션된 생물은 시뮬레이션된 가장 복잡한 무생물과 비슷한 수준의 복잡성을 가져야 한다. 스티븐 울프럼(Stephen Wolfram)은 이를 (시뮬레이션 현실과 관계가 없는 전혀 다른 이유에서) '계산적 동등성 원리'라고 명명했다.[28]

시뮬레이션된 현실을 참된 현실과 구별하는 문제와 관련해서 가장 흔하게 제기되는 염려 가운데 하나는, 시뮬레이터가 어떤 차이를 미리 예상하여 참된 현실과 불일치가 발생하지 않도록 시뮬레이션을 조정할 수 있다는 것이다. 물론 그렇게 새로 조정한 시뮬레이션에서도 참된 현실과의 불일치가 새로운 방식으로 발생할 것이다. 그러나 이 불일치는 또 다른 예정 행위에 의해 제거될 것이다. 문제는 이런 조정이 어느 정도까지 가능한가 하는 것이다. 이 문제는 칼 포퍼(Karl Popper)[29]가 컴퓨터의 자기 언급적인(self-referntial) 한계들을 밝히기 위해 최초로 연구한 문제와 유사하다.

작고한 도널드 매카이(Donald Mackay)는 많은 저술에서[30] 이와 유사한 논증을 다른 맥락에서 이용하여 미래를 예정당하는 당사자가 알아낼 수 있는 예정은 불가능함을 주장했다. 나는 당신이 내 예측을 모를 때에만 당신의 미래 행동을 옳게 예측할 수 있다.[31] 만일 당신이 내 예측을 안다면, 당신은 항상 그 예측이 오류가 되도록 만들 수 있다. 따라서 당신의 미래 행동을 무조건적으로 구속하는 예측은 불가능하다. 선거 결과의 예측에 대해서도 같은 주장을 할 수 있다.[32] 예측 자체가 유권자들에게 미칠 영향까지 감안하는 공개적인 선거 결과 예측은 있을 수 없다. 이런 유형의 불확실성은 원리적으로 불가피하다. 만일 공개하지 않는다면, 예측은 100퍼센트 정확할 수도 있겠지만 말이다.

따라서 우리가 시뮬레이션 현실 속에서 살고 있다면, 우리는 때때로 돌발적인 문제가 발생하고 자연법칙과 자연상수가 장기간에 걸쳐 미세하게 변하리라고[33] 예상해야 하며, 참된 현실을 이해하는 데 자연의 결함이 자연의 법칙만큼 중요하다는 인식이 점차 형성되리라고 예상해야 할 것이다.

그렇다면 우리는 어떻게 살아야 할까?

만일 당신이 시뮬레이션 속에서 산다면, 다른 모든 사정이 동일할 경우, 타인에 대한 관심을 줄이고, 오늘에 더욱 충실하고, 당신의 세계가 더 풍요로워질 가망이 높아지게 만들고, 중요한 사건에 참여할 것을 예상하고 참여하기 위해 노력하며, 재미있고 칭찬 받을 만한 사람이 되고, 당신 주위의 유명한 인물들이 더 행복해지고 당신에게 더 많은 관심을 가지도록 만들어야 한다.

로빈 핸슨[34]

모든 가능성을 포괄하는 무한히 많은 가능 세계들이 존재한다는 생각을 진지하게 받아들이면, 특이한 귀결들이 도출되는 듯하다. 우리는 현재 우리가 가진 과학과 기술이 더 발전하여 우리 후손들이 그 귀결들을 실현하는 것을 상상할 수 있다. 그 상상이 세계의 본성과 오류 가능성에 관해서 함축하는 바는 충격적이고 심지어 두렵기까지 하다. 그것은 우리로 하여금 철학자 데이비드 흄(David Hume)이 18세기 말에 쓴 글을 회상하게 한다.

신의 존재를 증명하는 당대의 많은 논증들에 관한 흄의 회의적인 대화편들은 그 논증들이 전제하는 창조의 완벽성과 신의 유일성 등을 문제 삼는다. 다음은 흄이 다수의 세계들과 그것들이 지닐 법한 결함에 대해 쓴 글이다.

> 가능하고 심지어 현실적인 다른 세계들과 비교할 때 이 세계가 큰 결함을 가지고 있는지, 혹은 찬사를 받을 자격이 있는지를 제한된 관점을 가진 우리는 말할 수 없다는 것을 당신은 인정해야 한다······ 배를 살펴볼 때 우리는 그렇

게 복잡하고 유용하고 아름다운 기계를 만든 목수의 능력에 감탄하게 된다. 그러나 그 목수가 다른 사람들을 모방하고 오랜 세월에 걸쳐 수많은 시도와 오류와 수정과 고민과 논쟁을 통해 점진적으로 발전한 기술을 그대로 답습하는 멍청한 기술자라는 것을 알았을 때 우리는 매우 놀란다…… 이 세계가 시작되기 전에 영원한 시간 속에서 수많은 세계들이 시도되고 수정되고 폐기되었을지도 모른다. 많은 노동이 허비되고 많은 성과 없는 흔적이 만들어지고 무한한 세월 속에서 세계를 제작하는 기술이 천천히 지속적으로 발전했을지도 모른다……

아마도 이 세계는 더 높은 기준에 대면 결함이 있고 불완전할 것이며, 어린 신이 처음으로 쓰고 나중에 자신의 무능력을 부끄러워하며 버린 엉성한 에세이에 불과할 것이다. 이 세계는 어떤 의존적이고 열등한 신의 작품, 더 우월한 신들의 조롱 대상일 것이다. 이 세계는 노쇠하고 망령이 든 신의 작품일 것이며, 신의 죽음 이후에는 신에게서 받은 최초의 자극과 활동력에 의해 모험을 하듯이 흘러왔을 것이다.[35]

흄은 다양한 수준의 능력을 가진 여러 신들이 견습생처럼 스승을 모방하려 애쓰면서 다양한 품질의 우주를 창조하는 시나리오를 비아냥거리며 펼친다. 그러나 우리가 그 열등하고 노쇠한 신들을 시뮬레이터들로 대체하면, 흄이 상상하는 수많은 세계들은 시뮬레이션된 우주들이 된다. 어떤 우주는 우수하고 장래가 촉망되며, 어떤 우주는 열등하다.

모든 가능한 세계들이 존재하고, 우리가 약간 비일관적인 법칙들의 지배를 받는 시뮬레이션 속에서 산다면, 우리의 삶은 어떠할까? 완벽하게 일관적인 법칙들의 지배를 받는 세계에서의 삶과는 어딘가 다를까?[36] 당신이 세계의 작동을 이해하려 애쓰는 (시뮬레이션된) 과학자라면, 법칙들의 비일관성 앞에서 당신은 의욕을 상실할 것이다. 어떤 일이든 이유 없이 일어날 수 있을 테니까 말이다. 과학적인 세계관이 시뮬레이션 현실을 환영하지 않는 것은 놀라운 일이 아니다. 반면에 철학자들은 시뮬레이션 현실을 더 진지하게 숙고하며, 일부는 그것을 윤리학을 논의하기 위한 무대로 이용하기까지 한다. 그들이 제기한 문제들은 이례적이다.

핸슨은 우리가 시뮬레이션 현실 속에서 산다면 우리의 행동 규범이 어떻게 바뀔지에 대해서 논한다.[37] 시뮬레이션 현실은 아무리 현실적으로 보일지라도 예측할 수 없는 방식으로 갑자기 끝날 가능성이 전형적인 경험세계보다 훨씬 더 높다. 그래서 핸슨은 "다른 모든 사정이 똑같다면, 당신 자신과 인류의 미래에 대한 관심을 줄이고 더 많이 오늘을 위해 살라"고 조언한다. 영화와 연극에서 주인공은 다른 훌륭한 배우들에 둘러싸여 있는 반면에, 주인공에게서 멀리 떨어진 곳에서는 싸구려 배우들과 단역들이 대사가 없는 군중 장면을 채운다는 것을 우리는 잘 알고 있다. 그와 마찬가지로 시뮬레이션 현실 속에서 당신에게서 멀리 떨어져 있는 인물들은 엉성하게 시뮬레이션된 인물일 것이므로, 당신은 그들에게 너무 많은 관심을 가지지 말아야 한다.

당신이 누군가의 시뮬레이션의 일부라면, 재미있는 인물이 되라고, 유명해지라고, 중요한 인물이 되라고, 핸슨은 힘주어 말한다. 그렇게 하면 당신의 시뮬레이션된 생존이 지속될 가능성이 높아지고, 다른 사람들이 당신을 미래에 다시 시뮬레이션하게 될 것이다. 그런 특징들을 갖추지 못하면, 당신은 드라마가 시작된 직후에 블라디보스토크로 여행을 떠나 돌아오지 않는 드라마 속 인물처럼 될 수도 있다.

뉴스 속 인물들이 행동하는 방식을 관찰하다 보면, 우리는 우리가 시뮬레이션 속에서 살고 있는 것이 틀림없다는 결론을 내리게 된다. 그들은 핸슨의 조언을 충실하게 따른다. 그러나 어떤 행동 규범도 전적으로 따를 만하지 않다. 당신이 어떻게 행동해야 할지는 전적으로 시뮬레이터의 도덕적 가치관에 달려 있다. 만일 그가 재미를 원한다면, 당신은 재미있는 인물이 되어야 할 것이다. 그러나 그가 고귀한 목적을 추구한다면, 당신은 정의롭고 선한 일을 위해 목숨을 바치는 순교자가 됨으로써 다시 창조될 가능성을 높일 수 있을 것이다.

우리가 이 규범들을 진지하게 제안하는 것은 아니다. 그러나 그것들은 도덕철학의 주요 문제들과 그에 대한 우리의 반응을 선명하게 보여준다. 시뮬레이션 현실들이 아주 많고, 우리가 그중 하나 속에서 산다면, 우리가 속한 시뮬레이션과 나머지 수많은 시뮬레이션들은 같은 유형일까? 그렇다는 보장은 없다. 신의 일회적인 창조 행위의 결과를 '시뮬레이션'이라는 단어로 표현할 수도 있을 것이다. 그렇다면 우리는 (제각각 신의 일회적인 창조 행위의 결과인) 나머지 시뮬레이션들이 우리가 아는 시뮬레이션과 같은 유형이라고 장담할 수는 없을 것이다.

어떤 이들은 시뮬레이션 현실 속의 삶과 관련된 이러한 귀결들을 다른 세계들의 존재를 반박하는 증거로 여긴다. 만일 다른 세계들 대부분이 시뮬레이션이라면, 그 세계들의 물리법칙들은 기만적일 수 있고, 따라서 우리는 신뢰할 만한 앎을 확보할 수 없으므로 다른 세계들에 대해서는 전적인 무지에 빠질 위험에 처한다. 이 논리는 유아론(唯我論)의 정반대이면서 유아론과 마찬가지로 모든 생각을 마비시킨다. 모든 가능성들이 무한하고 현실적이라면, 우리는 현실을 감당할 수 없을 것이다.

10장

무한기계 만들기

한 여행을 완결하려면 무한히 많은 여행을 완결해야 한다.
제임스 F. 톰슨[1]

슈퍼태스크

만일 우리에게 무한히 많은 과제를 유한한 시간에
수행할 능력이 갑자기 생긴다면,
우리는 그런 능력이 생겼다는 것을 어떻게 알 수 있을까?
크리스핀 라이트[2]

컴퓨터는 지난 수십 년 동안 24개월마다 속도가 대략 두 배로 빨라지고 1달러로 살 수 있는 처리능력이 두 배가 되는 추세로 꾸준히 발전해왔다. 세계에서 가장 빠른 컴퓨터—NEC 지구 시뮬레이터—는 단독으로 1초에 40조 개의 계산을 수행할 수 있다. 컴퓨터를 여러 대 연결하면 속도는 연결된 컴퓨터의 대수에 비례하여 증가한다. 그렇게 얻은 속도는 상상할 수 없을 정도로 빠르다. 그러나 그 속도도 유한하다는 사실을 부정할 수는 없다. 중요한 문제는 컴퓨터의 속도가 인텔 사의 고든 무어가 최초로 그린 도표(**그림 10-1**)가 보여주는 추세대로 향상되느냐가 아니라, 언젠가 컴퓨터가 무한히 많은 계산을 유한한 시간에 수행할 수 있게 되느냐이다.

사실, 문제를 '컴퓨터'에 국한할 필요는 없다. 유한한 시간에 무한한 일을 할 수 있는 기계가 있을까? 그 종류를 막론하고, '무한기계'가 있을 수 있을까?

이러한 질문을 〈스타트렉〉에서나 등장할 만한 것으로 여길 수도 있다. 그러나 철학자들과 물리학자들은 이 문제에 놀랍도록 집요한 관심을 기울여왔다. 문제의 해답을 찾기 위해 노력하는 과정에서 고유한 용어들이 태어났고, 유한한 시간에 무한히 많은 일을 완수할 것을 요구하는 가설적인 과제들 중 하나는 슈퍼태스크(super-task)[3]라고 명명되었다.

제논의 무한 역설에서 단서를 얻어 최초로 무한기계 문제를 제기한 현대 과학자는 헤르만 바일(Hermann Weyl, 1885~1955)이다. 다재다능한 그는 수학자이자 물리학자이며 과학철학자였고, 손대는 모든 분야에서 중요한 업적을 남겼다. 독일에서 교육을 받은 그는 미국에서 아인슈타인의 프린스턴 고등연구소 동료로서 경력을 마감했다. 수학자로서는 예외적으로 그는 유한주의자였다. 그는 수학에서조차도 현실적 무한의 존재를 믿지 않았다. 그래서 그는 수학에서 무한의 사용을 금지하려는 라위천 브라우버르(Luitzen Brouwer)의 혁명적인 계획에 깊이 공감하였다. 이 때문에 바일은 힐베르트와의 오랜 우정을 포기하기도 했다.

제논의 유명한 '운동의 역설'에서 자극을 받은 바일은 각각의 항이 이전 항의 절반인 무한급수를 고찰했다.

$$\frac{1}{2}+\frac{1}{4}+\frac{1}{8}+\frac{1}{16}+\frac{1}{32}+\cdots\cdots$$

무한히 이어지는 이 급수의 합은 1이다.[4] 만일 1미터가 실제로 길이가 $\frac{1}{2}, \frac{1}{4}, \frac{1}{8}$ 미터 등인 조각들로 이루어졌다면, 1미터는 완성된 무한이라고

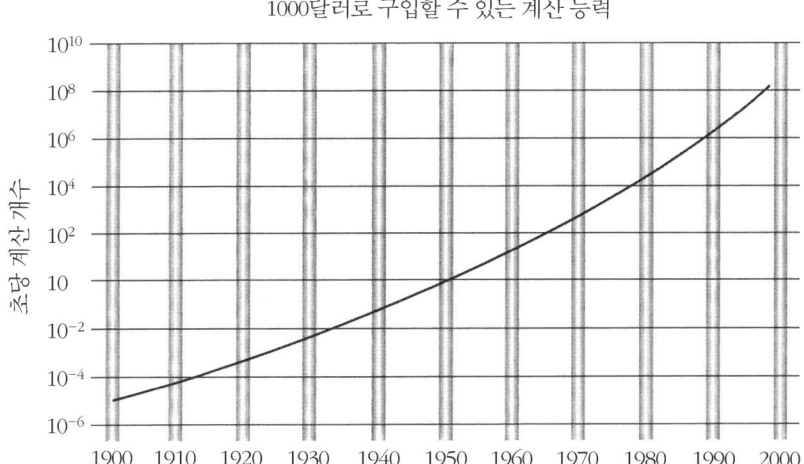

그림 10-1 컴퓨터 기술의 발전에 관한 무어의 법칙은 최근까지 근사적으로 타당했다.

지적하면서 바일은 이렇게 덧붙인다.

> 이 가능성을 인정하면, 기계가 무한히 많은 결정 행위들을 유한한 시간에 완수하지 못할 까닭이 없다. 기계는 이를테면 $\frac{1}{2}$ 분 후에 첫 결과를 산출하고, 다시 $\frac{1}{4}$ 분 후에 두 번째 결과를 산출하고, 이어서 $\frac{1}{8}$ 분 후에 세 번째 결과를 산출하는 식으로 작동할 수 있을 것이다. 그런 식으로 기계는 모든 자연수를 섭렵하면서 임의의 자연수의 존재 여부에 확실한 예-아니오 결정을 내릴 수 있을 것이다.[5]

바일은 현실적 무한의 존재를 부정했기 때문에, 그런 기계가 존재할 수 없다고 믿었다. 그러나 그는 그런 기계의 존재가 심각한 논리적인 모순을 초래한다는 것을 증명하려는 노력이나, 그런 기계를 제작하는 것이 물리적으로 불가능하다는 것을 보이려는 노력을 하지 않았다.

5년 후에 영국의 철학자 제임스 톰슨(James Thomson)은 바일이 제기한 문제를 다시 거론했다. 그는 무한한 일을 유한한 시간에 완수하는 과정을 '슈퍼태스크'라고 명명했다. 톰슨은 현대의 제논이라고 할 수 있다. 다음은 그의 주장이다.

> 한 여행을 완결하려면 무한히 많은 여행들을 완결해야 한다. A에서 B에 도착하기 위해서 당신은 먼저 A에서 A와 B의 중간 지점인 A′까지 가야 하고, 그 다음에는 A′와 B의 중간 지점인 A″까지 가야 한다. 당신은 그런 식으로 무한히 많은 중간 지점에 도달해야 한다. 그런데 무한히 많은 임무를 완수하는 것이 논리적으로 맞지 않듯이, 무한히 많은 여행을 완결한다는 것도 논리적으로 맞지 않다. 그러므로 여행이, 한 번이라도 완결된 적이 있다는 믿음은 부조리한 믿음이다.

제논이 최초로 발견한 수수께끼는, 만일 우리가 시간과 공간의 연속성을 믿는다면, 시간과 공간의 임의의 구간을 무한히 많은 조각들로 분할할 수 있다는 것이었다.[6] 당신이 어디론가 가려면, 당신은 먼저 전체 거리의 절반을 가야 하고, 이어서 그 절반의 절반을 가야 하고, 그런 식으로 끝없이 가야 한다.

톰슨은 여행을 완결하려면 불가능한 일을 해야 하므로 여행을 완결할 수 없음을 증명하려 한다. 최종 결론은 수긍할 수 없어 보인다. 따라서 그 결론을 얻기 위한 전제들에 무언가 문제가 있음이 분명하다. 어떤 사람들은 무한히 많은 부분 여행들을 완결할 수 있다는 말은 옳지 않지만 그런 말을 할 필요가 없다고 지적할 것이다.[7] 다른 사람들은 무한히 많은 부분 여행들을 완결해야 한다는 말이 옳으며, 심지어 완결할 수 있다는 말도 옳다고 주장할 것이다.

그러나 우리는 현실에서 우리가 그런 식으로 이동하지 않는다는 것을 안다. 무한히 많은 중간 지점까지의 구간들은 물리적으로 구분되는 단계들이 아니다. 전체 여행을 완수하는 것은 무한히 많은 일을 유한한 시간에 '수행'하는 것과는 다르다. 왜냐하면 현실 세계에서 일을 '수행'하려면 노동이 필요하고 열역학 제2법칙에 따라서 엔트로피가 산출되어야 하기 때문이다. 반면에 두 지점 사이에 있는 무한히 많은 점들을 통과하는 과정에서는 엔트로피가 증가하지 않는다.

당신이 옥스퍼드에서 케임브리지로 간다고 해보자. 거리는 유한하다. 당신이 그 거리를 주파하는 데는 유한한 시간이 걸릴 것이다. 아마도 당신은 가야 할 거리를 알려주는 이정표를 많이 만나게 될 것이다. 현실에서는 이정표의 개수도 유한하다. 그런데 누군가가 이정표의 개수를 늘려 무한하게 만든다고 해보자. 그래도 당신은 모든 이정표를 통과해야 할 것이다. 그러나 이정표들은 당신과 아무런 상호작용도 하지 않을 것이다. 이정표의 존재는 당신이 이동하는 속도나 시간, 거리에 아무런 영향도 미치지 못한다. 이정표들은 무력한 무한이다. 이와 달리, 당신이 가는 길에 오르막길이 있다고 가정해보자. 오르막길이 많을수록 수행해야 할 일은 더 많아진다. 유한한 구간 안에 있는 무한한 개수의 오르막길은 무력한 무한이 아니다. 무한히 많은 오르막길은 무한히 많은 일을 요구하고 무한히 많은 엔트로피를 산출시킬 것이다.[8] 톰슨의 여행 역설과 유사한 역설들에 대한 과거의 논의들에서는 이런 점들이 고려되지 않았다.[9]

무한히 많은 중간 지점들을 통과하는 여행은 진짜 슈퍼태스크라고 할 수 없다. 진짜 슈퍼태스크는 실질적인 활동이 이루어질 것을 요구한다.

어떤 것들이 슈퍼태스크의 후보로 제안되었을까? 바일은 슈퍼태스크를 제대로 규정하지 않았다. 그는 다만 무력한 무한을 언급했고, 일정한 시간 간격을 거듭 절반으로 나누어 얻는 무한히 많은 순간에 작동하는 기계가 있어야 한다고 주장했을 뿐이다. 참된 문제는 그런 기계의 작동이 물리적으로 가능한지이다. 톰슨은 뼈대뿐인 바일의 생각에 살을 붙이는 시도로 톰슨 램프(Thomson Lamp)라고 불리는 구체적인 장치를 고안했다. 물론 공식적인 이름이 부여되었다고 해서 그 장치가 실제로 존재하는 것은 아니다![10]

슈퍼태스크의 예들을 고찰할 때 우리는 기계가 과제의 특정한 한 단계를 수행할 수 있다는 것이 무한히 많은 단계들을 완결할 수 있음을 의미하지는 않는다는 사실에 주의해야 한다. 무한은 큰 수에 불과하지 않다. 무한은 유한한 수와 질적으로 다르다. 우리는 무한의 이러한 특징을 만원일 때도 언제나 새 손님을 받을 수 있는 무한 호텔 이야기에서 매우 실감나게 확인하였다. 그와 마찬가지로 무한급수의 수렴 과정에서 극한은 극한에 도달하기 위해 합산되는 것들이 가지지 않은 성질을 가질 수 있다.

톰슨 램프 문지르기

나는 의원들에게 다음과 같은 질문을 두 번 받았다.
"배비지 씨, 당신이 기계에 틀린 수를 넣는다면 옳은 답이 나올까요?"
나는 어떤 착각이 그런 질문을 유발할 수 있는지 잘 모르겠다.

찰스 배비지

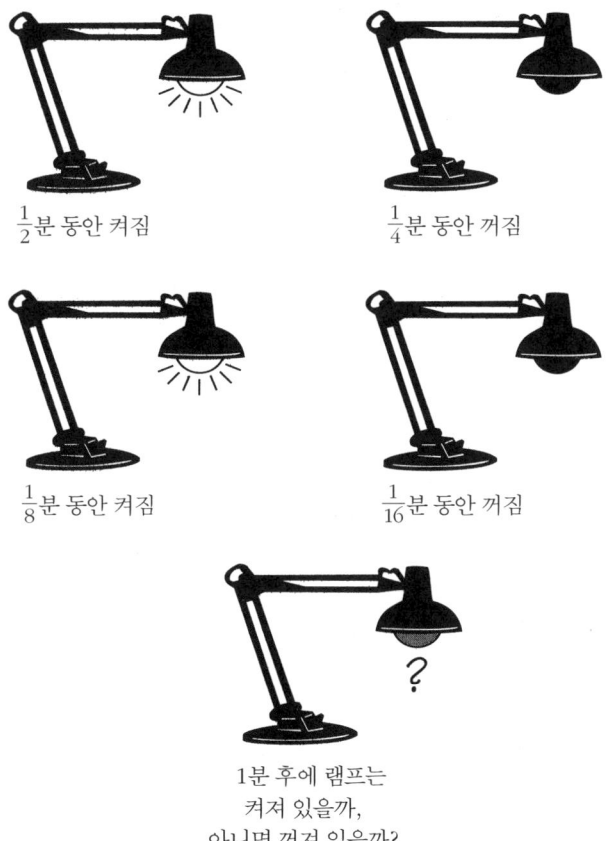

그림 10-2 톰슨 램프. 1분 후에 램프는 켜져 있을까, 아니면 꺼져 있을까?

당신에게 버튼을 눌러 끄고 켜는 독서용 램프가 있다고 해보자. 램프가 원래 꺼져 있다면, 당신이 버튼을 한 번 혹은 홀수 번 누르면 램프는 켜질 것이다. 버튼을 짝수 번 누르면 램프는 꺼질 것이다.

이제 작은 도깨비 하나가 나타나 버튼을 계속 눌러서 램프가 $\frac{1}{2}$분 동안 켜져 있고, 이어서 $\frac{1}{4}$분 동안 꺼져 있고, 다시 $\frac{1}{8}$분 동안 켜져 있고, 그 후에 다시 $\frac{1}{8}$분 동안 꺼져 있게 만든다고 해보자. 도깨비는 그런 식으로 점점 짧은 시간 동안 램프가 켜지고 꺼지도록 끝없이 버튼을 누른다. 도깨비는 1분 동안에 무한히 많이 버튼을 누를 것이다(**그림 10-2**).[11] 그렇다면 다음과 같은 어려운 질문을 던질 수 있다. *1분 후에 램프는 켜져 있을까, 아니면 꺼져 있을까?*

어쩌면 당신은 이 질문에 대한 즉각적인 반응으로, 그런 도깨비와 램프는 존재하지 않는다고 반론할지도 모른다. 그런 식으로 버튼을 누르는 것은 물리적으로 불가능하다고 말이다. 이것은 물리학자나 공학자의 대답이다. 양자역학에 따르면 에너지와 시간 간격을 동시에 원하는 만큼 정확하게 측정하는 것은 불가능하다는 것을 우리는 안다.[12] 결국 우리는 버튼을 또 누르기 전까지의 시간 간격을 측정할 수 없게 될 것이다. 또한 설령 측정할 수 있다 하더라도, 우리가 1분 동안에 버튼을 무한히 많이 누르기 위해 필요한 속도로 손가락을 움직이기는 불가능할 것이다.

이러한 대답은 반론의 여지가 없이 옳지만, 철학자들은 여전히 유한한 시간에 무한히 많은 행위들을 완수한다는 것에 논리적인 오류가 있는지 없는지를 알고 싶어한다. 위에서 제기한 질문은 문제가 있다. 그 질문은 무한수열의 마지막 항이 무엇인지를 묻는 질문과 같다. 예를 들어 1, 2, 3, 4, 5, 6, ……과 같이 끝없이 이어지는 양의 정수의 수열을 생각해보자. 가장 큰 정수는 무엇일까? 그 정수는 홀수일까, 짝수일까? 이 질문은 1분 후에 램프가 켜져 있을지 혹은 꺼져 있을지를 묻는 질문과 같다.[13]

톰슨 램프를 비롯한 환상적인 장치들은 수학자들의 애를 태우는 보물단지와 같다. 이른바 '무리수'라고 부르는 수들이 있다. 무리수 π의 십진수 표기는 끝없이 이어진다. 무리수는 두 정수의 비율로 표기할 수 없다. 우리는 π의 십진수 표기를 원하는 자리까지 알아내는 산술적인 절차를

π=3.14159 26535 89793 23846 26433 83279 50288 41971 69399 37510 58209 74944 59230 78164 06286 20899 86280 34825 34211 70679…… 그리고 계속

그림 10-3 π의 십진수 표기의 처음 부분. 이 표기 속에 모든 숫자가 무작위로 들어 있다면, 무한히 계속되는 숫자들의 연속에서 모든 가능한 수열이 등장할 것이다.

알고 있다.

이 끝없는 십진수 표기에 어떤 특별한 속성이 있는지 알아내려고 노력해왔지만, 안타깝게도 그런 속성은 발견되지 않았다. 통계학적으로 볼 때 π는 전형적인 무리수다.[14] 작고한 칼 세이건(Carl Sagan)은 π의 십진수 표기의 먼 뒷부분에[15] 은밀한 메시지가 들어 있다는 생각을 중심으로 삼아 과학소설 『콘택트』를 썼다. 오직 오랜 세월 동안 발전한 문명에서만 그 메시지를 발견하고 해독할 수 있는 컴퓨터를 개발할 수 있을 것이다. 그리고 그 컴퓨터는 사람들이 다음 단계의 삶을 살 수 있게 해줄 것이다.

슈퍼태스크를 완수할 수 있는 '천상의-π-무한기계'는 무한히 긴 π의 십진수 표기 전체를 알아낼 수 있다. 어떻게 그럴 수 있을까? 간단히 톰슨 램프의 작동 방식을 따르기로 하자(**그림 10-3**). 십진수 표기의 첫 번째 숫자를 $\frac{1}{2}$분 후에 인쇄하고, 이어서 두 번째 숫자를 $\frac{1}{4}$분 후에 인쇄하고, 그런 식으로 다음 숫자들을 계속 인쇄하자. 1분이 지난 후에는 무한히 많은 숫자들이 인쇄되어 있을 것이다.

만일 이 과정을 실행할 수 있다면, 더 놀라운 일들도 성취할 수 있다. 컴퓨터과학의 개척자인 앨런 튜링(Alan Turing, 1912~1954)은 유한한 계산 단계들로는 풀 수 없는 수학적인 연산이 있음을 증명했다. '계산 불가

능한 연산'이라 불리는 그런 연산의 존재는 괴델의 유명한 불완전성 정리와 밀접하게 연관되어 있다. 괴델의 불완전성 정리에 따르면, 산술의 규칙들을 이용해서 참인지 또는 거짓인지 증명할 수 없는 산술의 명제들이 존재한다. 계산 불가능한 연산은 동일한 작업을 반복하는 방식으로는 완수할 수 없다. 그 연산은 매 단계에 무언가 새로운 것이 도입될 것을 요구한다. 많은 계산 불가능한 연산들이 알려져 있으며, 그것들이 계산 불가능하다는 것을 증명할 수 있다. 계산 불가능한 연산들의 결정적인 특징은, 컴퓨터로 그것들을 실행하면 실행이 영원히 종결되지 않는다는 것이다.

그러나 당신에게 슈퍼태스크를 완수할 수 있는 컴퓨터가 있다고 해보자. 그렇다면 새로운 가능성들이 열린다. 당신은 계산 불가능한 문제들을 유한한 시간 안에 풀 수 있다. 더 나아가 많은 미해결 수학 문제들을 무한히 많은 가능성들을 일일이 검토함으로써 해결할 수 있다.

예를 들어 1742년에 탄생한 '골드바흐 추측'을 생각해보자. 그 추측에 따르면, 임의의 짝수는 두 소수의 합으로 나타낼 수 있다. 예를 들어 $2=1+1, 4=2+2, 6=3+3, 8=5+3, 10=7+3, \cdots\cdots$ 이다. 몇 년 전에 영국 출판사 파버가 출간한 소설[16]에는 평생 동안 골드바흐 추측을 증명하기 위해 노력하는 주인공이 나온다. 출판사는 소설에 대한 관심을 높이기 위해 골드바흐 추측의 증명이나 반례에 100만 파운드의 상금을 걸었다. 그러나 안타깝게도 증명이나 반례는 아직 발견되지 않았고, 상금은 파버의 은행계좌에 고스란히 들어 있다.[17]

이런 종류의 유명한 미해결 문제들은 괴델의 정리에 의해 그 존재가 증명된 결정 불가능한 명제일 것이라고 추측하는 사람들도 종종 있다. 놀랍게도 어떤 명제들은 결정 불가능하다는 것을 증명할 수 있다. 그러나 골드바흐의 추측은 그런 명제가 아니다. 이상하게 들릴지 모르지만, 만일 골드바흐 추측이 결정 불가능하다면, 우리는 그 추측이 참이라는 결론을 내려야 한다. 왜냐하면 만일 그 추측이 결정 불가능하다면, 임의의 짝수를 만드는 두 수의 합들을 컴퓨터로 체계적으로 조사할 수 있기 때문이다. 만일 그 추측이 결정 불가능하다면, 그 조사에서 반례가 발견될 수 없고, 따라서 그 추측은 참일 수밖에 없다.

슈퍼태스크를 완수할 수 있는 컴퓨터가 계산 불가능한 연산과 결부된 추측들의 진위를 결정할 수 있다고 생각해보자. 만일 컴퓨터가 유한한 시간에 모든 가능성들을 체계적으로 조사할 수 있다면, 컴퓨터는 '참' 또는 '거짓'을 인쇄하고 실행을 종결할 수 있을 것이다. 그것은 대단한 성취다. 그러나 이러한 상상은 수학자들을 흥분시키지 못한다. 왜냐하면 수학자들은 골드바흐 추측과 같은 추측들의 진위 여부에만 관심이 있는 것이 아니라, 그것들을 증명하는 데 필요한 논증의 형태에도 관심이 있기 때문이다. 그들은 새로운 유형의 논증을 보고 싶어한다. 그런 논증의 고전적인 예로 앤드루 와일스(Andrew Wiles)와 리처드 테일러(Richard Taylor)의 '페르마의 마지막 정리' 증명을 들 수 있다.[18]

페르마의 추측이 참이라는 사실은 훨씬 더 일반적인 결론의 특수한 사례로 도출되었다. 그리고 그 결론과 관련해서 새로운 유형의 증명들과 오랜 문제의 대안적인 표현들이 발견되었다. 모든 가능성들을 일일이 조사하여 '증명'하는 과정에서는 그런 새로운 통찰을 얻을 수 없을 것이다. 그러한 증명은 사실상 해답지에서 답을 찾는 것과 유사하다. 골드바흐 추측이 참이라는 사실을 무한기계로 밝힌다면, 우리는 새로운 통찰을 얻지 못한 것에 실망할 것이다. 반면에 그 추측이 거짓임이 증명된다면, 우리는 아무것도 잃지 않는다. 컴퓨터는 그 증명을 위해 슈퍼태스크를 완수할 필요가 없을 것이다. 골드바흐 추측이 거짓임을 보이기 위해 필요한 반례는 유한한 조사 기간 안에 발견될 것이다. 그러면 컴퓨터는 마치 수학자처럼 우리 눈앞에 반례를 제시할 것이다. 우리는 그런 식으로 컴퓨터 조사를 통해 반례를 찾았는데 어떤 수학자는 수의 본성을 깊이 통찰함으로써 반례를 구성했다면, 그 수학자는 승자이고 우리는 패자일 것이다.

노르웨이 코드

나를 고속도로로 데려가 신호를 보여줘.
다시 한 번 끝까지 가게 해줘.
이글스, 〈끝까지 가게 해줘 Take it to the Limit〉

톰슨 램프의 켜짐-꺼짐 연쇄와 같은 무한히 많은 사건들의 연쇄는 놀라운 속성들을 가질 수 있다. '켜짐'을 의미하는 +1과 '꺼짐'을 의미하는 -1이 끝없이 이어진 수열을 생각해보자. 우리는 교대로 등장하는 +1과 -1을 더함으로써 임의의 단계 후에 램프가 켜져 있을지 혹은 꺼져 있을지 알 수 있다.

램프가 꺼진 상태에서 시작한다면, 켜짐-꺼짐 연쇄를 아래와 같은 무한급수로 표현할 수 있을 것이다.

$$1-1+1-1+1-1+1-1+1-1+1-1+1-1+\cdots\cdots$$

우리가 임의의 단계 후에 스위치 조작을 종결한다면, 급수의 합을 구할 수 있다. 짝수 번의 스위치 조작 후에는 급수의 합이 0일 것이며 램프는 꺼져 있을 것이다. 반면에 홀수 번의 조작 후에는 급수의 합이 +1일 것이며 램프는 켜져 있을 것이다.

이제 우리가 무한 번의 스위치 조작 후에 램프의 상태를 알고자 한다면, 우리가 해야 할 일은 무한급수의 합을 구하는 것이다. 위의 무한급수는 우리가 4장에서 보았던 바로 그 당혹스러운 급수다. 이 급수의 항들을 괄호로 묶어서 합이 0 또는 1 또는 심지어 $\frac{1}{2}$이 되게 만들 수 있었음을 상기하라. 합이 0일 경우 램프는 무한 번 조작한 후에 꺼져 있을 것이다. 합이 1일 경우에는 램프가 켜져 있을 것이다. 그러나 우리가 급수를 다음과 같이 분리하면 기괴한 결론에 도달하게 된다.

$$S = 1-(1-1+1-+1+1-1+1-1+1-1+1-1+1-1\cdots\cdots)$$

별로 이상해 보이지 않을 수도 있지만, 우리가 4장에서 배웠듯이 괄호 속의 무한급수는 원래의 무한급수와 같다. 그러므로 다음의 등식이 성립한다.

$$S = 1-S$$

따라서 $S=\frac{1}{2}$이다. 이 경우에 램프는 켜져 있지도 꺼져 있지도 않다. 램프는 두 수의 평균과 유사한 상태로 반만 켜져 있다. 이 결론들은 무한급수와 무한한 과정과 관련해서 매우 중요한 교훈을 준다. 위대한 노르웨이의 수학자 닐스 아벨(**그림 10-4**)은 이런 무한급수와 관련해서 다음과 같이 말했다.

그림 10-4 닐스 아벨[20]

그것은 악마의 발명품이며, 그것에 기초해서 어떤 증명을 하는 것은 부끄러운 일이다. 그것을 이용하면 원하는 모든 결론을 도출할 수 있다. 그 때문에 그런 급수들이 그토록 많은 오류와 역설을 산출한 것이다.[19]

위의 급수는 하나의 합을 가지지 않는다. 우리는 합을 구하는 과정을 지정할 경우에만 합을 정의할 수 있다. 이는 유한한 급수와는 사정이 전혀 다르다. 무한 번의 스위치 조작 후에 램프가 켜져 있도록 만드는 계산 방법과 꺼져 있도록 만드는 계산 방법이 존재한다. 하지만 가장 놀라운 것은 이 예에서 얻을 수 있는 또다른 교훈이다. 만일 우리가 유한한 개수의 항들이 등장한 후에 급수를 종결한다면, 그 개수가 아무리 크다 할지라도 급수의 합은 항상 0이거나 1일 것이다. 그러나 우리의 세 번째 계산 방법에서 나온 합은 $\frac{1}{2}$이었다. 이것은 유한급수에서는 결코 나올 수 없는 결과다.

무한급수의 합에는 그것의 유한한 부분이 결코 산출할 수 없는 무언가가 있다. 램프가 1분 후에 켜져 있을지 혹은 꺼져 있을지 묻는 질문은 무의미하다. 그 질문에는 답이 없다.

게임 종결 문제

> 처음에 그랬듯이 지금도, 또한 영원히 그러할 것이다. 끝없는 세계.
> 성모 마리아 송가[21]

버튼을 무한히 빨리 누를 수 있는지, 기계의 잇따른 행동들을 물리적으로 구별할 수 있는지 등의 실용성과 관련한 논의를 초월한 듯이 보이는, 무한기계와 관련된 또다른 당혹스러운 문제가 있다. 그것은 '게임 종결' 문제다. 우리의 멋진 신형 무한 노트북으로 무한히 많은 과제들을 한 시간 내에 완수할 수 있다고 가정해보자. 그것은 무엇을 뜻할까? 슈퍼태스크는 어떻게 종결될까? 컴퓨터는 마지막 순간에 어떤 일을 실행할까? 다음은 이 딜레마에 대한 철학자의 반응이다.

> 내가 보기에 문제는 시간이나 테이프나 잉크나 속도나 힘 등의 부족이 아니라, 기계가 슈퍼태스크를 어떻게 종결할지 알 수 없다는 것이다. 기계는 오른쪽에서 왼쪽으로 기계를 관통하며 흘러가는 테이프에 하나씩 하나씩 숫자를 인쇄할 것이다. 따라서 계산의 매 단계마다 숫자의 열은 왼쪽으로 늘어나고, 마지막 숫자는 '중앙'에 인쇄될 것이다. 이제 기계가 과제를 완수하고 자동으로 꺼지면, 우리는 마지막으로 인쇄된 숫자가 무엇인지 확인할 수 있을 것이다. 그런데 만일 기계가 π의 십진수 표기를 이루는 모든 숫자를 인쇄했다면, 어떤 숫자도 마지막 숫자일 수 없다. 우리는 이 상황을 어떻게 이해해야 할까?[22]

논리적인 문제가 있는 듯하다. 한 시간 안에 무한히 많은 과제들을 완수했다면, 최후에 수행한 과제가 무엇인지 확인할 수 있어야 한다. 그것이 불가능하다는 말인가? 모든 양의 정수를 인쇄하는 것처럼 단순한 과제를 생각해보자. 최후의 양의 정수는 존재하지 않는다. 그러므로 기계가 최후에 인쇄한 숫자는 존재할 수 없다.

슈퍼태스크의 완수 가능성을 옹호하는 사람들은, 무한기계가 임의의 무한한 인쇄를 완수할 수 있다고 주장한 바는 없으며, 우리가 시험적으로 선택한 양의 정수 인쇄는 무한기계가 완수할 수 없는 과제 중 하나라는 주장으로 대응할 수 있을 것이다. 한 과제를 완수하지 못한다는 것이 모든 과제를 완수하지 못한다는 것을 의미하지는 않으니까 말이다.

이 주장은 언뜻 보면 타당한 반론처럼 보이지만, 사실은 설득력이 없다. 칸토어는 모든 기초적인 무한을 양의 정수와 일대일대응을 시켜 '셀' 수 있음을 보여주었다. 그래서 그런 기초적인 무한은 '셀 수 있는' 무한이라 불린다. 최후의 양의 정수를 명시할 수 없다는 것은 임의의 셀 수 있게 무한한 과정의 마지막 단계를 명시할 수 없음을 의미한다. 셀 수 있는 무한보다 더 큰 무한들—예를 들어, 모든 무한소수들의 집합—역시 같은 이유에서 게임-종결 문제를 피할 수 없을 것이다. 왜냐하면 그 무한들은 셀 수 있는 무한을 포함하고 있기 때문이다.[23]

'게임 종결' 문제는 무한한 일을 유한한 시간에 한다는 개념 전체의 일관성에 의문을 제기하는 심층적이고도 개념적인 문제다. 그런데 우리가 앞서 살펴보았듯이, 유한한 구간을 점점 짧아지는 무한한 수의 조각들로 분할하는 것은 터무니없는 일이 아니다. 그것은 제논과 바일이 우리에게 제시한 예다. 그렇다면 무한기계가 그와 같은 방식으로 작동하지 못하게 막는 것은 무엇일까?

상대성이론과 축소되는 사람

주님께는 하루가 천 년 같고,
천 년이 하루 같습니다.
성 베드로[24]

톰슨 램프를 더 자세히 살펴보면 마치 알라딘의 램프처럼 비현실적으로 시작한다. 무한기계가 현실에서 작동하려면, 수많은 문제를 극복해야 한다. 무한기계가 처음에 맥스웰의 도깨비와 같은 수수께끼로서 관심의 대상이 된 이유 중 하나는 뉴턴의 '고전적인' 물리학이 바일이 제시한 것과 같은 무한기계의 작동을 거의 제한하지 않는 듯이 보였기 때문이다. 뉴턴의 물리학에서는 신호의 이동 속도에 한계가 없다. 스위치의 반응 속도와 신호의 이동 속도에 한계가 없는 것이다.

이 대목에서 현실을 돌아볼 필요가 있다. 아인슈타인은 우리에게 자연에서 정보가 전달되는 속도에 근본적인 한계가 있음을 가르쳐주었다. 우주적인 한계속도, 즉 빛이 완벽한 진공에서 이동하는 속도가 존재한다. 이 단순한 사실은 예기치 못한 귀결들을 가지며, 물리적인 세계에 대한 우리의 모든 지식을 떠받친다.

뉴턴이 이해한 세계에서 우리는 빛이 다른 모든 것과 마찬가지로 다양한 속도로 이동하는 것을 관찰할 수 있다. 길가에 서서 길을 따라 손전등을 비춰보자. 빛은 당신에 대해 상대적인 특정한 속도로 이동할 것이다. 그런데 자동차가 전조등을 켜고 지나간다면 어떤 일이 일어날까?(**그림 10-5**) 당신이 뉴턴이라면, 자동차에서 나온 빛이 당신에 대해 상대적으로 '전조등의 전구에서 빛이 방출되는 속도(손전등에서 빛이 방출되는 속도와

그림 10-5 뉴턴의 세계관에 따르면 움직이는 자동차의 전조등에서 나온 빛의 속도는 땅을 기준으로 할 때와 자동차를 기준으로 할 때 값이 다르다.

같다)+자동차가 움직이는 속도'로 이동할 것이라고 생각할 것이다. 지나가는 차들은 속도가 약간씩 다르므로 다양한 차에서 나온 빛은 저마다 다른 속도로 이동할 것이다. 뉴턴의 세계관에는 빛의 이동 속도의 최대값도 우주적인 한계속도도 존재하지 않는다. 빛의 속도는 광원의 운동 상태에 따라서 달라진다.

뉴턴의 이론은 빛의 속도로 혹은 그에 근접한 속도로 운동하는 물체를 다루기 위해 고안된 것이 아니다. 아인슈타인은 원인과 결과의 논리가 일관성을 유지하려면 무엇을 기준으로 하든 상관없이 모든 사람이 측정한 빛의 속도가 동일해야 함을 보여주었다. 이것은 놀라운 사실이다. 아인슈타인에 따르면, 관찰자가 바닥에 대해 상대속도 U로 이동하면서 로켓을 같은 방향으로 자신에 대해 상대속도 V로 발사하면, 바닥에 대한 로켓의 상대속도는 뉴턴이 믿었던 것처럼 $U+V$가 아니라 다음과 같다(c는 빛의 속도다).

$$(U+V)/(1+UV/c^2)$$

이 공식은 주목할 만한 속성들을 지녔다. 첫째, 공식 속의 속도들이 빛의 속도보다 훨씬 작으면 어떻게 되는지 살펴보라. $U \ll c$이고 $V \ll c$이면, $UV \ll c^2$이고 $1+UV/c^2$는 대략 1과 같아진다. 따라서 이 공식에서 나오는 값은 $U+V$와 매우 가깝다. 뉴턴의 이론은 물체들의 속도가 빛의 속도보다 훨씬 작은 한계상황에서 성립하는, 아인슈타인 이론의 근사이론인 셈이다.

이제 U와 V를 모두 c로 놓으면 어떻게 되는지 살펴보자. 즉 광속으로 이동하는 광원에서 방출된 빛은 어떤 속도로 이동하는지 알아보자. 뉴턴의 이론에서는 답이 2c일 것이다. 반면에 아인슈타인의 공식에서는 답이 $(c+c)/2=c$이다! 또한 U나 V가 c를 초과하지 않는 한, U와 V가 어떤 값이든 답은 c보다 클 수 없다.

진공에서 빛의 속도가 모든 관찰자에게 보편적이라는 사실은[25] 현대물리학을 떠받치는 주춧돌이다.[26] 이러한 광속의 보편성을 위해 지불해야 할 대가는 거리와 시간이 뉴턴이 믿었던 것처럼 보편적일 수 없음을 받아들이는 것이다. 모든 사람이 경험하고 각자의 운동 상태와 상관없이 동일하게 측정되는 보편적인 절대시간과 측정자의 운동 상태와 상관없이 유효한 보편적인 길이 척도는 없다.

우리가 우리에 대해 상대적으로 움직이지 않는 막대의 길이를 L로 측정했다면, 그 막대가 우리에 대해 상대적으로 움직일 때 우리가 그 막대의 길이를 측정할 경우, 측정값은 L이 아닐 것이다. 막대가 일정한 속도 V로 우리 앞을 지나간다면, 우리가 측정한 길이는 $L'=L(1-V^2/C^2)^{\frac{1}{2}}$이 된다.

V는 항상 0보다 크고 c보다 작으므로 L'는 항상 L보다 작다. 우리에 대해 이동하는 막대는 정지해 있는 막대보다 더 짧게 보일 것이다. 막대가 우리에 대해 정지해 있을 때 측정한 길이는 가능한 측정값들 중 최댓값이

다. 이를 '정지길이(rest length)'라고 한다.

이렇게 상대적인 운동에 의해 관찰된 길이가 줄어드는 것을 '길이축소'라 부른다. 우리의 관찰에 영향을 받지 않는 절대적인 길이 개념은 존재하지 않는다. 아인슈타인의 상대성이론을 한마디로 표현하는 "모든 것은 상대적이다"라는 문장을 상기하라. 그러나 빛의 속도는 상대적이지 않다. 모든 관찰자는 각자의 속도나 광원의 속도에 관계없이 빛의 속도를 동일하게 측정한다.

시간도 마찬가지다. 우리가 어떤 시계에 대해 상대적으로 이동하지 않을 때, 그 시계를 보고 어떤 시간 간격을 T로 측정했다고 해보자. 우리가 그 시계에 대해서 상대적으로 일정한 속도 V로 이동한다면, 우리는 동일한 시간 간격을 $T'=T/(1-V^2/c^2)^{\frac{1}{2}}$로 측정할 것이다. 우리는 T′는 항상 T보다 크다는 것을 알고 있다. 즉 움직이는 시계는 느리게 작동한다. 내 삶의 길이는 그 길이를 측정하는 사람들이 나에 대해 상대적으로 어떻게 움직이는지에 따라 달라진다. 일상에서 우리가 만나는 물체들의 속도는 빛의 속도보다 훨씬 작아서, 상대성이론에 따른 변화는 거의 드러나지 않는다. 그러나 고속으로 움직이는 우주복사선이나 입자가속기 속의 입자들을 보면, 공간과 시간의 변화를 쉽게 관찰할 수 있다. 유일하게 이론의 여지 없이 명확한 시간은 당신과 함께 이동하는 시계로 측정한 시간이다. 그 시간을 일컬어 '고유시간'이라고 한다.

공간과 시간의 이 같은 놀라운 성질은 단지 우리가 비스듬히 보기 때문에 물체의 모양이 왜곡되어 보이는 것과 같은 광학적인 착각에 불과하거나, 고속의 운동 때문에 시계가 망가지거나 변형되어 일어나는 현상이 아님을 이해하는 것이 중요하다. 공간과 시간의 변화는 실제로 일어난다. 우리는 시간과 거리가 고정된 것이 아님을 인정해야 한다. 시간과 공간이 고정된 것이라는 우리의 믿음은 빛의 속도보다 훨씬 느린 것들에 국한된 경험 때문에 형성되었다. 시간과 공간의 변화는 우리가 빛의 속도에 가까운 속도를 산출하고 측정할 수 있을 때 비로소 뚜렷해진다.

때맞춤의 문제

생각과

실재 사이에

운동과

행동 사이에

그림자 드리운다

T. S. 엘리엇, 『속이 빈 사람들』

앞에서 우리는 유한한 시간에 완수할 수 있는 과제의 개수를 옳게 계산하기 위해 행동이 엔트로피를 산출한다는 점을 강조했다. 무력한 무한 속 단계들은 엔트로피를 산출하지 않는다. 이제 우리는 그런 사이비 '과제들'의 신호 전달 속도가 진공 속 빛의 속도를 능가할 수 없다는 아인슈타인의 원리를 위반하는 듯이 보이는 사례들을 만들어낼 수 있음을 살펴볼 것이다.

군사훈련을 경험한 사람이라면 누구나 잘 아는 번호 외치기 과정을 생각해보자. 한 부대의 군인들을 일렬종대로 세우자. 첫 번째 군인이 "하나"라고 외치면, 다음 군인은 그 외침을 듣고 "둘"이라고 외친다. 그런 식으로 모든 군인이 차례로 숫자를 외친다. 숫자 '신호'는 군인들이 귀에 들어오는 외침에 얼마나 빨리 반응하느냐에 따라 결정되는 속도로 이동할 것이다. 그 신호는 절대로 소리보다 빠르게 이동할 수 없으며, 현실적으로는 그보다 훨씬 느리게 이동할 것이다. 신호가 맨 앞에서 맨 뒤까지 이동하는 속도는 결코 빛의 속도를 능가할 수 없다.

이제 우리가 한 군인에게서 다음 군인에게로 신호가 전달되는 방식을 버리고 새로운 방식을 도입한다고 가정해보자. 우리는 군인들에게 전파 수신장치를 지급한다. 미리 정확하게 프로그램된 시점에 각각의 군인에게 신호가 전달된다. 군인들이 절묘하게 때맞춤된 그 외부 신호에 반응하여 숫자를 외친다면, 숫자 신호가 빛보다 빠르게 이동하는 것처럼 보일 수 있다. 어떤 것도 빛보다 빠를 수 없다는 아인슈타인의 가르침에도 불구하고 어떻게 그런 일이 가능한 것일까?

아인슈타인이 우리에게 가르쳐준 것은 정보—신호—가 빛보다 빠르게 이동할 수 없다는 것이다. 각각의 군인이 앞에 있는 군인의 외침에 반응하는 경우에는 대열을 따라 이동하는 신호가 있다. 앞선 외침이 다음 외침을 유발한다. 즉 정보가 전달된다. 반면에 각각의 군인이 외부 신호에 반응하는 경우에는 대열을 따라서 한 군인에게서 다른 군인에게로 전달되는 정보가 없다.[27] 비록 무슨 일이 일어나고 있는지 모르는 관찰자에게는 정보가 전달되는 듯이 보일 수 있지만 말이다. 실제로 관찰자의 눈앞에서 벌어지는 일들은 서로에게 아무 영향을 미치지 않는 독립적인 사건들이다. 신호도 없고 아인슈타인의 한계속도 이론에 위배되는 일도 일어나지 않는다. 매 순간의 상황은 이전 순간에 일어난 상황의 논리적인 귀결이 아니다. 일관된 슈퍼태스크를 수행하고 있는 상황이 아닌 것이다.

뉴턴식 슈퍼태스크

로제 씨는 그리스 올림픽 준비 과정과 흥행에 성공한 영화 〈그리스인 조르바〉에 나오는 시르타키 춤을 인상적으로 비교했다. "춤은 아주 천천히 시작해서 점점 빨라지는데, 나중에는 아무도 따라할 수 없을 정도로 빨라진다."

가이 알렉산더[28]

슈퍼태스크에 관한 논의에 아인슈타인의 상대성이론에 따른 제한을 도입하는 것은 매우 중요하다. 왜냐하면 그 제한이 없으면 예기치 못한 방식으로 무한기계를 만들 수 있기 때문이다. 과학철학자들은 지난 50년 동안 열심히 연구했지만, 무한한 행동이 유한한 시간에 이루어지는 단순한 사례들을 제공하는 가장 흥미로운 물리학 분야를 다루지 않았다. 그 분야는 바로 뉴턴역학이다. 슈퍼태스크의 사례들을 보려면 멀리 갈 것 없이 뉴턴의 중력이론을 살펴보면 된다.

뉴턴의 중력이론은 각각의 입자쌍 사이의 거리의 제곱에 반비례하는 힘의 영향하에서 질량들이 어떻게 움직이는지 기술한다. 그 기술은 매우 단순할 것 같지만, 실제로는 그렇지 않다. 우리가 정확한 해를 구할 수 있는 뉴턴 방정식은 질량이 두 개 있는 경우에 대한 방정식뿐이다. 질량이 셋 이상으로 늘어나면, 문제가 극도로 복잡해지기 때문에, 입자들이 매우 특수하게 배열된 경우 외에는 고성능 컴퓨터를 이용해 입자들의 운동을 추적할 수밖에 없다.

문제가 복잡해지는 이유는, 예컨대 동일한 세 질량이 있을 때는 결국 한 질량이 떨어져나가고 나머지 두 질량이 더 강하게 구속되어 안정적인 궤도에 정착하기 때문이다. 이 같은 '새총' 효과는 현실에서 매우 유용하다. 우주비행을 계획하는 사람들은 이 효과를 이용하여 우주선의 속도를 높인다. 우주선은 행성이나 달에 적당히 접근하여 중력에서 비롯된 추진력을 얻음으로써 속도를 극적으로 높이고 연료 소비를 줄일 수 있다. 지상에서는 작은 탁구공을 큰 공—예를 들어 농구공—위에 얹은 상태로 가슴 높이에서 떨어뜨리는 실험을 통해 3체 문제의 불안정성을 경험할 수 있다. 큰 공은 땅에 부딪혀 되튀면서 내려오는 탁구공을 때린다. 그 결과는 극적이다. 탁구공은 맨땅에 부딪힐 때보다 9배나 높이 튀어오른다!

 뉴턴의 중력이론을 연구한 수학자들은 그 이론에 아주 이상한 속성들이 있음을 발견했다. 4개 이상의 질량이 있는 경우에 뉴턴 방정식의 해들 중 일부는, 임의의 두 질량 사이의 최대 거리가 임의의 속도보다 더 빠르게 증가함을 보여준다. 상대성이론이 지배하는 세계에서는 그 거리가 시간에 비례하는 정도보다 더 빠르게 증가할 수 없다. 이는 질량들로 이루어진 계가 무한히 커질 수 있지만, 그렇게 되기 위해서는 무한한 시간이 필요함을 의미한다. 1971년에 노스웨스턴 대학의 제프 시아(Jeff Xia)는 극적인 발견을 했다.[29] 그는 4개 이상의 질량으로 이루어지고 뉴턴의 중력법칙의 지배를 받는 계가 유한한 시간에 무한히 확대될 수 있음을 증명했다.

 그림 10-6은 시아가 제시한 단순한 사례를 보여준다. 4개의 질량은 두 개씩 쌍을 이루어 같은 속도로, 하지만 반대 방향으로 회전한다. 따라서 전체 회전은 0이다. 두 궤도 평면은 서로 평행하다. 이어서 시아는 작고 가벼운 입자 하나를 추가하여 두 질량쌍을 연결하는 직선 위에서 진동하게 한다. 작은 입자가 두 질량쌍 중 하나의 영향을 받을 때마다 소규모의 3체 상황이 발생한다. 작은 입자는 농구공 위에 얹은 탁구공처럼 강하게 튕겨지고, 각각의 질량쌍 속의 두 질량은 서로 약간 더 접근하여 궤도운

동을 한다. 시아는 이 과정이 위아래로 반복되면서 두 질량쌍은 서로 멀어지고 작은 입자는 그 사이에서 점점 빠른 속도로 진동함을 보여주었다. 그리고 놀랍게도 질량들 사이의 최대 거리는 유한한 시간에 무한히 커진다. 유일한 위안은 이런 결과를 얻기 위해 필요한 초기 조건이 충족될 가능성이 극도로 낮다는 것이다. 이 극적인 운동은 5개 이상의 입자들이 중

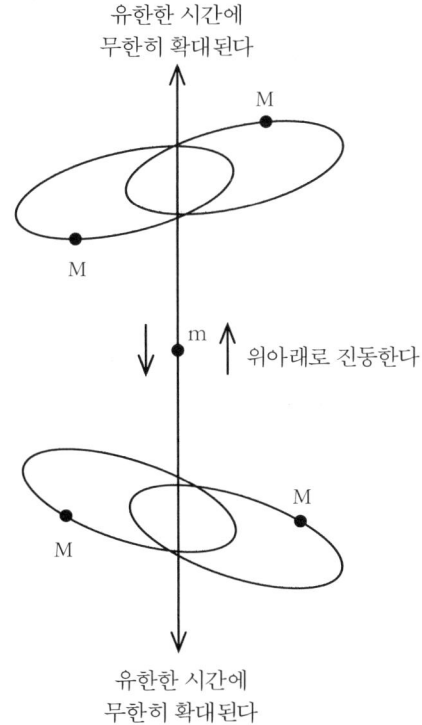

그림 10-6 시아가 구성한 계는 유한한 시간에 무한히 확대되면서 각각 물리적으로 구별되는 진동을 무한 번 한다. 4개의 동일한 질량들이 둘씩 쌍을 이루어 서로 반대 방향으로 동일한 속도로 회전한다. 더 가벼운 다섯 번째 입자는 두 쌍 사이에서 추진력을 받아 진동 속도가 점점 더 빨라진다. 추진력을 받아 튕겨질 때마다 그 입자의 속도는 더 커지고, 각각의 쌍 속의 질량들은 중력에 의해서 약간 더 강하게 결속된다. 계 전체는 유한한 시간에 무한히 커지고, 가벼운 입자는 유한한 시간에 무한한 횟수의 진동을 한다.

력을 받을 때 언제나 발생할 수 있다. 그러나 입자가 4개만 있을 때 이런 운동이 발생할 수 있는지는 밝혀지지 않았다.

우리는 이 사례를 이용해서 무한기계를 만들 수 있다. 궤도운동을 하는 두 입자쌍 사이에서 진동하는 가벼운 입자가 '무한기계'가 될 수 있다. 그 입자는 궤도운동을 하는 입자쌍들 사이의 거리가 무한대가 될 때까지 유한한 시간에 무한히 많이 진동할 것이다. 이처럼 뉴턴의 세계에서는 무한기계가 존재할 수 있다. 비록 무한기계를 위해 필요한 초기 조건이 자연적으로 충족될 확률은 거의 0에 가깝지만 말이다.

아인슈타인의 상대론적인 중력이론은 이런 유형의 운동을 허용하지 않는다. 3체 문제에서 한 입자에 가해지는 추진력에 한계가 있고, 그 입자는 빛의 속도보다 빠르게 튕겨질 수 없다. 또한 두 입자가 임의로 근접할 수 없기 때문에, 한 입자가 다른 입자에 가할 수 있는 중력에도 최댓값이 존재한다. 만일 두 입자가 임의로 근접한다면, 결국 두 입자를 블랙홀 속에 가두기에 충분할 만큼 강력한 국소적인 중력장이 형성될 것이다. 이것은 블랙홀이 우주적인 검열관의 구실을 하는 방식들 중 하나다(6장의 '벌거벗은 무한' 참조). 블랙홀은 나쁘게 보일 수도 있지만, 블랙홀이 없는 우주를 생각해보면, 사실 그다지 나쁘지 않다.

최근에 나는 아인슈타인의 중력이론이 기술하는 팽창하는 우주에서도 미래에 압력이 무한대인 특이점들이 우주 전역에서 형성될 수 있음을 발견했다.[30] 특이점들의 발생을 허용하는 해들이 존재하며, 그 해들은 당신이 특이점 속으로 들어가는 마지막 순간에 무한히 많은 정보 비트가 처리되는 것을 허용할 것이다. 그러나 그 이례적인 해들은 정보를 무한대의 속도로 전달할 수 있는 물질을 필요로 한다. 우리가 우주적인 한계속도를 부여하면, 그 해들이 기술하는 갑작스러운 우주의 종말은 일어나지 않는다.

상대성이론과 슈퍼태스크

슬프게도 나는 한 명뿐인 쌍둥이였다.
피터 쿡[31]

상대성이론은 슈퍼태스크에 대한 논의를 새로운 장으로 이끈다. 컴퓨터에 대해 상대적으로 운동하지 않는 프로그래머가 봤을 때는 유한한 개수의 계산만 이루어졌음에도, 운동하는 관찰자는 무한한 개수의 계산이 이루어졌다고 보는 경우가 있을 수 있을까?(**그림 10-7**)

상대성이론과 관련된 유명한 문제로 이른바 '쌍둥이 역설'이 있다. 쌍둥이 형제 트위들디와 트위들덤은 서로 다른 계획을 세운다. 트위들디는

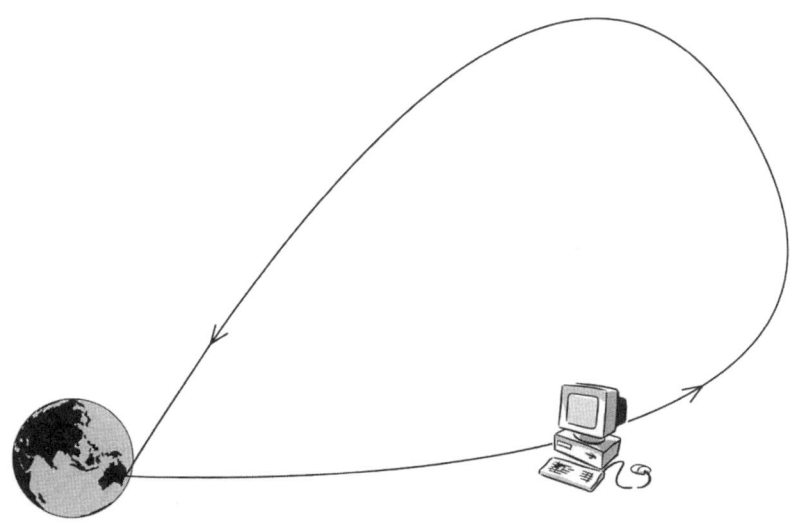

그림 10-7 컴퓨터를 우주선에 싣고 여행을 함으로써, 컴퓨터가 유한한 시간에 무한한 개수의 계산을 수행하도록 만들 수 있을까?

집에 머무는 반면에 트위들덤은 광속에 가까운 속도로 우주여행을 떠난다. 트위들덤은 결국 속도를 줄이고 방향을 돌려 집으로 돌아온다. 상대성이론에 따르면 돌아온 트위들덤은 자신보다 훨씬 더 늙은 트위들디를 발견하게 된다. 트위들덤이 여행 중에 가속과 감속을 했기 때문에, 두 쌍둥이가 겪은 시공 경험이 달라진다. 우리는 집에 머문 쌍둥이가 우주여행을 하고 돌아온 쌍둥이보다 무한히 늙어버리는 좀 더 극단적인 경우를 상상할 수 있다.

이렇게 되면 슈퍼태스크 개념은 더 이상 경계가 명확한 개념이 아니다. 우리가 쌍둥이 역설에서 고유시간—관찰자와 함께 움직이는 시계로 측정한 시간—의 경과에 초점을 맞춘다면, 트위들디의 시계로는 100년의 고유시간이 흐른 반면에 트위들덤의 시계로는 불과 1년의 고유시간이 흐르는 일이 일어날 수 있다. 슈퍼태스크가 무한히 많은 일들을 수행할 것을 요구하는 과제라면, 우리는 그 일들이 일을 하는 사람의 고유시간 속에서 수행되는지, 아니면 다른 관찰자가 그 자신의 고유시간 속에서 그 일들이 수행된다고 보는 것인지를 명확하게 밝혀야 한다.

무한기계 개념의 원래 정신에 충실한 슈퍼태스크 개념은 무한히 많은 일들을 슈퍼태스크를 수행하는 기계의 고유시간으로 유한한 시간 안에 완수하는 것이다. 우리는 이를 고유(proper) 슈퍼태스크라 부를 것이다. 한편 무한한 일을 다른 관찰자의 고유시간으로 유한한 시간 안에 완수한다면, 우리는 그때 완수되는 과제를 유사(pseudo) 슈퍼태스크라 부를 것이다. 모든 고유 슈퍼태스크는 유사 슈퍼태스크다. 그러나 모든 유사 슈퍼태스크가 고유 슈퍼태스크인 것은 아니다(**그림 10-8**).[32]

운동 속도가 광속보다 훨씬 느릴 때는 여전히 높은 정확도로 유효한 뉴턴의 세계관에서는 고유 슈퍼태스크와 유사 슈퍼태스크를 구분하지

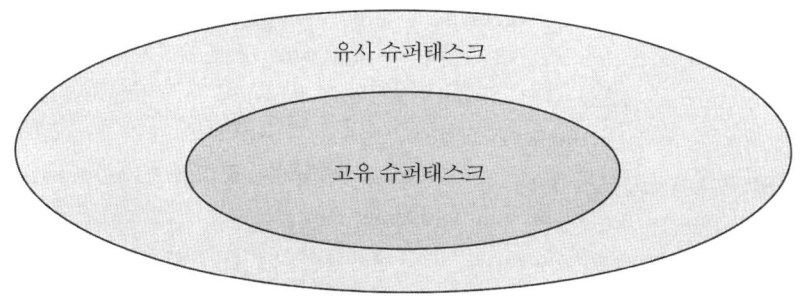

그림 10-8 고유 슈퍼태스크는 유사 슈퍼태스크의 부분집합이다.

않는다.

트위들덤이 우주선을 빠르게 가속하면, 그의 고유시간을 기록하는 시계는 우주 역사의 유한한 기간을 기록하는 반면에 트위들디의 시계는 무한히 긴 기간을 기록할 수 있다는 것을 최초로 지적한 사람은 히브리 대학의 이타마르 피토프스키(Itamar Pitowsky)다. 원리상 유사 슈퍼태스크는 공간과 시간의 구조와 상대성이론의 법칙들을 위반하지 않고도 완수할 수 있을 듯이 보인다.[33] 피토프스키는 고유시간의 차이를 교묘하게 이용하여 '플라톤 컴퓨터' — 시공의 특정한 궤적을 따라서 무한히 많은 연산을 수행하고, 그 결과를 우리가 볼 수 있게 인쇄하는 컴퓨터 — 를 만들 수 있을지 연구했다. 그의 연구 결과에 따르면, 안타깝게도 가속하지 않은 채 무한히 긴 기간을 기록하는 관찰자는 플라톤 컴퓨터가 인쇄하는 정보에 접근할 수 없다.[34] 그 정보가 그에게 도달할 길이 없다. 그가 그 정보와 계속 접촉하려면, 그 역시 극적으로 가속해야 한다. 그러다 보면 결국 중력이 엄청나게 커져서 정보 수용자는 산산조각이 날 것이다.

이것은 유사 슈퍼태스크의 존재를 이용해서 고유 슈퍼태스크가 존재할 수 있음을 증명하려는 많은 단순한 시도에서 흔히 발생하는 장애물이다.

여기 그것이 불가능함을 생생하게 보여주는 또다른 예가 있다. 트위들디와 트위들덤이 젊고 의욕적인 수학자로 성장하여 골드바흐 추측의 진위를 판명하려 노력한다고 해보자. 트위들덤은 미친 듯이 연구에 몰두한 나머지, 진실을 밝히기 위해 자신을 희생하기로 결심한다. 그는 우주선을 타고 블랙홀로 날아간다. 블랙홀의 중력은 그를 끌어당기고, 중심의 특이점으로 떨어지는 동안 그는 점점 더 가속될 것이다. 그는 자신이 자신의 고유시간으로 유한한 시간 안에 특이점에 도달하여 파괴되리라는 것을 안다. 한편 트위들디는 트위들덤을 관찰한다. 그는 트위들덤이 파괴될 때까지 자신의 고유시간이 무한히 많이 경과하는 것을 볼 것이다. 그리하여 트위들디는 위안을 얻을 뿐만 아니라, 트위들덤의 컴퓨터가 무한히 많은 계산을 하는 것을 볼 수 있을 것이다. 따라서 그는 골드바흐 추측의 진위를 알게 될 것이다.

그러나 안타깝게도 블랙홀에는 방어 메커니즘이 있다. 블랙홀의 지평은 트위들덤의 정보가 외부에 있는 트위들디에게 도달하는 것을 막는다. '우주적인 검열관'은 슈퍼태스크를 좋아하지 않는 것이다.

만일 두 쌍둥이가 모두 블랙홀의 지평 속으로 떨어진다면, 한 쌍둥이가 다른 쌍둥이에게 정보를 보낼 수 있겠지만, 두 쌍둥이는 블랙홀의 중심에 접근하면서 중력에 의해 모두 산산조각이 날 것이다.

블랙홀 및 가속하는 여행자와 관련된 단순한 예들에서 볼 수 있는 이런 문제들에도 불구하고, 아인슈타인의 일반상대성이론이 기술하는 휘어진 시공의 기하학에 따르면 고유 슈퍼태스크를 완수할 수 있다는 사실이 밝혀졌다. 고유 슈퍼태스크를 완수할 수 있는 우주는, 1992년에 그것이 이론적으로 존재할 수 있다는 사실을 발견한 시카고 대학의 철학자 데이비드 맬러먼트(David Malament)와 케임브리지 대학의 연구원 마크 호가스

(Mark Hogarth)[35]의 이름을 따서 맬러먼트-호가스(MH) 우주라고 명명되었다.

MH 우주의 행동을 기술하는 아인슈타인의 일반상대성이론의 해들이 존재한다. 그러나 안타깝게도 그 해들은 MH 우주가 물리적으로 비현실적임을 시사하는 듯한 속성들을 가지고 있다. 구체적으로 다음과 같은 속성들을 지녔다.

- 모든 MH 우주에서는 우주의 현재 상태가 단일하게 그리고 완벽하게 미래를 결정하지 않는다.
- 어떤 MH 우주에서는 시간 여행이 가능하다. 이 가능성은 MH 우주를 터무니없게까지는 아니더라도 미심쩍게 만든다.
- MH 우주의 거주자들 중 일부는 임의의 복사파가 파장이 0으로 축소되면서 에너지가 무한대가 되는 것을 볼 것이다. 무한히 많은 계산 결과를 전달하려는 시도는 수용자를 파괴할 것이다.
- 무한히 많은 계산을 수행하는 '컴퓨터'는 무한히 커야 한다. 무한히 많은 결과를 저장하려면, 저장할 장소가 필요하다.

이것들은 심각한 문제들이며, 유한한 시간에 무한히 많은 과제를 수행하되 우리가 파괴되지 않고 그 결과를 받아 저장할 수 있는 상대론적인 기계를 실험실에서 제작하는 일이 불가능함을 시사하는 듯하다. 결론적으로 무한한 계산을 수행할 수 있게 하는 가상의 시나리오는 오직 한 가지 유형뿐이다. 다음 절에서 그 시나리오를 논의할 것이다.

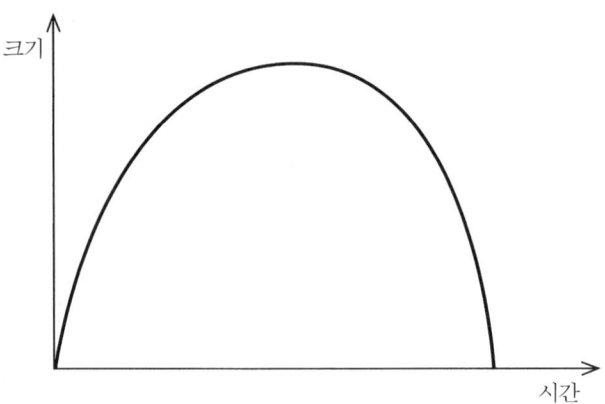

그림 10-9 빅뱅에서 출발하여 팽창한 뒤에 빅크런치를 향해 수축하는 우주.

빅뱅과 빅크런치

어차피 이루어진다면 빨리 이루어지는 것이 좋다.

윌리엄 셰익스피어[36]

제논의 역설이 지닌 큰 문제점은 유한한 시간 간격을 무한히 많이 분할하는 작업이 물리적으로 구별할 수 있는 조작들의 연쇄가 아니라는 점이다. 그러나 제논의 역설에 현실성을 부여할 수 있는 상황이 한 가지 존재한다. 우주론자들은 항상 우주가 팽창하기 시작했을 때의 일들과 만일 우주가 다시 수축한다면 빅크런치 근처에서 일어날 일들을 이해하려고 노력해왔다(**그림 10-9**).

상상할 수 있는 가장 단순한 우주는 과거의 어느 유한한 시점―우리는 그 시점을 0-시점이라 부를 것이다―에 모든 방향으로 동일한 속도로

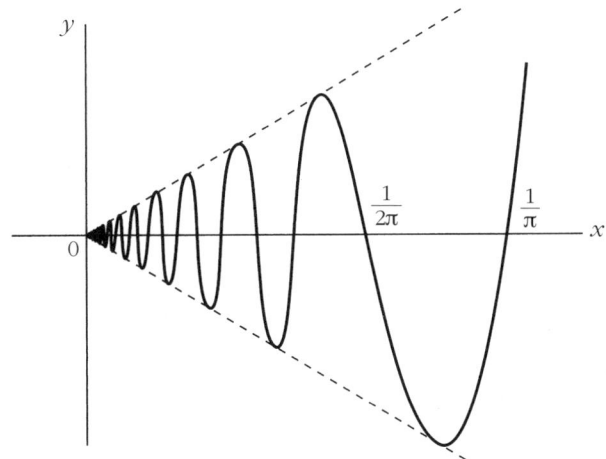

그림 10-10 x가 0에 다가갈 때 $\sin \frac{1}{x}$의 그래프. $x = 0$을 포함한 임의의 유한한 구간에서 그래프는 무한 번 진동해야 한다. 무한 번 진동하는 그래프를 그리는 것은 불가능하므로, 우리는 진동의 일부만 표현했다.

팽창하기 시작하고 미래의 어느 유한한 시점에 수축하기 시작하는 우주다. 그렇지만 우리는 우주가 모든 방향으로 동일한 속도로 팽창할 것을 기대하지 않으며, 우주가 이처럼 비대칭이 되면 우주의 행동은 매우 복잡해진다. 구체적으로, 우주는 부피가 늘어나기는 하지만, 두 방향으로 팽창하면서 한 방향으로는 수축하여 '팬케이크'처럼 된다. 그러나 곧이어 수축 방향이 팽창 방향으로 바뀌고, 두 팽창 방향 중 하나가 수축 방향으로 바뀐다. 그 결과 장기적으로 다양한 방향의 팽창 속도들이 무작위하게 변하고, 우주는 진동하게 된다. 이러한 행동은 1969년에 미국의 물리학자 찰스 마이스너(Charles Misner)가 발견했다. 그는 이렇게 행동하는 우주를 미국의 유명한 음식 혼합기의 이름을 따서 '믹스마스터(Mixmaster)' 우주라고 명명했다.[37]

우주의 역사를 0-시점의 빅뱅으로 되돌릴 때, 또는 우주가 크런치-시점의 빅크런치를 향해 수축할 때, 우주의 부피가 0을 향해 축소하면서 진동하는 것과 관련된 충격적인 사실은, 진동이 무한히 많이 일어난다는 것이다. 이는 x가 0에 다가갈 때 $\sin \frac{1}{x}$의 그래프가 진동하는 것과 유사하다 (**그림 10-10**). 그 그래프는 원점 근처에서 무한히 많이 진동한다. 그러므로 그 그래프를 완벽하게 그리기는 당연히 불가능하다.

믹스마스터 우주와 제논의 역설의 차이는, 믹스마스터 우주에서는 0-시점이나 크런치-시점을 포함한 임의의 기간에 물리적으로 구별되는 실제 사건들이 무한히 많이 일어난다는 점이다.[38] 믹스마스터 우주가 진동할 때마다 초침이 움직이는 시계로 측정하면 그 우주의 나이는 무한대가 될 것이다. 왜냐하면, 과거에 무한히 많은 진동이 일어났기 때문이다. 또 그 우주는 영원히 '살' 것이다. 왜냐하면 미래에 무한히 많은 진동이 일어나야 하기 때문이다.[39] 믹스마스터 우주가 진동이 일어날 때마다 '비트'의 정보를 처리하는 컴퓨터라면, 이 우주 컴퓨터는 무한히 많은 정보를 처리할 것이다. 즉 슈퍼태스크를 완수할 것이다. 이 컴퓨터는 우주 전체이기 때문에, 정보를 어디로도 보내지 않고, 무한한 가속이나 복사파의 축소에 방해받지 않는다. 이 컴퓨터는 존재하는 것 전체다.

그러나 이런 식으로 무한을 실현하려면 중요한 장애물 하나를 극복해야 한다. 만일 진동이 0-시점 이후의 어느 유한한 시점에서 시작되고 크런치-시점 이전의 어느 유한한 시점에서 끝난다면, 진동은 유한한 횟수만 일어날 것이다. 그렇다면 무한히 많은 정보를 처리한다거나 영원히 산다는 희망은 완전히 사라진다.

믹스마스터 우주가 부피가 0이 될 때까지 계속 진동할 수 있는지 우리는 모른다. 그러나 그렇지 않을 가능성이 매우 높다. 부피가 0이 되는 순간에 10^{-43}초 이내로 접근하면, 공간과 시간의 성질이 근본적으로 변한다는 사실을 우리는 안다. 그 시점은 양자역학적인 불확정성이 우주 전체의 공간과 시간을 압도하기 시작하는 시점이다. 우리는 그 시점보다 더 가깝게 빅뱅과 빅크런치에 다가간 시점에서 무슨 일이 일어날지 예측할 수 없다. 0-시점에서 10^{-43}초까지의 구간은 상상할 수 없을 만큼 짧다. 그러나 그 구간 속에서 일어나는 일을 제외할 경우, 우리 우주와 유사한 우주들의 믹스마스터 진동 횟수는 무한대에서 약 10회로 줄어든다.

다른 한편, 영원히 팽창하는 우주들은 전혀 다른 운명에 처할 것으로 보인다. 그 우주들은 더 차갑고 공허해지고, 생명이 진화하고 존속할 장소는 사라질 것이다. 많은 사람들은 영원히 팽창하는 우주에서는 생명이 필연적으로 멸종할 것이라고 믿는다. 생명이 무엇이고 무엇을 하는지 명확히 말하기는 어렵다. 그러나 우리는 '생명'의 가장 기초적이고 필수적인 속성을 밝히는 시도를 할 수 있다. 그 속성은 정보를 처리하는 능력일 것이다.

우주의 미래 모습을 두 가지로 상상할 수 있다. 만일 우리 우주가 중력에 의해서 감속하면서 영원히 팽창한다면, 정보가 영원히 처리될 것을 기대할 수 있다. 허빅과 나는 방향에 따른 우주 팽창 속도의 차이를 이용하여 다양한 방향으로 움직이는 복사의 온도 차이를 만들어낼 수 있음을 증명했다(**그림 10-11**).[40] 그 차이는 계산 과정을 진행시키는 동력으로 이용될 수 있다. 그러면 무한히 많은 연산들이 이루어질 수 있다.

두 번째 가능성으로, 만일 우주의 팽창이 영원히 가속된다면 미래의 모습은 달라진다. 현재 우리는 우주의 팽창이 가속되는 것을 보고 있다. 그것은 불가사의한 일이라고 할 수 있다. 중력적인 척력을 발휘하는 특이한 물질이 우주에 있다면 그런 가속적인 팽창이 일어난다는 것을 우리는 안다. 우리가 '암흑에너지'라 부르기로 한 그 물질의 정체에 대해 알려진 바

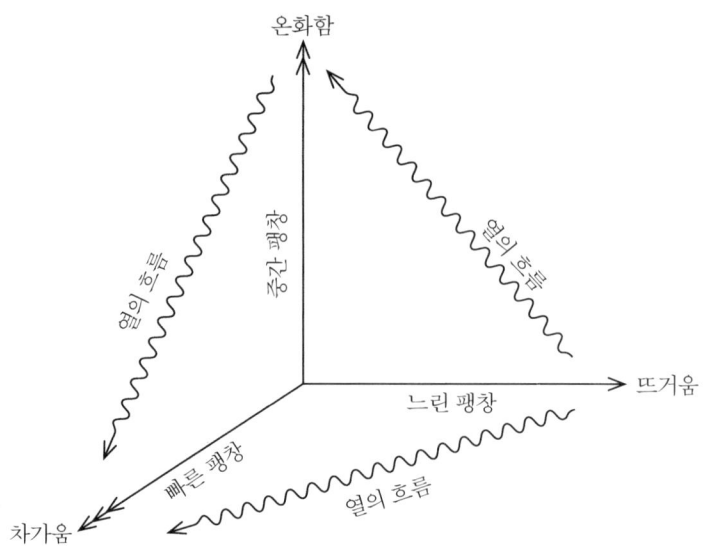

그림 10-11 우주가 방향에 따라 다른 속도로 팽창하는 것은 불가피하다. 그 팽창 속도의 차이는 복사를 방향에 따라 다른 정도로 냉각하는 데 이용될 수 있다. 그렇게 산출된 온도 차이는 '기계'를 작동하는 데 이용될 수 있다. 결국 우주 팽창 속도의 차이로부터 에너지를 추출하는 셈이다. 에너지보존법칙이 성립해야 하므로, 에너지가 추출되고 나면, 우주는 약간 더 대칭적으로 팽창할 것이다. 놀랍게도 이 기계의 '생명력'은 조석(潮汐) 에너지에서 나온다. 물론 그 조석 에너지는 휘어진 공간 속에 있는 중력파의 조석에 의해 만들어지는 특별한 유형이지만 말이다.

는 그것이 전부다. 암흑에너지가 계속 존속한다면, 우주는 영원히 가속 팽창할 것이고, 모든 정보처리는 결국 사라질 것이다.[41] '생명'은 어떤 종류든 결국 소멸하고, 팽창하는 우주의 무한한 미래 전체에 유한히 많은 정보 비트들만이 처리될 것이다. 그러나 만일 암흑에너지가 일시적으로 존재하다가 익숙한 형태의 복사와 에너지로 붕괴한다면, 팽창은 감속되는 추세를 회복할 것이다. 생명이 그때까지 남아 있다면, 팽창 속도가 감소하는 것을 이용해서 삶과 계산과 변화를 지속하는 것이 이론적으로 가능하다. 그러면 모든 것이 계속해서 새로워질 수 있을 것이다.

11장

영원한 삶

비 오는 일요일 오후에 무엇을 해야 할지 모르는
수백만의 사람들이 불멸을 동경한다.
수잔 에르츠[1]

유년기의 끝

우리가 우리의 불멸을 상상할 수 있을지라도,
우리는 그것이 그것의 부정만큼 끔찍하다고 느끼지 않을까?
미겔 데 우나무노[2]

영원한 삶을 도모하기 위한 사업은 끝이 없을 것이다. 영원한 삶은 수천년 동안 신비주의자들의 꿈이었으며, 많은 종교의 약속이었다. 인간의 평균수명은 역사가 기록되기 시작한 이래로 크게 변하지 않았다. 현재 우리는 최초의 신석기 시대 인간보다 두세 배 오래 사는 것으로 추정된다. 그러나 무한한 시간을 놓고 볼 때, 그 정도의 진보는 아무것도 아니다. 우리가 아는 가장 장수한 사람은 122년 동안 살았다. 하지만 최근 들어 노화 전문가들은 노화를 유전학적으로 조절해 현존하는 사람들의 생애가 끝나기 전에 인간의 평균수명을 두 배로 늘릴 가능성을 논하고 있다.

인위적인 수단을 동원한다면, 우리가 '살' 수 있는 시간은 어떤 의미에서 끝이 없다고 말할 수 있다. 우리의 모든 장기를 타인의 여유 장기로 또는 공장에서 생산한 장기로 대체할 수 있다면, 우리 몸은 마치 계속해서 부품을 교체하여 결국 원래의 부품이 하나도 남아 있지 않게 된 구식 자동차와 유사해질 것이다. 이러한 가능성에 대해 부정적인 견해를 품을 이유는 없을 것이다. 오늘날에도 환자의 장기나 팔다리를 교체하는 작업이 이루어지고 있으니까 말이다. 이러한 가능성은 사람이 외적으로 보이는 신체 이상이라는 점을 강조한다. 당신이 당신의 컴퓨터에서 실행하는 프로그램이나 영상이 다른 컴퓨터에서도 실행될 수 있듯이, 우리의 정신에 깃든 자아도 마찬가지다. 자아는 신체에 많이 의존한다. 그러나 자아는 신체를 구성하는 원자들의 집합 이상이다.

지난 수백 년 동안 다수의 견해는 영원한 삶이 '좋으며', 우리는 그것을 위해 노력해야 한다는 것이었던 듯하다. 그러나 그 견해의 근거는 매우 다양해서, 그 근거들이 서로 대립할지도 모른다는 결론을 피하기 어렵다. 불의와 가난과 질병으로 얼룩진 운명에 처해 있지만 영원한 삶에 대한 희망으로 이 짧고 유한한 생의 비극과 억울함을 견디는 사람들이 있다. 자신이 과거에 이미 살았고, 죽은 다음에 다시 부활할 것이라고 믿는 사람들도 있다. 또 다른 사람들은 죽음이 삶의 비극을 벗어나게 해주는 고마운 탈출구라고, 또는 주어진 시간 동안에 신중하고 책임감 있게 행동하면서 최선을 다해 살게 만드는 자극이라고 생각한다. 많은 철학자들은 삶이 유한하다는 사실이 지상에서 보내는 시간을 지혜롭게 사용하도록 만드는 요인이라고 생각했다. 만일 삶이 영원하다면, 발전도 긴박한 상황도 성취감도 없을 것이다.

가장 세속적인 관점에서 우리는 생물학자에게 이렇게 물을 수 있다. 생물의 사회에서 죽음이 하는 기능은 무엇인가? 우리는 생명의 기원을 이해하기 위한 노력이 담긴 글을 자주 접한다. 반면에 죽음의 기원은 과학적으로 거의 논의되지 않는다. 죽음을 일으키는 사건들은 완벽하게 이해되지 않았지만, 죽음의 역할은 명백하다. 개체수가 특정한 수준에 도달한 이후에 탄생과 죽음이 더 이상 일어나지 않는다면, 그 집단의 유전정보와 독창성은 동결될 것이다. 발전은 극단적으로 느려지고, 궁극적으로 그 집단은 유전자 풀이 계속 재조합되고 확장되는 수명이 짧은 개체들의 집단보다 불리한 상황에 처할 것이다. 당연한 말이지만, 만일 자연적인 원인에 의한 죽음이 사라지고 탄생은 계속된다면, 환경이 매우 번잡해지고, 비자연적인 원인에 의한 죽음이 발생할 것이다. 또 먹이사슬에 많은 취약점이 생길 것이다.

죽음은 또한 치명적인 전염병으로 인한 멸종을 막는 좋은 방법이다. 이는 이상한 말로 들릴 수 있다. 그러나 치명적인 질병이 번지는 방식을 생각해보라. 감염자가 신속하게 죽으면 바이러스도 함께 죽어 질병이 확산될 가능성은 낮아진다. 그러나 만일 질병이 감염자를 극도로 쇠약하게 만들 뿐 죽이지는 않는다면, 질병은 극적으로 번져 집단 내의 모든 구성원들을 쇠약하게 만들 것이다.

그러나 의학이 발전하면 질병을 걱정할 필요가 없어지고, 유전적인 다양성을 유지하는 인공적인 방법들이 개발될 것이다. 그러니 생물학적인 논의는 이것으로 그치고, 영원한 삶이 야기하는 특이한 문제들을 살펴보기로 하자.

영생의 사회학

나는 내 업적을 통해 불멸을 얻고 싶지 않다.

나는 불사(不死)로 불멸을 얻고 싶다.

나는 주위 사람들의 마음속에서 살고 싶지 않다.

나는 나의 아파트 속에서 살고 싶다.

우디 앨런[3]

많은 전통적인 종교들은 죽음을 이해하고 받아들이는 것을 매우 강조한다. 죽음에서 벗어날 가능성은 예기치 못한 많은 문제를 발생시킨다. 사람들이 생활 상담소에 몰려와 영원한 삶을 선택해야 할지 조언을 구하는 장면, 또는 늦은 밤에 판매원의 전화를 받고 성급하게 영원한 삶을 구매한 후에 예상치 못한 문제들이 발생했다고 하소연하는 장면을 상상해보라.

이 환상적인 시나리오에서 가엾은 상담원은 어떤 하소연들을 듣게 될까? 우선 범죄와 관련한 문제들부터 생각해보자. 진실을 밝힐 시간이 무한히 많으면, 사람들이 갑자기 엄청나게 정직해지고 범죄와 부정이 극적으로 감소할지도 모른다.[4] 그러나 그런 상황에서 당신이 검거된다면, 판결은 더 복잡해질 것이다. 영원히 사는 사람들에게 '종신형'은 무엇을 의미할까? 정말로 영원한 징역을 의미할까? 정해진 기간 이하의 징역을 의미한다면, 적당한 기간은 얼마일까? 현 상황에서 우리는 25년을 기대수명 전체의 상당한 부분이라고 생각할 수 있다. 그러나 무한과 비교하면, 임의의 유한한 기간의 비중은 0이다. 범죄자에게 참을성은 매우 중요한 덕목이 될 것이다. 경찰이 아주 먼 시간 간격을 두고 발생한 두 사건을 연관지어 수사할 가능성은 낮을 테니까 말이다.

늘 그렇듯이 변호사는 바쁠 것이다. 당신이 누군가의 부주의 때문에 피해를 입었다면, 보상을 청구하기 위해서 손실을[5] 어떻게 평가해야 할까?

현재의 법은 사망이나 심각한 장애가 발생했을 경우, 피해자의 가족이 보상금을 받도록 정하고 있다. 보상금의 액수는 기대수입의 손실을 보상할 수 있을 정도로 책정된다. 그런데 만일 기대수입이 무한대라면 어떻게 해야 할까?

은퇴하는 사람은 있을까? 거의 0에 가까운 사망률에 걸맞게 출생률이 감소하면, 사회는 더 보수적이고 모든 것은 과거의 경험에 따라서 돌아가게 될까? 혹은 완전히 실패하더라도 만회할 시간이 충분하다는 것을 누구나 알고 있으므로, 사람들은 마음 놓고 모든 것을 시도하고, 사회는 걷잡을 수 없이 실험적이 될까?

결혼은 어떻게 될까? 일부다처제가 확산될까? 가족 간의 갈등이 매우 긴 시간에 걸쳐 축적되어 점진적인 가정 해체를 초래할까? 대가족은 늘어나는 구성원을 감당할 수 없어서 해체될까? 가부장주의는 사라질까? 가족의 중요성은 시간이 흐를수록 점차 감소할 것이 분명하다. 그 때문에 사람들은 좀 더 평화롭게 공존하게 될까? 사람들은 흔히 가족의 결속력이 원만한 인간 관계의 바탕이라고 생각한다. 하지만 우리가 잘 알듯이, 많은 폭력범죄는 가족 간에 일어난다.

영원한 삶을 약속하는 종교들은 어떻게 될까? 그런 종교들은 초점을 삶의 양에서 질로 바꾸게 될까? 죽음을 두려워하지 않는 신도들에게 무엇을 제공할 수 있을까? 어떤 종교들은 현 상태로 지속되는 영원한 삶을 가치 있게 생각하지 않는다. 현재의 삶은 다가올 위대한 일들을 위한 준비에 불과하기 때문에, 천국의 문 앞에 영원히 머무는 것은 축복이 아니라 저주다. 영원히 사는 것이 끔찍한 일이라고 여기게 된 많은 사람들을 위해 유한한 삶을 약속하고 윤리적으로 허용할 수 있는 방식으로 삶을 끝내는 방법을 제공하는 새로운 종교가 생겨날지도 모른다. 사람들은 여전히 '(신의) 재림'을 열망할 것이나, 재림은 지금과는 정반대되는 역할을 하게 될 것이다. 재림은 영원한 삶을 예고하는 것이 아니라 끝내는 역할을 할 것이다. 재림의 역할은 삶의 질을 바꾸는 것이 되어야 할 것이다.

영원히 살 수 있으므로 사회는 모든 것을 시도하고 많은 것을 성취한 사람들과, 시간이 충분하므로 아무것도 하지 않은 실패한 사람들(그들은 즐겨 '나중에'라고 말하면서 항상 태평하다)로 양분될 것이다. 앨런 라이트먼(Alan Lightman)은 『아인슈타인의 꿈』에서 이 두 성격 유형을 지적하고, 각각을 '현재인'과 '차후인'으로 명명한다.[6] 세계는 양극화될 것이다. 차후인들은 영원한 삶을 천천히 산다.

> 차후인들은 서둘러 강의를 시작하거나, 외국어를 배우거나, 볼테르나 뉴턴을 읽거나, 승진하거나, 사랑에 빠지거나, 가족을 부양할 필요가 없다고 생각한다. 왜냐하면 그 모든 일을 할 시간이 무한히 많기 때문이다. 한없는 시간 속에서 모든 일을 성취할 수 있다. 따라서 무슨 일이든 나중에 하면 된다. 누구나 알듯이, 성급한 행동은 실수를 낳는다. 누가 차후인들의 논리를 반박할 수 있겠는가? 우리는 모든 상점과 산책로에서 차후인들을 만날 수 있다. 그들은 헐렁한 옷을 입고 유유히 걷는다. 그들은 내용에 상관없이 아무 잡지나 읽고, 집 안에 가구를 재배치하고, 나뭇잎이 떨어지는 모습을 두고 논쟁하면서 즐거움을 느낀다. 차후인들은 카페에서 커피를 홀짝거리면서 삶의 가능성들을 토론한다.

정반대로 현재인들은 바쁘다. 그들이 더 많이 성취하고, 가장 많이 성취하기 위해서 경쟁하고, 칸토어가 밝힌 무한의 위계에 관한 글을 읽고 자극을 얻어 다른 현재인보다 무한히 더 많이 성취하기 위해 노력할수록,

차후인들과 그들 사이의 거리는 더 멀어진다. 라이트먼은 다음과 같이 말한다.

> 현재인들은 영원히 살 수 있으므로 상상할 수 있는 모든 것을 할 수 있음을 안다. 그들은 무한히 많은 직업을 가지고, 무한히 여러 번 결혼하고, 무한히 여러 번 정치적인 전략을 바꿀 것이다. 누구나 변호사, 건축공, 작가, 회계사, 화가, 의사, 농부가 될 것이다. 현재인들은 끊임없이 새 책을 읽고, 새 언어와 거래 방법을 공부할 것이다. 영원한 삶을 만끽하기 위해서 그들은 일찍 시작하고 결코 속도를 늦추지 않을 것이다. 누가 그들의 논리를 의문시할 수 있겠는가?[7]

영원히 사는 사람들의 가정생활은 거대한 평형 상태에 도달할 것이다. 영원히 살기 때문에 다음과 같은 일이 일어난다.

> 현재인과 차후인에게 한 가지 공통점이 있다. 그것은, 그들의 삶이 무한하기 때문에, 그들에게 친척이 무한히 많다는 점이다. 조부모도 증조부모도 고모할머니와 작은할아버지도 고조모도 죽지 않는다. 여러 세대의 친척들이 모두 살아서 조언자 역할을 할 것이다. 아들은 아버지의 그늘에서 벗어나지 못할 것이다. 아무도 독립하지 못할 것이다. 사업을 시작하는 사람은 부모와 조부모와 증조부모 등의 조언을 구해야 한다고 느낄 것이다. 왜냐하면 그들이 경험하지 못한 새로운 사업이란 존재하지 않기 때문이다.

> 결혼하는 사람은 무수한 친척들을 새로 얻을 것이다. 기술자는 견습생 생활을 벗어나지 못하고, 공학자는 고려해야 할 사항과 참조해야 할 전례

가 무한히 많아서 대형 프로젝트를 완수하지 못할 것이다. 세상은 끝없는 문의와 상담 때문에 지체된 미완성 프로젝트로 가득 찰 것이다. 개인적인 성취감은 찾아보기 어려울 것이다. 대부분 당신의 친척들인 무수히 많은 경험자들의 조언이 끊임없이 들려올 것이기 때문이다.

의심이 팽배하고, 비밀을 감추기 어려울 것이다. 모든 비밀은 결국 드러나고, 아주 오래 지속되는 결혼은 드물 것이다. 역설적이게도, 불미스러운 비밀이 드러나서 깨지는 결혼보다 미래에 그런 일이 반드시 일어날 것이라는 생각 때문에 깨지는 결혼이 더 많을 것이다. 우정도 마찬가지로 위태로워질 것이다. 사람들은 친밀한 우정을 갈망하면서 외로움을 느낄 것이다. 수많은 피상적인 관계들 중에 지속적인 가치를 지닌 관계는 하나도 없을 것이다. 가능한 모든 것이 필연적인 것이 되었다는 사실을 알 때 밀려드는 심리적인 압박감은 모든 사람의 삶의 질을 떨어뜨릴 것이다. 사람들은 충만하고 활기찬 유한한 삶이 보람 없는 영생보다 더 낫지 않을까, 생각하기 시작할 것이다. 자살이 빈번하게 일어날 것이다. 그 이유를 미겔 데 우나무노(Miguel de Unamuno)는 다음과 같이 설명한다.

> 오직 불멸을 감당할 수 있는 사람만이 불멸을 원한다. 모든 이성의 명령보다 강한 열정으로 불멸을 열망하지 않는 사람은 불멸을 감당할 자격이 없는 사람이다. 그런 사람은 불멸을 감당할 수 없기 때문에, 불멸을 원하지 않는다.[8]

끝없는 미래의 문제

변호사가 꿈꾸는 천국 : 모든 사람이 부활하여 소유권을 주장하고

> 조상들을 상대로 소유권 분쟁을 벌이는 세상.
>
> 새뮤얼 버틀러[9]

카렐 차페크(Karel Čapek)가 쓰고 후에 레오시 야나체크(Leos Janáček)가 오페라로 각색한 희곡이 있다. 그 희곡은 16세기 유럽에서 왕의 주치의로 활동한 아버지를 둔 엘리나 마크로풀로스라는 여인의 이야기를 그린다.[10] 그녀의 아버지는 불로장생의 약을 개발하고, 그 약을 시험적으로 딸에게 먹인다.

그 약은 효과를 발휘했다. 그러나 모든 약이 그렇듯이, 지속적인 효과를 얻기 위해서는 규칙적으로 복용해야 했다. 엘리나는 충실히 약을 복용했고, 342세까지 살았다. 그 엄청난 세월을 사는 동안 그녀는 주위 세계에 무관심해지고, 삶의 의미를 잃고, 지루한 절망에 빠진다. 그녀의 젊은 시절 친구들은 이미 오래전에 죽었다. 그녀는 약을 거부하고 죽음을 선택한다. 일부 노인들의 항의에도 불구하고 사람들은 불로장생의 약의 제조법을 없애버린다.

이 희곡에서 깊은 인상을 받은 영국의 철학자 버나드 윌리엄스(Bernard Williams)는 영원한 삶이 축복인지 저주인지를 진지하게 고민했다. 전통적인 종교의 영향을 배제하고 냉정하게 이 문제를 고민한 대부분의 철학자들과 마찬가지로 그는 영원한 삶이 독약이 담긴 잔이라고 판단한다. 그는 삶을 유한한 기간만큼 연장하는 것은 좋지만, 끝없는 삶은 반복과 지루함으로 가득 찬 우울한 미래를 안겨줄 뿐이라고 생각한다. 그는 삶을 지속하고 싶은 욕망을 품고 있음에도 어쩔 수 없이 다음과 같은 결론을 내린다.

영원한 삶을 견딜 수 있는 사람은 없을 것이다. 엘리나 마크로풀로스의 사례가 이미 부분적으로 보여주었듯이, 영원한 삶은 인간에게 필수적인 욕구들이 사라지게 만든다…… 나는 결국 나 자신에게 지루함을 느낄 것이다. 그런 일이 일어나기 전에 죽는 것은 분명 지혜롭고 정당하다. 그러나 그런 일이 일어나기 전까지는 살 이유가 있다. 죽을 기회를 얻은 행복한 엘리나 마크로풀로스와 달리 우리는 영원히 살아야 할지도 모른다.[11]

우리가 지적인 활동을 통해 무한한 미래에 모든 것을 알게 되리라는 믿음은 반드시 타당하다고 볼 수 없다. 우주에 존재하거나 존재할 수 있는 법칙들과 구조들의 개수가 유한한지 혹은 무한한지 우리는 모른다.[12] 또 그 개수가 무한하다면, 그 무한이 어떤 등급의 무한인지 우리는 모른다.[13]

예를 들어 우리는 수학의 영역이 무한하다는 것을 안다. 알려진 구조들로부터 산출할 수 있는 새로운 구조의 개수에는 한계가 없다. 그러나 그 구조들이 새로운 특징을 가질지 아닐지를 우리는 모른다. 사람들은 수학이 고갈될 때까지 새로움은 사라지지 않을 것이라고 추측한다. 왜냐하면 거의 모든 수학 명제는 컴퓨터로 진위를 판명할 수 없는 괴델의 결정 불가능한 명제이기 때문이다. 이와 관련해서 스티븐 클라크는 아서 클라크(Arthur Clarke)의 소설『도시와 별들』[14]에 나오는 불멸하는 인물들을 언급한다.

인류 최후의 거대도시 다이아스파에는 10억 년 전의 일까지 (편집된 상태로) 기억하는 불멸하는 사람들이 산다. 그들은 천 년 동안 활동한 후에 컴퓨터 저장소로 돌아가 다시 태어난다. 새내기들은 사회에서 제자리를 찾는 데 큰 어려움을 겪어야 한다. 또한 자리를 바꾸는 것은 훨씬 더 어렵다. 클라크의 영원한 사람들은 소수의 구조를 연구하고, 예술작품을 만들고, 상상의 세계를 탐험한다. 영원한 도시들이 모두 지루한 것은 아니다. 큰 변화가 없는 도시들도 존재할 가치가 있다. 영원한 삶을 바라는 욕구는 종결하거나 마감하지 않으려는 욕구다. 그 욕구는 사실 모든 것을 소유하여 자신의 외부에 아무것도 남아 있지 않게 하려는 욕구다.[15]

우리는 무엇이 우리의 유한성을 가장 강력하게 깨우쳐주는지 물을 수 있다. 그것은 우리가 가능한 모든 것을 할 수 없다는 사실일까? 혹은 우리에게 열린 가능성의 바다가 죽음에 의해 사라질 것이라는 인식일까? 우리가 도달할 수 없는 곳이 있다는 사실, 혹은 우리가 망각하게 될 사람들이 있다는 사실일까? 우리의 호기심이 고갈될 것이라는 사실, 혹은 우리가 망각하게 될 것들이 있다는 사실일까? 기독교 전통이 말하듯이 죽음은 그 자체로 '나쁜 일'이고 따라서 극복해야 한다는 믿음일까?

엘리나의 사례를 숙고한 윌리엄스는, 죽음은 우리에게 열린 가능성들을 닫아버리므로 나쁜 일이라는 결론을 내린다. 그런데도—우리가 현재의 인간성을 유지하는 한[16]—유한한 삶보다 불멸을 더 선호할 수는 없다. 왜냐하면 우리의 삶에서 가장 중요한 목표들은 삶의 유한성을 전제로 존재하기 때문이다. 따라서 매 순간 더 오래 살기 위해 노력할 이유는 있지만, 삶을 영원히 지속할 까닭은 없다. 이 사정은 우리가 앞장에서 살펴본 무한급수의 성질을 떠올리게 한다. 우리가 보았듯이, 무한히 많은 항들의 합은 그 항들이 가지지 않은 성질을 가질 수 있다.

철학 책에서 발견할 수 있는, 영원한 삶을 찬성 또는 반대하는 이 모든 논변들은 한 가지 흥미로운 유사성을 가지고 있다. 그것은 자기 자신 외에 다른 사람의 삶에 대한 언급이 없다는 점이다. 끝없는 삶에 대한 판단은 전적으로 자기만족[17]의 문제며, 끊임없이 일하고 생각하고 미래를 내다보면서 자신만의 의미를 얻으려는 욕구의 문제다. 엘리나는 다른 사람들을 도우며 사는 미래를 생각하지 않았다.

낯선 사람, 친숙한 사람, 잊힌 사람

기억,
내 마음의 귀퉁이 같은
번진 수채 물감 같은
우리 옛 모습의 기억
바브라 스트라이샌드[18]

과거의 기억을 간직하고 영원히 사는 것과 과거의 기억 없이 영원히 사는 것 중에서 무엇이 더 좋을까? 대답은 그 기억이 좋으냐 나쁘냐에 따라 달라질 것이다. 만일 기억이 (현재 우리의 기억이 그렇듯이) 유한하고 자주 틀린다면, 영원히 사는 것은 다시 태어나는 것과 비슷할 수도 있다. 언젠가 당신은 과거의 어느 날 이전에 일어난 일들을 거의 전부 망각할 것이다. 우리의 기억이 미치지 못하는 아주 어린 시절이 있듯이, 영원히 사는 사람들에게는 과거 지평이 있을 것이다.

옛 기억과 새 기억이 저장 공간을 놓고 경쟁한다면 흥미로운 일이 벌어질 것이다. 이 상황은 컴퓨터 디스크에 정보를 저장할 때와 유사하다. 디스크가 꽉 차면, 새로운 문서를 저장할 수 있게 무언가 삭제해야 한다. 사람들은 내일 새로운 것을 기억하기 위해서 오늘 무엇을 망각할지 결정해야 할 것이다. 그들의 삶은 하루도 빠짐없이 치료를 받아야 하는 만성적인 환자의 삶과 비슷해질 것이다. 기억 삭제는 당신이 자는 동안 이루어질 것이다. 기억이 삭제되지 않으면, 다음 날은 말 그대로 '공백'이 될 것이다. 당신은 어쩌면 장기간에 걸쳐 얻은 많은 자료를 가끔씩 CD로 옮기는 것을 선호하게 될지도 모른다.

먼 미래의 사람들은 아마도 기억을 간직하려는 욕구가 훨씬 적을 것이다. 거의 모든 사람이 글을 읽을 수 있게 되기 이전의 고대 세계에서는 기억이 생존과 직결될 만큼 중요했다. 사람들은 가족과 사회와 전통에 관한 정보를 모두 기억해야 했다. 심지어 30년 전까지만 해도 정보를 기억하는 능력이 뛰어난 학생은 매우 유리한 위치를 점할 수 있었다. 그러나 오늘날에는 과거 어느 때보다 기억의 필요성이 적다. 인터넷은 항상 수초 내에 정보를 찾아낼 수 있게 해준다. 먼 미래의 사람들은 아마도 산더미 같은 정보 앞에서 위축되어 기억과 회상에 대한 자신감을 더 많이 잃게 될 것이다. 혹은 인터넷이 우리를 더 가깝게 모으고, 연결하고, 각자의 지식을 서로 매우 비슷하게 만들어서, 우리가 새로운 형태의 집단적인 삶을 살게 될지도 모른다. 스테이플던의 고전적인 소설 『스타 메이커』에는 미래의 단일한 우주적인 자아가 등장한다. 죽음과 개성을 비롯한 개인의 모든 흔적은 그 자아 속에서 지워진다. 한 개인은 모든 사람이 죽어야만 죽는다.

기억을 보조장치에 따로 저장하게 될 가능성은 더 극단적인 일들을 상상하게 만든다. 유독 기억만 따로 저장할 이유가 있을까? 죽음에 대비하여 당신의 클론들을 자주 만들어놓을 수 있지 않을까? 그러면 갑작스럽게 죽음이 닥친다 하더라도 당신이 잃는 것은 단지 지난번 백업 이후에 얻은 경험뿐일 것이다. 선정적인 언론은 이를 매우 흥미로운 기삿거리로 여길 것이며, 거의 정신이 없어서 수천 년 동안 자신을 백업하는 것을 잊고 지낸 어느 대학교수는 수천 년 전으로 돌아가 다시 시작해야 할 것이다. 선택의 자유를 최우선으로 치는 세계에는 다시 시작하기를 선택하는 사람들이 많이 있을 것이다. 자신들의 운명에 싫증이 난 그들은 자신들의 현재 속성을 새로운 유전물질 속에 원하는 만큼 보존한 상태로 다시 태어나기를 선택할 수 있을 것이다. 그런 사람들을 위해서 보존과 다시 쓰기의 결과를 예측하고 판단하는 과학 분야가 생겨날 것이 분명하다.

이런 허구를 꾸며내기는 놀랄 만큼 쉽다. 이런 허구에서 얻을 수 있는 한 가지 교훈은, 우리가 기술적인 발전이나 지식보다 영원한 삶의 심리적인 측면들에 훨씬 더 많은 관심을 기울인다는 사실이다. 영원한 삶을 제안하는 자들이 건네는 계약서에는 단서 조항들이 있을 수 있다. 어쩌면 시간 자체가 점점 느려질지도 모른다. 그래서 당신에게 일을 할 시간이 무한히 많이 주어진다 하더라도, 일을 완수하는 데 걸리는 시간이 점점 더 길어질지도 모른다. 이는 점점 더 농도가 짙어지는 접착제 위를 걷는 것과 비슷하다. 영생하게 해주겠다는 제안은, 당신의 심장은 앞으로 유한한 횟수만 박동할 수 있지만 당신이 심장 박동 속도를 조절할 수 있게 해주겠다는 제안과 마찬가지일지도 모른다.

혹은 영생을 선택한 사람들의 미래는 겨울잠일 수도 있다. 에너지를 보존해야 하기 때문에 당신은 더 오래 자야 한다. 현재 우리는 일생의 약 3분의 1을 자는 데 쓴다. 이 비율을 높일 필요가 있어서 우리가 매년 점점 더 긴 겨울잠을 자야 한다고(100년이 지난 후에 1년 동안, 그 후에는 10년이 지난 후에, 또 그 후에는 1년이 지난 후에, 또 그 후에는 10분의 1년이 지난 후에 1년 동안⋯⋯ 자야 한다고) 상상해보자. 1년 동안 깨어 있고, 2분의 1년 동안 자고, 3분의 1년 동안 깨어 있고, 4분의 1년 동안 자고, 5분의 1년 동안 깨어 있고······[19] 성취는 점점 적어지겠지만, 그래도 우리는 영원히 살 것이다.

안타깝게도 우리의 우주는 중력의 손아귀를 벗어나 가속적인 팽창을 계속할 것처럼 보인다. 우리는 영원한 삶의 장점에 대해 얘기하기를 좋아하지만, 우리의 우주에서는 전망이 그리 밝지 않다. 환경은 점점 악화될 것이다. 에너지는 더 희소해질 것이다. 우리 우주의 가시적인 부분은 일시적으로만 존재하는 오아시스와 점점 더 유사해질 것이다. 과거에 우리의 우주에는 생명이 없었다. 미래의 어느 날 우리 우주는 다시 생명이 없는 상태로 돌아갈지도 모른다.

> 불멸하는 작은 존재들아, 위로를 받아라. 너희는 모든 존재가 내는 목소리가 아니며, 너희가 갈 수 없는 곳에는 영원한 침묵이 없다.[20]

금지된 시간 여행

> 우리가 셀리니가 살던 시절의 피렌체로 돌아갈 수 있다면,
> 또는 셀리니가 우리에게 올 수 있다면, 우리는 향기에, 그는 소음에 놀랄 것이다.
> 마이클 딥딘[21]

시간 여행은 또 다른 형태의 영원한 삶을 가능케 한다.[22] 만일 시간이 직선이 아니라 닫힌 고리라면, 역사의 시작도 끝도 없을 것이다. 시간 여행의 가능성은 과학소설과 과학논문에서 많이 논의되었다. 허버트 조지 웰스(Herbert George Wells)가 1895년에 유명한 소설 『타임머신』에서 최

초로 제안한 시간 여행은, 1949년에 유명한 논리학자 괴델이 우주 전체의 중력과 동역학을 정확하게 기술하는 아인슈타인의 일반상대성이론이 시간 여행을 허용한다는 것을 모두의 예상을 깨고 증명함으로써 비로소 과학계에 입성했다. 괴델은 시간 여행을 허용하는 우주를 기술하는 아인슈타인 방정식의 해를 발견하여 아인슈타인을 놀라게 했다. 그 우주는 우리 우주와 전혀 다르다. 그 우주는 팽창하지 않고 회전한다. 사람들은 괴델이 죽음에 대한 편집증적인 공포 때문에 시간 여행을 연구한 것이라고 수군거렸다. 그가 시간 여행을 삶을 연장하는 방법으로 여겼다고 말이다.

공간과 시간에 대한 우리의 경험은 제한적이다. 우리는 달에 다녀왔다. 우리가 몸소 경험하는 시간은 수십 년에 불과하지만, 우리가 가진 역사 기록은 수천 년에 달하며, 우리가 발굴할 수 있는 가장 오래된 화석은 수십억 년 전의 것이다. 그러나 이 모든 것은 상태가 매우 온화한—중력이 약하고, 밀도가 낮고, 큰 물체들이 광속보다 훨씬 느리게 움직이는— 우주의 일부분에 대한 경험일 뿐이다. 그 경험은 더 극단적인 환경에서 무엇이 가능한지 알고자 하는 사람에게는 신뢰할 만한 지침이 아닐 것이다. **그림 11-1**은 알려진 자연의 법칙을 위반하지 않으면서 타임머신을 제작하는 여러 방법을 보여준다.

만일 시간 여행이 가능해진다면, 우리는 자연의 비일관성에 직면할 것이다. 우리는 현재가 발생하지 않도록 과거를 바꾸어 사실관계의 모순을 만들어낼 수 있을 듯하다. 당신은 당신의 조상을 죽여서 당신이 탄생할 가능성을 제거할 수 있다. 그럴 경우 당신의 현재 존재는 논리적인 모순이 될 것이다. 우리는 또한 무에서 정보를 창조할 수 있을 것이다.

당신은 오늘 이 책을 읽고, 내일 시간을 거슬러 올라가 학생 시절의 나를 만나서 이 책의 내용을 전부 이야기할 수 있을 것이다. 책 속의 정보는 어디에서 나왔을까? 당신은 그 정보를 나에게서 얻었다. 그리고 나는 그것을 당신에게서 얻었다. 무에서 정보가 창조된 것이다.

시간 여행은 생명이 자연선택에 의해 진화한다는 이론 전체를 위태롭게 만들 것이 분명하다. 현재의 생물들에게 진화 역사의 먼 훗날에 극복해야 할 장애물을 미리 알려주고 그것에 대비한 훈련을 시킬 수 있을 테니까 말이다. 옥스퍼드의 물리학자 데이비드 도이치(David Deutsch)는

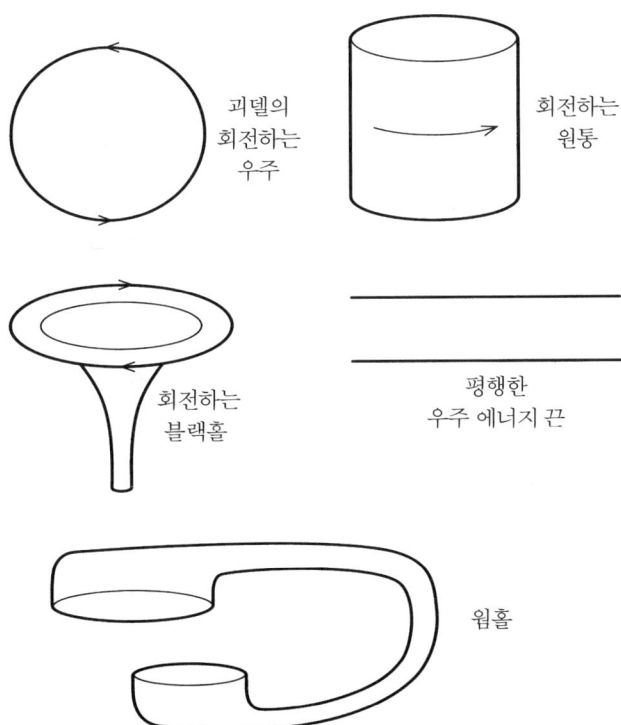

그림 11-1 아인슈타인의 일반상대성이론에 따르면, 물리학자들이 발견한 다양한 시간 여행 장치들이 이론적으로 존재할 수 있다. 거의 모든 장치들은 우주에 존재하는 회전을 이용하여 공간과 시간을 변형함으로써 시간적으로 닫힌 경로를 만든다.

시간 여행을 통해 정보를 무료로 얻는 것을 금하는 원칙이 있어야 한다고 주장했다.[23]

여러 책들은 예상할 수 있는 다양한 역설들을 제시한다. 시간 여행자가 어떤 책을 가지고 과거로 간다고 해보자. 과거에서 할 일이 많고 서둘러 현재로 돌아오는 바람에, 시간 여행자는 정원의 나무 밑에 책을 놓아둔 채로 돌아온다. 그 후 어느 날 우리의 시간 여행자는 과거로 여행을 떠나기 직전에 정원의 나무 밑에 놓여 있는 책을 발견한다. 그 책은 이상한 책이다. 씌어진 적도 편집된 적도 인쇄된 적도 제본된 적도 없다. 그 책은 시작 없이 다만 존재한다.[24]

할머니 역설

> 그들은 우유부단하기로 결단하고서, 결심하지 않기로 결심하고서,
> 표류하기로 단호히 작정하고서, 물처럼 흐르기로 바위처럼 굳게 다짐하고서,
> 모든 힘을 다해 무력하기로 하고서, 이상한 역설 속으로 들어간다.
> 윈스턴 처칠[25]

시간 여행에 관심이 있는 철학자들은 '내가 과거로 돌아가 나의 할머니를 죽이면 어떻게 될까'와 같은 유형의 논리적인 역설들을 '할머니 역설'이라 부른다. 그 역설들은 시간을 거슬러 오르는 모든 여행의 가능성을 반박하는 것처럼 보인다. 과거로 떠나는 여행은 웰스의 고전적인 소설에서 기계를 이용한 시간 여행 시나리오가 등장한 이래로 시간 여행에 관한 과학소설의 주요 소재가 되었다.

어떤 사람들은 할머니 역설과 무에서 창조된 정보의 역설이 우리 우주가 시간 여행을 허용하지 않음을 보여주는 증거라고 여긴다. (시간 여행의 불가능성을 다소 약하게 주장하는 사람들은 과거를 바꾸지 않는 한에서만 시간 여행이 허용된다고 말한다.) 예를 들어 유명한 과학소설가 래리 나이븐(Larry Niven)은 1971년에 쓴 「시간 여행의 이론과 실제」라는 글에서 '나이븐의 시간 여행의 법칙'을 발표했다.

어떤 우주가 시간 여행의 가능성과 과거를 바꿀 가능성을 허용한다면, 그 우주에서는 타임머신이 발명되지 않을 것이다.

시간 여행은 수정할 수 없는 비일관성을 우주에 도입하는 것과 동일하므로, 자연의 법칙들 속에 깊이 자리 잡은 모종의 일관성 원리에 의해 금지될 것이라고 나이븐은 확신한다.

이런 염려를 드러내는 것은 과학소설가들뿐만이 아니다. 물리학자 호킹은 1992년에 시간 여행을 금지하는 생각 일반에 '연대기 보호 추측'이라는 이름을 붙였다.[26] 중요한 역사적인 사건을 구경하거나 바꾸기 위해 미래에서 현재로 수많은 관광객이 몰려온 적은 없다. 이를 근거로 호킹은 과거로 가는 시간 여행은 불가능하다고 믿는다. 그러나 우리는, 시간 여행자들이 어떤 사건을 구경하려 할지 어떻게 아느냐고, 혹은 시간 여행자들의 개입으로 '정상적인' 역사의 진행에 이상이 생겼는지 아닌지를 어떻게 아느냐고 반문할 수 있다. 만일 1년 전에 저격당하지 않았다면, 케네디는 1965년에 제3차 세계대전을 일으켰을지도 모른다. 케네디의 죽음과 제3차 세계대전의 발발 중에서 어느 것이 정상적인 역사일까? 호킹의 연대기 보호 추측에 따르면, 거슬러 오를 과거가 없는 시간의 시초 이외의 모든 시점에서 물리법칙들은 타임머신이 제작되는 것을 금지한다.

일관된 역사

과도한 일관성은 몸뿐만 아니라 정신에도 해롭다. 일관성은 자연과
생명을 거스른다. 완벽하게 일관적인 사람은 오직 죽은 사람뿐이다.
올더스 헉슬리[27]

시간 여행에 대한 또 다른 반응은, 논리적이거나 물리적인 역설을 산출하지 않는 한에서만 시간 여행을 허용하는 것이다. 예를 들어 시간 여행은 정보나 에너지를 무에서 창조하지 말아야 한다. 그렇게 역사의 일관성을 원리로 하여 시간 여행에 접근하는 입장을 살펴보자.

당신이 시간을 거슬러 올라가 아기인 당신을 살해하기로 한다고 상상해보자. 당신은 사실과 관련된 역설을 산출하기로 한 것이다. 당신은 어머니의 품 안에 있는 당신에게 총을 겨눈다. 당신은 방아쇠를 당긴다. 그러나 당신이 아기일 때 어머니가 당신을 떨어뜨리는 바람에 생긴 어깨의 부상 때문에 팔에 경련이 일어나, 총알은 목표를 벗어난다. 그러나 어머니는 총소리에 깜짝 놀라 당신을 떨어뜨리고, 당신은 어깨를 다친다. 역사의 일관성을 파괴하지 않는다면, 시간 여행은 역사가들의 염려 대상이 되지 않을 것이다.

미래에서 온 관광객

신은 과거를 바꿀 수 없지만, 역사가들은 바꿀 수 있다는 말이 있다.
신이 역사가의 존재를 관용하는 것은
아마도 그런 면에서 역사가들이 신에게 유용할 수 있기 때문일 것이다.
새뮤얼 버틀러[28]

'미래에서 온 관광객' 문제는 긴 역사를 가지고 있다. 로버트 실버버그(Robert Silverberg)가 1969년에 명시적으로 제시한 이후,[29] 그 문제는 과학소설가들 사이에서 '군집한 관중 역설'로 알려졌다. 시간 여행자들이 과거로 갈 수 있다면, 점점 더 많은 구경꾼이 중요한 역사적인 사건들을 구경하러 모일 것이다. 예수의 죽음에는 수십억의 관광객이 몰려들 것이다. 그러나 원래 그 사건이 일어났을 때, 주위에는 '그런 관광객이 없었다'고 실버버그는 주장한다. 더 일반적으로 과거로 가는 시간 여행이 가능하다면, 우리는 우리의 현재와 과거가 미래에서 온 관광객으로 점점 더 붐비는 것을 볼 것이다.

> 시간 여행자들이 과거를 가득 채울 날이 다가오고 있다. 우리는 우리의 과거를 가득 채우고, 우리의 조상들을 둘러쌀 것이다.

관광객들은 사실상 신과 같을 것이다. 그들은 시간을 제어하고 모든 지식을 확보할 수 있을 것이다. 어쩌면 그런 여행을 가능케 하는 기술적인 지식도 심층적인 문제를 일으키기 때문에 활용이 금지될지도 모른다. 핵물리학에 대한 우리의 지식이 지구를 파괴할 능력을 제공하는 것과 유사하게, 시간 여행을 위한 지식은 우주의 일관성을 파괴할 가능성을 제공한다. 미국의 소설가 존 발리(John Varley)는 과학소설『밀레니엄』(1983)에서 다음과 같은 염려를 밝힌다.

> 시간 여행은 대단히 위험하다. 거기에 대면 수소폭탄은 아이들과 정신지체자들에게 선물해도 좋을 만큼 안전하다. 핵무기가 초래할 수 있는 최악의 결과를 생각해보라. 수백만 명이 죽는 것은 사소한 일이다. 시간 여행은 이론적으로 우주 전체를 파괴할 수 있다.[30]

미래에서 온 시간 여행자의 가능성을 부정하는 '그들이 어디에 있는가' 논증은, 우주에 진보한 외계인들이 수두룩할 것이라는 주장에 대해 페르미가 "그들이 어디에 있는가"라는 질문으로 대응한 것을 연상하게 한다.[31] 물론 우리는 외계인이 존재한다는 증거를 전혀 발견하지 못했다. 우리 곁에 진보한 외계인들이 부재하는 이유는 무엇일까? 다음과 같은 '중요한 일곱 가지' 이유를 꼽을 수 있다.

1. 신호를 보낼 수 있는 외계인이 아직 없다. 우리는 의사소통이 가능한 국소적인 범위 내에서 가장 진보한 생물이다.

2. 기술 문명은 고도로 발전할 수 있을 만큼 오래 존속할 수 없다. 문명은 스스로 자신을 파괴하거나 천문학적인 충돌로 사라지거나 질병, 천연자원 고갈, 회복할 수 없는 환경오염 등의 내적인 문제로 인해 신속하게 종말을 맞는다.

3. 무수히 많은 문명들이 있고, 우리 문명은 수백만의 평균적인 문명들 중 하나다. 따라서 가장 진보한 외계인들이 우리에게 특별한 관심을 가질 이유가 없다. 우리는 매우 흔한 곤충과 유사하다.

4. 진보한 외계인들은 미개한 문명의 역사에 개입하는 것을 엄격하게 금지하는 법률을 가지고 있다. 우리는 마치 사냥이 금지된 동물과 같다. 외계인들은 우리를 방해하지 않으면서 연구한다.

5. 진보한 외계인들은 존재한다. 그러나 그들은 우리를 능가하는 수준의 기술로만 의사소통한다. 그들의 '클럽'에 가입하려면 과학이 특정한 수준 이상으로 발전해야 한다.

6. 시간 여행은 가능하지만 실현될 가능성이 극도로 낮다. 시간 여행은 논리적으로 일관된 역사를 파괴하지 않아야 한다. 이 제한 조건은 매우 강력해서, 기본입자물리학의 영역을 제외한 모든 영역에서 시간 여행이 관찰 가능한 귀결을 낳는 것을 막는다.

7. 진보한 외계인들은 존재하지만, 그들의 크기는 원자나 분자와 유사한 나노 수준이다. 우리의 첨단기술들은 점점 더 작아지고 에너지 효율이 높아지고 있다. 우리보다 수백만 년 앞선 문명들은 우리의 천문학적인 탐지장치로는 감지할 수 없을 정도로 작을 것이다.

왜 우리가 우주 여행자의 증거를 발견하지 못하는지를 설명하는 이런 대답들은 왜 우리가 시간 여행자의 증거를 발견하지 못하는지에 대한 설명으로 바뀔 수 있다. 그러나 시간 여행과 관련해서는, 고도로 진보한 외계인들이 자기 억제를 할 가능성도 있다. 왜냐하면 그들은 시간 여행이 시공 전체의 일관성에 치명적인 결과를 초래할 수 있음을 더 잘 알 것이기 때문이다. 시간 여행이 우주를 손상시키지 않는다 하더라도, 너무 비싸거나 실용성이 없을 수도 있다.

경제계에 뛰어든 시간 여행자들 : 영원한 현금인출기

시간이 간다고 말했나? 천만에, 그렇지 않네.
안타깝게도, 시간은 머물고, 우리가 간다네.
오스틴 돕슨[32]

'그들이 어디에 있는가'라는 논증의 가장 새로운 양태는 캘리포니아 대학의 경제학자 마르크 레인가넘(Marc Reinganum)이 제시했다. 그는 「시간 여행은 가능한가 : 경제학적인 증명」이라는 제목의 논문을 썼다.[33] 그는 현재의 이자율이 0보다 크다는 사실이 시간 여행이 존재하지 않음을 증명한다고 주장한다(더 나아가 그는 시간 여행이 불가능하다고 주장한다. 그러나 그것은 과도한 주장이다). 그가 제시하는 단순한 논증은, 시간 여행자들이 전 세계의 투자시장과 선물시장에서 엄청난 이익을 남긴다면, 이자율이 0으로 떨어져야 마땅하다는 것이다. 그러나 이자율은 0이 아니다. 따라서 시간 여행자는 존재하지 않는다.

이와 유사한 시나리오를 더글러스 애덤스(Douglas Adams)의 『우주의 끝에 있는 식당』에서 볼 수 있다.[34] 먼 미래에—시간의 끝에—위치한 식당이 있다. 손님들은 타임머신을 타고 그 식당으로 가서 창밖으로 우주의 멸망을 바라보면서 실컷 먹고 마신다. 그들은 최후의 순간에 식사를 마치고, 타임머신을 타고 집으로 돌아온다. 하루 저녁의 즐거운 식사를 위해 지불해야 하는 값은 엄청나게 비싸다. 그러나 지금 1페니를 이자가 붙는 은행계좌에 예금해두면 시간의 끝에서 엄청난 이자를 받을 수 있으므로, 거의 모든 사람이 그 값을 감당할 수 있다.

그러나 이 시나리오는 경제학적으로 너무 황당하다. 시간 여행자가 3001년에서 1달러를 가지고 2001년으로 와서 예금한다고 해보자. 이자율은 4퍼센트라고 가정하자. 그가 다시 집으로 돌아가 은행계좌의 잔금을 조회하면, 그 1달러에 복리이자가 붙어 잔금이 다음과 같은 어마어마한 액수로 불어난 것을 발견할 것이다.

$$1달러 \times (1+0.04)^{1000} = 108 \times 100만 \times 10억 \text{ 달러}!!$$

이는 현재 가격으로 아주 많은 행성들을 사기에 충분한 금액이다. 3001년 시점에서 이 금액이 충분하지 않다면, 시간 여행자는 이 금액의 일부를 가지고 2001년으로 다시 가서 미래를 위해 예금을 하면 된다. 분명하게 알 수 있듯이, 만일 시간 여행이 비용 없이 일상적으로 이루어지게 된다면, 이자율은 0이 되어야 할 것이다. 그렇지 않다면 시간 여행자들은 예금과 투자 체계를 영원한 현금인출기로 이용할 수 있을 것이다.

음의 이자율도 무료 시간 여행과 양립할 수 없다. 지금 투자한 1달러가 나중에 50퍼센트의 가치로 떨어진다고 해보자. 이 경우에도 시간 여행자들은 돈을 무한히 벌 수 있다. 시간 여행자들은 지금(가격이 1달러일 때) 투자물을 팔고, 투자물의 가격이 50퍼센트로 떨어진 시점으로 가서 다시 살 수 있다. 또는 투자물의 가격이 50퍼센트일 때 산 다음에, 가격이 1달러인 시점으로 돌아가서 팔 수 있다. 어떤 방법을 쓰든지 시간 여행자는 50퍼센트의 이익을 남길 수 있다. 이 경우에도 이자율이 0이라면 이익은 사라진다. 아인슈타인이 시간은 돈이라는 것을 증명했다고 말한 사람이 있다. 그 사람은 어쩌면 시간 여행과 관련된 이런 사정을 염두에 두고 있었는지도 모른다.

타임머신을 만드는 기술이 수천 년 후에라도 개발된다면, 현재의 이자율은 0이 되어야 한다는 것에 유의하라. 이 논증은 투시력 등의 초능력을 가진 사람들이 도박에서 많은 돈을 벌 것이라는 생각을 반박하는 논증을 연상하게 한다. 당신이 매주 로또에 당첨될 수 있다면, 왜 성가시게 수저를 구부리고 안 보이는 카드를 맞추겠는가? 만일 초능력이 존재한다면, 초능력자들은 여러 방면에서 성공을 거두고, 초능력은 성공한 초능력자들에 의해 더욱 진화되어야 할 것이다.

시간 여행의 경제적 타당성을 반박하는 더 현실적인 논증도 당연히 있을 수 있다. 과거로 가는 여행에 엄청난 에너지가 필요해서, 그 여행이 이론적으로 가능하지만 현실적으로 실행이 전혀 불가능할 수 있다. 혹은 시간 여행을 제공하는 회사들이 '업무상의 지연'이나 엄격한 안전 규정 때문에 수시로 서비스를 중단해야 하기 때문에, 시간 여행이 한 번도 성사되지 않을 수도 있다.

당신이 과거를 바꿀 수 없는 이유

너는 기억해야 해

입맞춤은 여전히 입맞춤이고

한숨은 다만 한숨이라는 걸,

시간이 흘러도

근본은 변함이 없다는 걸.

허먼 허펠드[35]

우리는 시간 여행의 가능성을 반박하는 '과거 바꾸기' 논증들의 타당성을 인정해야 할까? 그 논증들은 과거를 바꿀 때 발생하는 비일관성을 지적한다. 과거는 있었던 모습 그대로 있었다. 당신은 과거를 바꾸고서 현재가 여전히 그대로이길 바랄 수 없다. 우리가 과거에 영향을 미칠 수 있을지도 모른다. 그러나 어떻게 두 개의 과거가, 즉 있었던 과거와 우리가 개입하여 바뀐 과거가 있을 수 있는가? 당신이 과거로 돌아가 당신의 출생을 막는다면, 당신은 지금 여기에 존재할 수 없으므로, 당신의 출생을 막기 위해 과거로 돌아갈 수 없을 것이다.

자세히 살펴보면 알 수 있듯이, 할머니 역설의 핵심은 일관성 문제다. 시간 여행은 과거를 말소하거나 바꾸어 두 개의 과거가, 즉 당신이 개입한 과거와 개입하지 않은 과거가 발생하도록 만들지 않아야 한다. 당신이 과거로 가서 어떤 역사적인 사건에 영향을 미치면, 당신은 그 사건의 일부가 될 것이다. 따라서 현재의 역사 기록에는 당신이 들어 있을 것이다. 그러나 시간 여행자는 과거를 바꾸지 못한다. 왜냐하면 1066년에 실제로 일어나지 않은 일을 1066년에 일어나게 할 수는 없기 때문이다. 과거의 사건 현장에 함께 있어서 역사 기록에 등장하는 것은 가능하다. 그러나 그것은 과거를 바꾸는 것과 전혀 다르다. 과거에 영향을 미치는 것은 가능하지만 바꾸는 것은 불가능하다. 만일 바꾸기가 일어난다면, 우리는 그

11장 영원한 삶 333

바꾸기가 일어난 날이 언제냐고 물을 수 있다. 같은 맥락에서 미국의 철학자 래리 드위어(Larry Dwyer)는 다음과 같이 주장한다.

> 시간 여행은 역방향의 인과관계를 포함하지만, 과거 바꾸기는 포함하지 않는다. 시간 여행자는 일어난 일을 무화하거나 일어나지 않은 일을 일으키지 않는다. 왜냐하면 그의 과거 방문이 그 시기의 사건들과 관련된 명제들의 진릿값을 바꿀 수는 없기 때문이다. 시간 여행자가 과거를 바꾸는 경우—정말로 모순되는 경우—와 시간 여행자가 과거의 현장에 다만 같이 있는 방식으로 과거에 영향을 미치는 경우를 명확하게 구분해야 한다고 나는 생각한다.[36]

일반적으로 우리는 시간이 직선으로 흐른다고 생각한다. 시간 여행은 그 직선을 구부려 원을 만드는 것과 같다. 일렬종대로 걸어가는 사람들을 상상해보자. 이 경우에는 누가 앞에 있고 누가 뒤에 있는지 명확하게 판정할 수 있다. 직선적으로 흐르는 시간에서도 사정은 동일하다. 당신은 언제나 어떤 사건이 당신의 미래에 있는지 혹은 과거에 있는지 말할 수 있다.

이제 사람들이 원을 그리며 걷는다고 해보자. 국소적으로는(당신의 앞에 있는 한 사람과 뒤에 있는 한 사람만 보면) 누가 당신의 앞에 있고 누가 뒤에 있는지 분명하게 말할 수 있을 것이다. 그러나 원 전체를 생각하면, 앞뒤 개념이 무의미해진다. 각각의 사람은 나머지 모든 사람 앞에 있고 또한 뒤에 있다. 누가 누구의 앞에 혹은 뒤에 있는지 더 이상 말할 수 없다. 누구나 다른 사람의 앞에 있고 동시에 그의 뒤에 있다. 순환적인(원형의) 역사 전체는 일관적이거나 그렇지 않을 것이다.[37] 시간 여행이 포함된 역사도

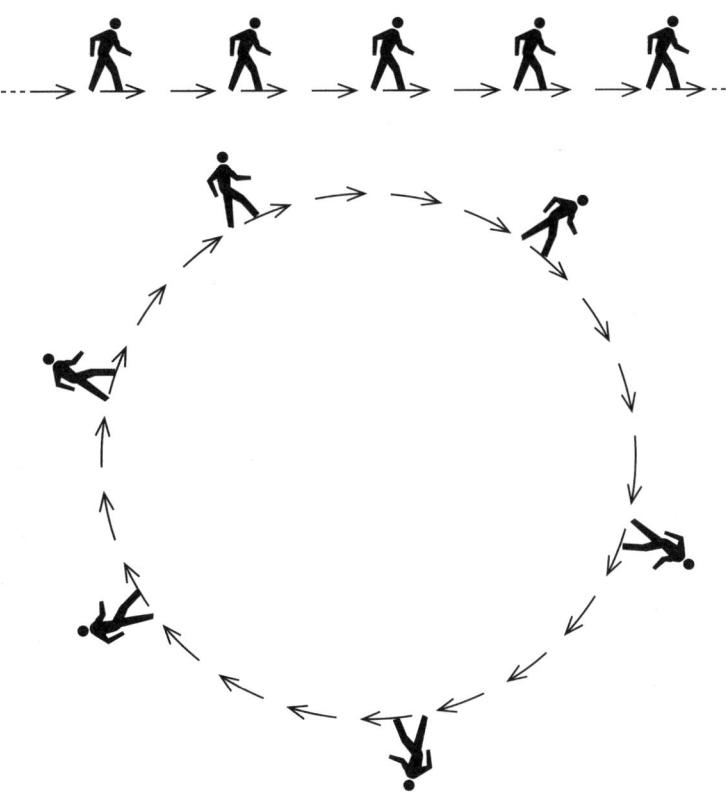

그림 11-2 일렬종대로 행진하는 사람들과 원형으로 행진하는 사람들. 사람들이 원형으로 행진하면, 각자가 임의의 다른 사람의 앞에 있으면서 또한 뒤에 있다. 사람들이 일렬종대로 행진하면, 각자는 임의의 다른 사람의 앞에 있거나 뒤에 있다.

마찬가지다. 일의적인 과거와 미래의 개념은 없다. 당신은 과거를 '바꿀' 수 없다. 닫힌 시간의 고리에는 논리적으로 일관된 사건들의 연쇄만 있다. 존재하는 것은 존재하고, 존재했던 것은 존재했다. 당신은 과거의 일부가 될 수 있지만, 과거를 바꿀 수 없다. 니체가 말했듯이, "존재의 영원한 모래시계가 또 한 번 뒤집히면"[38] 당신의 경험은 되풀이될 것이다.

시간 여행에 관한 논의에서 우리가 얻는 교훈은, 시간 여행이 영원한 삶의 비법을 제공하지 않는다는 것이다. 시간 여행이 실현될 수 있는지 우리는 모른다. 시간 여행을 허용하는 아인슈타인 방정식의 해들은 극히 예외적이며 우리가 우주 안에서 관찰한 상황들과 거의 관계가 없다. 그러나 누가 알겠는가? 어쩌면 우리가 적절한 장소를 아직 관찰하지 못한 것일지도 모른다. 닫힌 시간의 고리는 유한히 많은 가능성들만으로 이루어진 끝없는 미래를 가능케 한다.

무한 — 그것은 어디에서 끝날까?

나는 우리가 과거는 지나갔다는 것에 동의하리라고 생각한다.

조지 부시[39]

우리의 축제는 이제 끝났다. 우리는 큼과 작음에 관한 인류 사유의 역사를 관통하는 풍부한 광맥의 작은 일부를 탐사했다. 무한과 유한의 충돌은 우리의 정신 속에 깊이 자리 잡은 딜레마이다. 우주에 관한 생각 속에서, 셈에 관한 생각 속에서, 이 세상이나 어떤 다른 곳에서 우리 의식의 존속에 관한 생각 속에서, 우리가 어디에서 왔는지에 관한 생각 속에서 우리는 그 딜레마가 등장하는 것을 본다. 우주에 관한 궁극적인 질문들에 대한 답을 찾는 과정에서 우리는 시간과 공간과 물질의 끝에 다가갔다. 거기에서 우리는 온갖 형태의—또한 심지어 온갖 크기의— 무한을 만났고, 그 무한들을 모두 동일하게 다루는 것은 어리석은 일임을 배웠다. 고대인들과 달리 우리는 무한을 우리의 세계관에서 배제하지 않는다. 그러나 우리가 무한을 항상 환영하는 것은 아니다.

우리는 무한이 존재에 관한 결정적인 문제가 발생할 때만 무대에 등장하는 아주 중요한 배우라는 것을 알게 되었다. 무한은 우리가 우주에 시작과 끝이 있는지, 생명이 우주에서 영원히 존속할지, 결코 완수할 수 없는 과제가 있는지 알고자 노력할 때, 우리를 위해 제 역할을 한다. 무한은 우리 자신과 우리가 소중히 여기는 모든 것들의 복제에 대해서 숙고하고 잠재적이거나 현실적인 모든 가능성들을 저울질하는 것을 우리에게 과제로 안겨준다. 무한한 우주는 무작위한 과정을 통해 셰익스피어의 작품들을 만들어낼 수 있을 것이다. 예컨대 원숭이 떼가 무한히 긴 시간 동안 마구잡이로 타자기를 두들기면 그 작품들이 만들어질 것이다.[40]

무한은 또한 질량과 에너지의 궁극적인 구조와 관련한 가장 심층적인 자연의 비밀을 캐내려 노력하는 과정에서 우리가 그릇된 길로 나아가지 않게 도와준다. 과거 사람들은 무한이 혼란을 주는 악령이라고 여겼다. 그러나 우리는 무한이 옳은 길을 안내하는 든든한 길잡이라고 생각하게 되었다. 우리가 '만물의 이론'을 향해 가는 길에서 한 걸음만 벗어나도, 무한은 경고음을 요란하게 울린다. 우리는 유한하게 규정된 단 하나의 길이 있기를 바란다. 그 길은 실험으로 도달할 수 없고, 관찰로 꿰뚫어볼 수 없는 곳에 도달할 것이다. 물질과 우주의 본성을 이해하려는 노력은 전적으로 무한의 안내에만 의지하게 될지도 모른다. 우리는 무한을 지금보다 더 잘 알아야 할 것이다.

∞

∞

∞

∞

∞

∞

∞

∞

∞

∞

∞

∞

∞

∞

∞

∞

-

-

옮긴이의 말
무한을 담은 책

제논의 역설을 처음 배웠을 때, 도통 이해가 안 갔다. 대체 무엇이 문제이고 심지어 역설이라는 것인지 답답할 따름이었다. 적어도 교과서와 시험지에서 운동이며 연속이며 극한을 숱하게 보아 익숙하게 여기던 나에게는 2천여 년 전에 제논이라는 철학자가 제기했다는 그 역설이 재미없고 쓸데없고 아둔한 말장난으로만 보였다.

실제로 그렇다고 평가하는 책들이 많이 있었다. 위대한 뉴턴이 미적분학을 발명하여 제논의 역설을 해결했다는 평가. 그 역설의 바탕에 깔린 무한의 개념은 고대 그리스인에게는 역설적이었을지 몰라도 우리 계몽된 근대인에게는 역설적이지 않다는 식의 평가. 얕은 지식으로 무한에 접근하기는 어렵다. 무한이 아닌 것을 무한인 줄 착각하면서 움켜쥐기 십상이기 때문이다.

이제 제논의 역설에 대한 나의 해석은 이러하다. 제논이 지적하고자 한 것은 우리의 언어와 이 세계가 애초부터 어긋난 채로 얽혀 있다는 역설적인 사실이다. 그리고 이 근원적이고 역설적인 얽힘을 부르는 이름이 무한이다.

그러므로 누구든지 무한에 접근하고자 한다면, 멀리 나아갈 일이 아니라 자기 자신을 돌아봐야 한다. 왜냐하면 세계와 언어의 얽힘이 가장 뚜렷하게 드러나는 자리가 바로 우리, 생각하는 인간이기 때문이다. 또 무릇 이론도 그 얽힘의 실례이므로, 예컨대 미적분학이 정말로 무한에 접근하고자 한다면 자기 자신을, 자기 자신의 토대를 논해야 한다. 자기 자신을 돌아볼 줄 아느냐는 얕은 지식과 참된 지혜를 가르는 훌륭한 기준이 될 수 있을 것이다.

무한에 접근한다는 것, 곧 자기 자신을 돌아본다는 것은 자기 자신을 파괴하는 일일 수 있다. 다양한 형태로 발생하는 자기언급(self-reference)의 역설을 생각해보라. 무한을 기술하는 최선의 방법은 무한을 담으려다가 부서진 그릇들의 파편을 늘어놓는 것일지도 모른다. 아니 애당초 무한 자체가 유한의 내부에서 불이나 바람처럼 솟아나와 유한을 파괴하는 방식으로 존재하는지도 모른다.

한편으로 잿더미에서 불을, 무너진 집에서 바람을 보는 지혜. 다른 한편으로 휘황찬란한 유리 상자를 내밀면서 불과 바람을 담아왔다고 자랑하는 어리석음. 이 책이 전자를 북돋지는 못할지언정 후자를 부추기는 불상사만큼은 없기를 바란다. 옮긴이가 보기에 이 책은 폐허다. 그러나 잿더미가 불을 담을 수 있다면, 이 책도 무한을 담을 수 있다.

주

이론들, 이론들, 무수한 이론들이 바람에 날려온 낙엽들처럼, 거대한 종이 공장에서 폭풍에 휩쓸린 종이들처럼, 허리케인 속의 먼지구름처럼 내 위로 쏟아진다. 나는 그 거대하고 삭막한 소용돌이 속에서 헐떡거리면서 그 먼지 속에 유기체의 진실을 품은 홀씨들이 들어 있음을 거의 잊어버린다. 홀씨들은 대부분 말라죽은 것들이지만, 가끔씩은 살아 있고, 생산력이 있고, 중요한 의미를 지니고 있다.

올라프 스테이플던, 『최후의 인간과 최초의 인간』

그녀의 정신은 그녀의 소중한 서재와 상관없이 작동하는 듯이 보였다. 그러나 그녀는 영감을 얻기 위해 책들에 의존했다. 책들은 소리 없이 그녀의 곁에서 살면서 그녀에게 힘과 안정감을 주었다.

존 베일리, 『아이리스 머독』의 작품 속 인물

머리말

1. 슈테파니 메릿(Stephanie Merritt)과의 대담, 'Move over Coetzee', *Observer*, Review, 28 September 2003, p. 16.
2. 고흐의 전기작가 르네 헤이그(René Hayghe)의 글에서 재인용, *Van Gogh*, Serépel, Paris, 1972.

1장

1. A. Lerner, 1965년작 뮤지컬 〈On a Clear Day〉의 주제곡.
2. M. de Unamuno, *Tragic Sense of Life*, trans. J. E. Crawford Flitch, Dover, New York,

1954, first pub. 1921.
3. M. Dibden, *Medusa*, Faber, London, 2003. p. 240에서 인용.
4. http://www-gap.dcs.st-and.ac.uk/~history/Curves/Lemniscate.html
5. T. Stoppard, *Rosencrantz and Guildenstern Are Dead*, 2막, Faber, London, 1967.
6. C. G. Atkins, *Greates Thoughts on Immortality*, ed. M. Pepper, *The Pan Dictionary of Religious Quotations*, Pan, London, 1989, p. 250에서 재인용.
7. http://stingetc.com/lyrics/windmills.shtml
8. Augustine, *De Trinitate*.
9. 이것은 처음에 보기보다 더 미묘한 사안이다. 하늘의 모습은 위도에 따라 크게 달라지며, 하늘의 모습에서 영감을 받은 신화들과 전설들은 밤하늘이 천구상의 극점을 중심으로 회전하는 모양 등을 반영하는 체계적인 차이를 나타낸다. 더 자세한 설명은 J. D. Barrow, *The Artful Universe*, Oxford University Press and Penguin, 1995 참조.
10. 바벨이라는 이름은 수메르어와 바빌로니아어로 '신의 대문'을 의미하는 '바벨(Babel)'과 '혼란'을 의미하는 '발랄(balal)'에서 나온 것으로 보인다.
11. *Genesis* 11 : 4.
12. E. Maor, *To Infinity and Beyond : a cultural history of the infinite*, Princeton University Press, 1991, p. 138에서 재인용.
13. 이에 관한 논의는 J. D. Barrow, *Pi in the Sky : counting, thinking, and being*, Oxford University Press and Penguin, 1992 참조.
14. Robert Pirsig, *Lila, Bantam*, New York, 1992.
15. W. Blake, *Auguries of Innocence*, Dover, New York, 1968.
16. 패트릭 사이더(Patrick Syder)가 촬영한 이슬람의 타일 붙이기 사진; copyright © Patrick Syder Images.
17. 로저 펜로즈(Roger Penrose)의 허가하에 복사함.
18. 아르키메데스는 원을 96각형으로 근사하여 매우 정확한 π의 근사값 3.14103을 얻었다.
19. 더 자세한 사항은 J. D. Barrow, *The Constants of Nature*, Jonathan Cape, London, 2002, pp. 117~118 참조.
20. 심리학자 게오르크 라코프(George Lakoff)와 라파엘 뉘네즈(Rafael Núnez)는 그들의 책 *Where Mathematics Comes From*(Basic Books, New York, 2000, chap. 8)에서 우리 개념 체계의 일부로서 '기초적인 무한의 은유(BMI)'가 존재한다고 주장했다. 그들은 인지적인 관점에서 볼 때 유사한 다수의 수학적인 구조들이 있다고 주장한다. 그러나 그들은 그것이 뇌 속의 개념적인 장치가 실재를 이해하는 중립적인 그릇이 아니라, 우

리가 일상에서 유한한 것들을 다루는 방식을 응용하여 수학을 빚어내는 처리 장치를 의미한다고 해석한다. 우리가 이 장에서 제시한 논의는 무한의 개념이 우리의 정신에 들어오는 몇 가지 방식을 보여준다. 그러나 우리는 무한의 개념이 우리의 정신에 의존하지 않고 존재한다고 주장하려 한다. 왜냐하면 무한에 대한 우리의 이해가 우리의 정신에 의해 필연적인 방식으로 형성된다는 것이 무한의 개념 속에 우리의 정신이 주입한 것 외에는 아무것도 없음을 뜻하지는 않기 때문이다.

21. 세 번째 역설과 네 번째 역설은 흥미가 덜하다. 제논의 세 번째 역설은 날아가는 화살을 논한다. 임의의 시점에 화살은 특정한 고정된 위치에 있다. 따라서 화살은 움직이고 있을 수 없다고 제논은 주장한다. 제논의 네 번째 역설은 3행으로 늘어선 사람들을 다룬다.

XXXX
YYYY
ZZZZZ

첫 번째 행 XXXX는 움직이지 않는다. 두 번째 행 YYYY는 최대 속도로 오른쪽으로 움직인다. 세 번째 행 ZZZZZ는 최대 속도로 왼쪽으로 움직인다. 그런데 제논의 주장에 따르면, 두 번째 행과 세 번째 행은 서로에 대해서 최대 속도의 두 배로 움직인다. 그것은 있을 수 없는 일이다. 따라서 운동은 불가능하다. 운동에 대한 우리의 현대적인 이해를 감안하면, 이 두 역설은 특별한 관심사가 되지 못한다. 예를 들어 특수상대성이론은 최대 속도 c, 즉 빛의 진공 속에서 속도가 존재한다고 주장한다. 그러나 만일 Y가 X에 대해 상대속도 u로 움직이고, Z가 X에 대해 상대속도 v로 움직인다면, Z의 Y에 대한 상대속도는 제논이 믿은 것처럼 u+v가 아니라, $(u+v)/(1+uv/c^2)$가 된다. 우리는 그 값이 절대로 c를 능가할 수 없음을 안다. 아인슈타인과 기타 학자들이 보여주었듯이, u=v=c라 하더라도 그 값은 c이다.

2장

1. B. Pascal, *Pensées*, ed, A. Krailsheimer, Penguin, London, 1966, fragment 418.
2. H. Weyl, *God and the Universe : the Open World*, Yale University Press, New Haven, 1932.
3. 우연과 확률에 관한 수학 이론이 매우 늦게 발생한 사연은 흥미롭다. 우연적인 사건을 이용하는 게임은 많은 고대 문명들에도 있었고, 그 문명들은 수학과 과학의 여러 분야를

개발했다. 대개 관절 부위의 뼈(스토코스stochos—이 단어에서 '무작위하다'를 의미하는 영어 단어 '스토카스틱stochastic'이 나왔다—는 그리스어로 뼈를 뜻한다)로 만들어진 고대의 게임 도구들은 모양이 비대칭적이었을 가능성이 있다. 이는 각각의 도구가 독특한 성질이 있었고, 대칭적인 주사위처럼 예상되는 결과의 확률이 일정한 도구에 기반을 둔 일반적인 이론이 없었음을 의미한다. 또는 우연을 신이 말하고 세계에 영향을 미치는 방식이라고 여겼을 가능성도 있다. 『구약성서』에서 제비뽑기를 이용해서 신의 뜻을 묻는 것을 볼 수 있다. 선지자 제비뽑기를 통해서 요나를 바다에 던지기로 결정한 것은 잘 알려진 예다. 대제사장도 자신의 옷에서 판을 꺼내 던져 신이 찬성하는지 혹은 반대하는지를 물었다. 이런 풍습이 있는 사회에서 우연을 체계적으로 연구하는 것은 매우 어리석은 일이며 신성모독이었을 것이 분명하다.

4. J. D. Barrow, *The Book of Nothing*, Jonathan Cape and Vintage, London, 2000.

5. Aristotle, *Physics*.

6. *Ibid.*, III 206a, 14~25.

7. *Ibid.*, 206b, 33~207a, 15.

8. J. Lear, 'Aristotelian Infinity', Proc. Aristotelian Soc. 80, 187~210, 1979.

9. Aristotle, *Posterior Analytics*. 1.22; Lear, *op. cit.*, p. 202 참조.

10. *Physics* IV 14, 223a, 16~18에서 아리스토텔레스는 이렇게 말한다. "시간이 어떻게 영혼과 관계하는지, 왜 시간이 땅과 바다와 하늘에 있는 모든 것 속에 있는 것처럼 보이는지 연구하는 것은 가치 있는 일이다…… 만일 영혼이 없다면 시간이 존재할까, 라고 묻는 사람도 있을 것이다. 세는 사람이 존재할 수 없다면, 어떤 것이 셀 수 있는 것이 되는 것은 불가능하다. 따라서 세어지는 것 혹은 셀 수 있는 것인 수도 명백히 존재하지 않을 것이다. 세는 능력을 가진 영혼이나 영혼 속의 정신이 없다면, 시간은 존재할 수 없다. 영혼 속에 변화가 있을 수 있다면, 시간의 바탕만 존재할 것이다."

11. 찬송가 작사가 존 뉴턴은 젊은 시절에 수학에 강한 흥미를 느꼈던 것으로 보인다. 그는 노예 거래에 관여하고 있을 때 선상에서 그리고 감비아에서 절도 누명을 쓰고 연금을 당한 적이 있다. "당시에 그는 섬에 배가 들어오면 자신의 처지가 부끄러워 숨을 정도로 궁핍했다. 특이하게도 그가 소지할 수 있었던 유일한 물건은 (아이작) 배로의 수학책 유클리드였다. 그는 섬의 외딴 구석에서 모래 위에 수학 도형들을 그리곤 했다. '그렇게 나는 나의 슬픔을 잠시 잊곤 했다'라고 그는 말했다." 그러나 개종을 계기로 그는 수학이 쓸모없는 보석과 같다고 느끼게 되었고 수학에 대한 흥미를 잃었다. http://www.cyberhymnal.org/htm/a/m/amazgrac.htm과 http://www.geocities.com/Heartland/Pointe?4495/biography.html 참조. 유명한 찬송가 〈놀라운 은총(Amazing

Grace〉〉의 가사는 그가 올니에 목사로 있을 때 썼고 『올니 찬송가집(*Olney Hymns*)』 (by W. Oliver, London, 1779)에 발표했다. 그러나 여기에 인용된 마지막 절은 익명의 저자가 추가한 것이다. 그 절은 이미 1829년에 『예루살렘 나의 행복한 집(*Jerusalem My Happy Home*)』이라는 제목으로 『침례교 성가집(*Baptist Songster*)』(by R. Winchell, Wethersfield, Connecticut)에 등장한다.

12. Augustine, *City of God*, Book XII, chapter 18.
13. 그와 비슷한 유형인 변환의 단순한 예로 x를 tanh(x)로 옮기는 변환을 들 수 있다.
14. Pascal, *Pensées*, op. cit.
15. 블레즈 파스칼(Blaise Pascal)의 판화. Léon Brunschvicg, *Pascal*, Éditions Rieder, Paris, 1932에서 인용.
16. 상대성이론에 따르면 신호의 속도에는 한계가 있다. 파스칼의 시대보다 나중인 뉴턴의 시대에도 중력은 즉각적으로, 다시 말해서 무한한 속도로 작용한다고 믿었다.
17. B. Pascal, *De l'esprit géométrique*(1657~1658), in *Great Shorter Works of Pascal*, trans. E. Caillet and J. Blankenagel, Westminster Press, Philadelphia, 1948. p. 195.
18. *Ibid.*, p. 196.
19. Pascal, *Pensées*, op. cit. p. 91.
20. 최소 시간 간격과 길이는 플랑크 단위 시간과 길이라 부르며, 빛의 속도와 뉴턴의 중력 상수와 플랑크의 양자 상수가 결정한다. 최소 길이는 약 10~33센티미터이며 최소 시간 간격은 약 10^{-43}초다. 이 최소 길이와 시간보다 더 작은 규모의 공간과 시간은 양자 중력 변환을 겪어 본성이 달라지는데, 그 변환은 아직까지 이해되지 않았다. 이 근본적인 공간과 시간의 단위에 대한 논의는 J. D. Barrow, *The Constants of Nature*, Jonathan Cape, London, 2002 참조.
21. Pascal, *Pensées*, op. cit. fragment 199.
22. Galileo Galilei, *Two New Science*s, trans. S. Drake, University of Wisconsin Press, Madison, 1974, p. 34.
23. R. Descartes, *Principles of Philosophy*, 26, M. Blay, Reasoning with the Infinite, University of Chicago Press, 1993, p. 9에서 재인용.
24. Descartes, Op. cit., 26, Blay의 책에서 재인용.
25. *Ibid.*, 27, Blay의 책에서 재인용.
26. 더 자세한 논의와 참고서적은 J. D. Barrow & F. J. Tipler, *The Anthropic Cosmological Principle*, Oxford University Press, 1989. chap. 2, n. 245 참조.
27. 우리가 말하는 다름은 무한집합들의 크기의 다름이 아니다(신학자들이 주장하는 다름

도 마찬가지인 듯이 보인다).
28. N. Cusa, *On Learned Ignorance*, trans. J. Hopkins, Banning Press, Minneapolis, 1985, original pub. 1444.
29. 이는 본질적으로, 어떤 사람의 미래 행동을 예측하려 할 때, 만일 그 사람이 그 예측을 안다면, 예측은 논리적으로 불가능하다는 포퍼와 맥케이의 주장과 동일하다. J. D. Barrow, *Impossibility*, Oxford University Press, 1998 참조.
30. 진화론은 이러한 생각과 관련하여 다음과 같은 흥미로운 주장을 제시했다. 우리의 감각들은 참된 실재의 본성이 부과한 선택적 압력의 결과로 진화했다. 따라서 우리의 눈과 귀는 빛과 소리의 참된 본성을 우리에게 일러주는 형태와 구조를 가지고 있다. 더 자세한 논의와 경고와 참고서적은 J. D. Barrow, *The Artful Universe*, Oxford University Press and Penguin, 1995 참조.
31. M. Kline, *Mathematical Thought From Ancient to Modern Times*, Oxford University Press, 1972, p. 994.

3장

1. F. Morgan, *The Math Chat Book*, Math Assocn. America, 2000, p. x.
2. G. 호프닝(G. Hoffnung)의 옥스퍼드 유니온 연설, 4 December 1958, 오스트리아인 지주가 만든 호텔 안내서에서 인용한 글.
3. 연극 〈Infinities〉 사진(그림 3-1, 3-2, 5-2, 8-1)은 세라피노 아마토(Serafino Amato)의 허가하에 사용함.
4. 힐베르트는 20세기 전반에 세계 최고의 수학자 중 하나였다. 무한 호텔 이야기는 그가 지어냈다고 알려져 있는 듯하다. 그러나 그는 무한 호텔에 관한 글을 쓴 적이 없다. 무한 호텔 이야기는 가모프가 『하나 둘 셋…… 무한 : 과학의 사실들과 추측들(*One Two Three … Infinity: facts and speculations in science*)』(Viking, New York, 1961, first pub. 1947)에서 간단히 언급한 이후에 더 유명해졌다. 가모프는 "출간되지 않았고 심지어 써진 적도 없으나 널리 보급된 쿠랑트의 책 힐베르트의 이야기 모음"을 언급했다. 쿠랑트는 힐베르트의 가장 친한 동료였다. 수학적인 무한에 대한 힐베르트의 생각은 그의 논문 「무한에 관하여(On the Infinite)」에 요약되어 있다. 그 논문은 P. Benacerraf & H. Putnam, *Philosophy of Mathematics: selected readings*, 2nd edn, Cambridge University Press, 1983, pp. 183~201에 실려 있다.
5. J. Cornwell, *Hitler's Scientists*, Viking, London, 2003, p. 120.

6. N. Ya. Vilenkin, *In Search of Infinity*, Birkhäuser, Boston, 1995, p. 43.
7. "스퀘어 원으로 돌아간다"는 재미있는 표현은, 영국의 라디오 방송 초기의 축구 중계에서 처음으로 등장했다. 어린 시절에 그 표현을 들을 때마다 나는 뱀과 사다리가 나오는 보드게임을 떠올렸다. 축구장을 번호를 매긴 사각형들로 구획한 그림은 라디오 타임스에 실려 청취자들에게 제공되었고, 아나운서와 해설자는 번호를 말해 청취자들에게 공이 어디에 있는지 알려줄 수 있었다. 공격이 차단되어 공이 1번 사각형에 있는 골키퍼에게 백패스되면, 아나운서는 공이 "스퀘어 원으로 돌아갔다"고 말했다.
8. 소수는 1과 그 수 자신 이외의 자연수로는 나눌 수 없는 자연수다.
9. 수학과 학생은, m호 호텔의 n호실에서 온 손님을, n≧m일 경우에는 $(n-1)^2+m$호실에 넣고, n≦m일 경우에는 m^2-n+1호에 넣으라고 일러준다.
10. S. Leacock, "Boarding House Geometry", in *The Best of Stephen Leacock*, vol. Ⅰ. ed. J. B. Priestley, Humorbooks, Sydney, 1966. p. 26.
11. P. E. B. Jourdain, *The Philosophy of Mr b☆rt☆nd R☆ss☆ll*, Allen and Unwin, London, 1919, p. 66.
12. 존 케이지는 절대영도(섭씨 -273도)와 유사한 작품을 작곡하려 했다. 그 작품은 〈4분 33초〉라고 명명했다. 그 작품의 초연을 맡은 피아니스트는 공식적인 연주복을 입고 그랜드 피아노 앞에 4분 33초 동안 가만히 앉아 있었다(4분 33초는 273초다).
13. J. D. Barrow, *The Book of Nothing*, Jonathan Cape and Vintage, London, 2000.

4장

1. 인도인들의 추상적인 무한 개념에 대한 이해를 설명하는 베다어 진언(기원전 1000년 이전, 혹은 2000년 이전)을 그대로 쓰면 다음과 같다. '푸르나마다 푸르나미담 푸르나트 푸르나무아카이테 푸르나샤 푸르나마다야 푸르나메바바시시야테.' 이 글과 번역을 제공한 수브하시 카크(Subhash Kak)에게 감사를 전한다.
2. 기자회견 중계방송, www.geocities.com/Ama 51/Zone/7474/blquayle.html
3. '소피스마'를 '소피즘(궤변)'과 혼동하지 말아야 한다. '소피즘'은 고대인들이 공허한 철학을 비난하기 위해 사용한 단어다. '소피스마'는 비판적인 분석을 위해 만든 특별한 문장을 가리키는 중세 논리학의 전문용어다. 소피스마는 질문이나 문제가 아니라 해석을 필요로 하거나 논리학 체계를 위협하는 애매한 문장이나 수수께끼였다. 소피스마와 유사한 현대의 문장으로 자기지칭적인 문장을 꼽을 수 있을 것이다.
4. www.www4u.com/questioning

5. 갈릴레이와 그의 업적에 관한 정보와 사진은 http://es.rice.edu/ES/humsoc/Galileo에서 얻을 수 있다.
6. *Dialogues Concerning Two New Sciences*(First Day sections 78 & 79)에서 발췌함
7. 색소니의 알베르트의 초상화. www.gap.dcs.stand.ac.kr/~history/BiogIndex.html에서 인용.
8. J. Royce, *The World and the Individual*, Macmillan, London, 1901, supplementary essay section III, Pt. I , pp. 504~505.
9. I Thessalonians 5 : 21.
10. $S(n)$이 조화급수의 처음 n항의 합이라면, 오렘의 증명은 $S(2^n)\rangle=(n+2)/2$라는 것과, n이 증가할 때 $S(n)$이 천천히 무한을 향해 커지는 것을 보여준다.
11. 놀랍게도 무한급수 $1-\frac{1}{2}+\frac{1}{3}-\frac{1}{4}+\frac{1}{5}-\frac{1}{6}\cdots\cdots$의 합은 유한하며, 2의 자연로그값 즉 약 0.693과 같다.
12. 다음의 논변은 스포츠 기록에는 적용할 수 없다. 왜냐하면 스포츠 기록은 무작위적으로 경신되지 않기 때문이다.
13. R. M. Dickau, http://www.prairienet.org/~pops/BookStacking.html
14. N=1이면 벗어나는 거리는 0.5이며, N=2이면 0.75, N=3이면 0.917, N=4이면 1.042이다.
15. Irving Berling, *Let's Face the Music and Dance*.
16. 조화급수는 우리가 제시한 예들 외에도, 도로에서 1, 2, 3, 4, 5, 6, 7……n대의 자동차들이 꼬리를 물고 지나갈 확률을 말해준다. 왜냐하면 최저 속도 '기록'이 발생할 때 자동차들이 꼬리를 물게 되기 때문이다.
17. 최근에 노르웨이 아카데미는 스웨덴 아카데미의 유서 깊은 노벨상에 대항하는 의미로 국제적인 수학상을 제정하고, 닐스 아벨을 기념하기 위해 아벨상이라고 명명했다. 아벨상은 이름이 노벨상과 유사할 뿐만 아니라 상금도(약 100만 달러) 비슷하다. 2003년에 최초로 아벨상을 수상한 사람은 프랑스의 수학자 장 피에르 세르다.
18. 게오르크 칸토어와 그의 아내 발리의 1880년경 사진. J. W. Dauben, *Georg Cantor: His Mathematics and Philosophy of the Infinite*, Harvard University Press, 1979에서 인용.
19. F. Hutcheson(1694~1746), *Inquiry into the Original of Our Ideas of Beauty and Virtue*, J. Darby, London, 1720, II , iii.
20. '무한히 긴 0의 행렬로 끝나지 않는'이라는 단서는 끝부분에 9가 반복되는 무한소수들이 일으키는 애매성을 제거하기 위해 붙인 것이다. 이 단서 때문에, 예컨대 $\frac{27}{100}$은 0.27000…이 아니라 0.26999…이다.

21. 베른하르트 볼차노의 초상화. www.gap.dcs.stand.ac.uk/~history/BioIndex.html에서 인용.
22. 갈릴레이는 이 역설을 이용해서 임의의 원의 둘레가 그 원의 중심과 크기가 같음을 '증명했다'.
23. A. Camus, *The Fall*, Vintage, New York, 1956, p. 45.
24. 칸토어는 집합을 다음과 같이 설명했다. "집합은 하나로 생각할 수 있는 여럿이다."
25. 멱집합을 만드는 것과 비슷한 방식으로 새로운 문장들을 만들 수 있다. 우리가 어떤 관념을 가지고 있다면, 그 관념에 대한 관념을, 더 나아가서 그 관념에 대한 관념에 대한 관념 등을 만들 수 있다. "문장 T는 참이다"라는 문장이 전달하는 정보는 문장 T 자체에 담긴 정보와 다르다.

5장

1. 머피(1888~1973)는 미국의 자연주의자이며 환경운동가다. http://www.melodyonline.com/quotes2.html 참조
2. A. Christie, *An Autobiography*, HarperCollins, London, 1998.
3. E. Schechter, *Handbook of Analysis and its Foundations*, Academic, New York, 1998에서 재인용.
4. J. Dauben, *Georg Cantor*, Princeton University Press, 1990, p. 1.
5. 크로네커의 1885년경 사진, copyright © akg-images.
6. D. Burton, *History of Mathematics*, 3rd edn, Wm. C. Brown, Dubuque, IA, 1995, p. 593.
7. Dauben, *Georg Cantor*, p. 134.
8. *Ibid.*
9. *Ibid.*, p. 135.
10. *Ibid.*, p. 136.
11. *Ibid.*, p. 147.
12. 1896년 2월 15일에 에서에게 보낸 편지. H. Meschkowski, *Arch. History of Exact Sciences*, 2, 503(1965).
13. Dauben, *Georg Cantor*, p. 147.
14. *Ibid.*, p. 298.
15. II Chronices 6 : 18.

16. 유한주의는 여러 해 뒤에 라위천 브라우버르에 의해 주류 수학에 대한 극단적인 반발로서 재등장했다. 브라우버르는 천재적이지만 안정적이지 못했던 네덜란드의 수학자다. 브라우버르의 주장은 수학계에 위기를 불러왔고, 이번에는—유한주의의 옹호자인—브라우버르가 희생자가 되었다. J. D. Barrow, *Pi in the Sky*, Oxford University Press and Penguin Books, London, 1992, chap. 5 참조.

6장

1. Aristotle, *Physics*.
2. R. Eastaway and J. Wyndham, *Why do Buses Come in Threes?*, John Wiley, New York, 1999.
3. G. Cantor, *Gesammelte Abhandlungen*, p. 378; R. Rucker, *Infinity and the Mind*, Paladin, London, 1984, p. 9.
4. 칸토어는 당대의 인물로는 예외적으로 우주의 나이와 물리적인 크기가 유한하다고 믿었다.
5. J. Dauben, *Georg Cantor*, Princeton University Press, 1990, p. 146.
6. Rucker, *Infinity*, p. 309.
7. A. Conan Doyle, "The Boscombe Valley Mystery", *The Adventures of Sherlock Holmes*, Oxford University Press, 1993. 이 작품은 1891년 10월 *Strand Magazine* 2(401~416)에 처음 발표되었다.
8. 가츠시카 호쿠사이의 작품 〈후지 산의 36가지 모습(The Thirty-six Views of Fuji)〉, 뉴욕 메트로폴리탄 미술관의 허가하에 인용.
9. 사실상 우주의 무한한 나이에 관한 질문은 단순하고 명확하게 해석할 수 없다. 아인슈타인의 일반상대성이론이 주장하듯이 특권적인 시간 단위가 없다면, 한 사람이 유한하게 측정한 시간이 다른 사람의 측정에서는 무한할 수 있다. 예를 들어 시간 좌표를 t에서 log(t)로 바꾸면, t=0에서 t=1까지의 시간 간격이 log(0), 즉 음의 무한대에서 log(1), 즉 0까지의 무한한 시간 간격이 된다. 이런 '시간의 문제'는 호킹이 우주과학 이론에서 '시간'의 명시적인 존재를 완전히 제거하려는 노력을 하게 된 이유들 중 하나다. 그는 '시간'이 양자 중력적인 우주를 정의하는 근본적인 변수가 아니며, 우주 팽창의 시작에서 멀리 떨어진 시점의 낮은 온도에서 발생하는 근사적인 개념에 불과하다고 주장했다. S. W. Hawking, *The Universe in a Nutshell*, Bantam, London, 2001 참조.
10. J. D. Barrow, *Impossibility*, Oxford University Press, 1990.

11. E. A. Milne, *Modern Cosmology and the Christian Idea of God*, Clarendon Press, Oxford, 1952; E. T. Whittaker, *Space and Spirit: Theories of the Universe and the Arguments for the Existence of God*, Nelson & Sons, London, 1946 참조.
12. S. W. Hawkin & R. Penrose, *The Nature of Space and Time*, Princeton University Press, 1996.
13. A. Einstein & N. Rosen, *Physical Review* 48, 73(1935).
14. 페터 베르크만(P. Bergmann)의 글. H. Woolf(ed.), *Some Strangeness in the Proportion*, Addison Wesley, MA, 1980, p. 156에서 인용.
15. 과거에 영국에서 생산된 불꽃놀이용 폭죽에는 안전한 점화를 위한 다음과 같은 재미있는 안내문이 들어 있었다. "도화선에 불을 붙이고 물러나시오."
16. 호킹과 펜로즈가 유명한 특이점 정리에서 이용하는 특이점의 정의는 물리적인 특이점의 등장과 무관할 수도 있다. 그 정의에서 중요한 것은 다만 입자가 시공 속에서 택할 수 있는 모든 가능한 경로들을 임의로 먼 과거까지 확장하는 것은 불가능하다는 것뿐이다. 만일 중력이 항상 인력이라면, 그 가능한 역사들 중에서 최소한 하나는 시작을 가져야 한다. 그렇다면 "우리의 우주 안에서 모든 역사들이 그런 시작을 가져야 하는가"라는 질문과 "그 시작이, 우주가 무한한 밀도와 온도에서 팽창하기 시작했다는 익숙한 통념처럼, 물리적인 무한을 동반하는가"라는 질문은 별개의 질문들이다. J. D. Barrow & J. Silk, *The Left Hand of Creation*, Penguin, London, 1983 참조.
17. 펜로즈가 제시한 논증에 따르면, 만일 특이점들을 제거할 수 있다면, 현재의 우주 팽창에 앞서서 수축 단계가 있었을 수 있다는 결론이 나온다. 만일 그런 단계가 있었다면, 우주는 엔트로피를 지속적으로 증가시키는 순환 과정을 연쇄적으로 겪고 있다는 말일 텐데, 그런 순환 과정은 불가능하다. R. Penrose, *The Nature of Space and Time*, Princeton University Press, 1996, p. 36 참조. 그러나 이것이 최초의 특이점을 제거했기 때문에 발생하는 귀결인지는 확실하지 않다.
18. A. Ginsberg, *Howl*, 1956, p. 9.
19. 가장 일반적인 유형의 블랙홀은 회전할 수 있고, 질량과 전하량을 가진다. 그러나 우리는 여기에서 회전하지 않고 전하량이 없는 블랙홀을 논할 것이다. 그런 블랙홀은 카를 슈바르츠실트의 이름을 따서 '슈바르츠실트 블랙홀'이라 불린다. 슈바르츠실트는 1916년에 그런 블랙홀을 기술하는 아인슈타인 방정식의 해를 발견했다. 그는 자신이 발견한 해가 오늘날 우리가 블랙홀이라고 부르는 특이한 상황을 기술한다는 것을 몰랐다. '슈바르츠실트 블랙홀'이라는 명칭은 미국의 물리학자 휠러가 붙였다.
20. 밀도가 세제곱센티미터당 10^{96}그램이 되면 양자효과에 의해 수축이 중단된다고 한다.

21. 이른바 플랑크 질량, 즉 약 10마이크로그램이 남는다고 한다.
22. 블랙홀의 증발이 이론적으로 일어나지 말아야 하는 이유는 알려진 바 없다. 그러나 우리는 블랙홀의 증발 효과를 오늘날에 분명하게 관찰하기 위해 필요한 매우 작은 블랙홀들이 우주 역사의 초기에 형성되었는지 여부를 모른다. 당시의 조건들은 소형 블랙홀들이 형성되기에는 너무 잔잔하고 고요했을지도 모른다.
23. G. Santayana, *The Unknowable*, in *Oxford Lectures on Philosophy 1910 to 1923*, Kessinger Whitefish, MT, 1924, p. 4.
24. R. D. Lunginbill, *Theology: the study of God*, http://associate.com/ministry_files/mirrors/ichthys.com/1Theo.htm
25. M. Wiles & M. Santer, *Documents in Early Christian Thought*, Cambridge University Press, 1977, p. 6.
26. 동방 기독교에서 강조하는 이른바 부정신학은 다음과 같은 니사의 그레고리(Gregory of Nyssa)의 입장을 따른다. "그러므로 이 빛나는 안개 속으로 함께 들어갔던 사도 요한은, 어느 때의 어느 누구도 신을 보지 못했다고 말한다. 그 부정은 신적인 본성에 대한 앎이 인간에게 불가능할 뿐 아니라, 모든 창조된 지성에게 불가능함을 의미한다." Gregory of Nyssa, *Opera Omnia*, J. -P. Migne, ed., Paris, 1863, p. 376d, A. Meredith, *Gregory of Nyssa*, Routledge, London, 1999.
27. 예를 들어 A. Flew, *God and Philosophy*, Harcourt Brace, New York, 1966; W. L. Rowe, *The Cosmological Argument*, Princeton University Press, 1975 참조.
28. http://www.stats.uwaterloo.ca/~cgsmall/ontology.html
29. R. Smullyan, *5000 B. C. and Other Philosophical Fantasies*, St Martin's Press, New York, 1983; http://cs.wwc.edu/~aabyan/Philosophy/Ontology.html 참조.
30. J. D. Barrow, *Pi in the Sky*, Oxford University Press, 1992, p. 123; C. A. Pickover, *The Paradox of God and the Science of Omniscience*, St Martin's Press, New York, 2002, p. 137 참조.
31. F. Nietzsche, *Jenseits von Gut and Böse*, stanza 146.

7장

1. N. Rose, *Mathematical Maxims and Minims*, Raleigh, WC, 1988.
2. *Observer*, London, 22 December 2002, p. 32.
3. 무한은 우주의 수명과 관련해서, 고대인들의 우주에 관한 생각 속에도 등장했다. 우주에

시작과 끝이 있을까? 이 질문에 답하려고 노력한 사람들은 지리학에서 지침을 구하지 않았다. 그들은 인간 수명의 유한성과, 모든 것이 부활하고 계절처럼 순환한다는 믿음에서 지침을 구했다.

4. 이 작품은 그의 아버지인 레너드 딕스(Leonard Digges)의 기상학 저술 『예보(*A Prognostication*)』(초판 1553)의 재판에 부록으로 실려 발표되었다. 이 두 저자는 천문학이 '무용하지도' 않고 '불경스럽지도' 않다는 것을 강력하게 주장한다.

5. 천왕성은 1781년에 허셜이 발견했으며, 그의 후원자인 조지 3세 왕의 이름을 따서 게오르기움 시두스라 명명되었다. 그러나 그 이름은 널리 퍼지지 못했다. 천왕성이라는 이름은 나중에 독일의 천문학자 보데가 붙였다. 해왕성은 1846년에 애덤스, 르베리에, 갈레가 연구하여 발견했다. 마지막으로 명왕성은 1930년에 톰바우와 로웰이 발견하였다.

6. P. Usher, *Bull. Amer. Astron.*, Soc 28, 1305(1996); "Shakespeare's Cosmic World View", *Mercury* 26(Ⅰ), January-February 1997, 20~23.

7. *Hamlet*, Ⅱ, ⅱ. 264.

8. E. Maor, *To Infinity and Beyond: a cultural history of the infinite*, Princeton University Press, 1987, p. 198에서 재인용.

9. G. Bruno, *De l'infinito universo et mondi*(1584), D. R. Danielson(ed.), *The Book of the Cosmos*, Perseus, New York, 2000, pp. 40~44.

10. 〈오, 사랑하는 이여, 도대체 문제가 무엇인지?(O, dear what can the matter be)〉, 1792년경, #494 in 'the Scots Musical Museum', Ⅴ. 1796.

11. 지구의 밤을 찍은 위성사진. http://visibleearth.nasa에서 인용.

12. 중성자와 양성자의 미세한 질량 차이 때문에, 우주가 어떻게 시작되었든지 간에 온도가 100억K로 떨어지면, 두 입자의 비율은 양성자 7개에 중성자 1개꼴이 된다. 이 비율은 이후에 일어나는 수소, 중수소, 헬륨, 리튬을 만드는 반응들에 결정적으로 중요한 초기 조건이다.

13. 물질의 밀도가 증가하면서 중수소와 헬륨 3을 파괴하는 반응이 증가한다. 따라서 그 두 원소가 감소하고 헬륨 4가 증가한다. 헬륨 3과 중수소의 총량은 헬륨 4의 총량보다 훨씬 작아진다. 중수소와 헬륨 3은 대폭 감소하는 반면에 헬륨 4는 소폭 증가한다.

14. M. C. Escher Foundation, *M. C. Escher: the official website*, http://www.mcescher.com

15. M. Livio, *The Golden Ratio*, Headline, London, 2002, p. 157. 케플러의 묘비는 현재 남아 있지 않다. 비문은 그 묘비의 그림을 통해 알려졌다.

16. 누네스는 1537년에 두 권의 기하학 책을 출간했고, 1566년에 그 두 책을 합권하고 보충

하여 라틴어로 재출간했다. 1566년 출간한 책에서 그는 '럼보(rumbo)'라는 단어로 항정선을 표현했다. 항정선을 뜻하는 오늘날의 영어 단어 '록소드롬(loxodrome)'(그리스어 loxos = '기울어진', dromos = '방향')은 1624년에 스넬의 법칙으로 유명한 빌레브로르트 스넬이 '휘어진 방향'을 뜻하는 네덜란드어 크롬스트리크(kromstrik)를—이 단어는 시몬 스테빈이 누네스의 연구를 설명하면서 사용한 단어다—그리스어로 표현하여 만든 단어. 항정선은 북극에서 남극까지 이어지며, 두 극 주위에서 로그나선을 그리며 무한히 여러 번 감긴다. 경도가 같은 두 점을 잇는 항정선은 대원의 원호와 같다. 위도가 같은 두 점을 잇는 항정선은 대원경로와 크게 다르다. W. G. L. Randles, 「페드로 누네스의 항정선 발견」(1537) 참조. 포르투갈의 항해자들이 16세기 초에 전 세계를 항해하면서 평면지도 때문에 곤란을 겪은 이야기는 *Journal of Navigation* 50, 85~96(1997) 참조.

17. E. R. harrison, *Darkness at Night*, Harvard University Press, 1987.
18. 공간과 시간이 휘어질 수 있다는 생각은 비유클리드기하학에 대한 관심이 증가하던 시절에 슈바르츠실트도 제안했다. 그는 당시에 알려진 우주를 모형화하기 위해서 구면기하학을 이용했다. 그러나 그가 채택한 중력이론은 여전히 뉴턴의 이론이었고, 기하학은 고정되어 있었다. 그의 기하학은 일반상대성이론처럼 물질의 존재와 운동에 의해서 변화하지 않는다.
19. 번존스 경이 호너 여사에게 보낸 편지. F. Metcalf, *The Penguin Dictionary of Modern Humorous Quotations*, Penguin, London, 1987, p. 172에서 재인용.
20. 우리가 알고 있듯이, 중력의 역제곱 법칙은 수학적으로 매우 특별하다. 하지만 그렇게 특별한 중력은 우주에 살아 있는 관찰자들이 존재하기 위해 꼭 필요하다.
21. WMAP = 윌킨슨 마이크로파 비등방성 탐사.
22. 입 하버그(E. Y. Harburg)가 가사를 쓰고 해럴드 알렌(H. Arlen)이 곡을 붙여 1939년에 발표한 노래.
23. E. Borel, *Space and Time*(1922), Dover, New York, 1960, p. 246.
24. 이와 비슷한 상황에서는 밀도가 낮은 구역이 우주 최후의 특이점을 향한 붕괴를 '탈출'할 수 있을지도 모른다는 추측이 몇 년 전에 제기되었다. 그러나 매우 일반적인 조건에서는 그런 탈출은 불가능하다. J. D. Barrow & F. J. Tipler, *Closed Universe: their evolution and final state*, Mon-Not-R. astm. Soc. 216, 395(1985).
25. 덴마크 시인 피트 하인(Piet Hein)이 인용한 원래의 문장.
26. 핼리 혜성의 평균 주기는 76년이다. 핼리 혜성의 주기는 행성들이 보유한 기체의 증발과 행성들 자체의 운동으로 인한 중력 요동 때문에 조금씩 달라진다. 기원전 239년에서

1986년까지 핼리 혜성의 주기는 76.0년과 79.3년 사이에서 요동했다. 최단 주기인 76.0년과 최장 주기인 79.3년은 각각 451년과 1066년에 기록되었다.

27. 1904년 출생.
28. E. R. Harrison, *Cosmology*, Cambridge University Press, 1981, p. 250.
29. 독일의 천문학자 하인리히 올베르스(Heinrich Olbers, 1758~1840)는 1826년에 쓴 논문 「공간의 투명성에 관하여(On the Transparency of Space)」에서 "왜 밤하늘은 캄캄할까?"라는 중요한 질문을 던졌다. 그는 고정된 절대광도를 가진 별의 겉보기광도가 거리의 제곱에 반비례한다는 사실을 이용해서 그 역설을 자세히 설명했다. 만일 우리가 모든 천구에 있는 별들을 고려하고, 천구들의 반지름이 무한히 증가하는 것을 허용하면, 우리의 눈에 보이는 별빛의 총량은 무한대가 된다. 우리가 하나의 천구에서 받는 빛의 양은 그 천구의 반지름과 상관없이 일정하다. 무한히 많은 천구에서 오는 빛을 모두 더하면, 우리가 받는 빛의 총량은 무한대가 된다.
30. E. Maor, *To Infinity and Beyond: a cultural history of the infinite*, Princeton University Press, 1987, p. 205에서 재인용.
31. 핼리의 지적과 올베르스의 논문은 당대에 사람들의 관심을 끌지 못했다. 천문학자들은 당시에 천문학 이론과 관찰에서 일어나고 있던 다른 수많은 발전들에 더 많은 관심을 기울였다. 밤하늘 역설은 헤르만 본디(Hermann Bondi)가 1952년에 『우주론(Cosmology)』(케임브리지 대학 출판부)에서 다시 언급할 때까지 거의 완전히 잊혔다. 그는 밤하늘의 어둠이 모든 천문학적 관찰들 가운데 가장 기초적임을 강조하고, 그 어둠을 우주 팽창의 증거로 해석했다. 에드워드 해리슨은 밤하늘 역설과 관련한 역사와 많은 실패한 시도들을 광범위하게 분석했다. 그는 밤하늘 역설에 대한 관심을 평생 동안 유지했다. E. R. Harrison, *Cosmology*, Cambridge University Press, 2000, chap. 24.

8장

1. C. Green, *The Human Evasion*, Hamish Hamilton, London, 1969, p. 12.
2. Justin Scott, *The Shipkiller*, A. Perez-Reverte, *The Nautical Chart*, Picador, London, 2002, p. 56에서 재인용.
3. 어떤 사건이 일어날 확률이 아무리 작다 하더라도, 그 확률이 0이 아닌 한, 그 확률에 무한대를 곱하면 무한대가 나온다. 따라서 무한한 우주에서 그 사건이 일어나는 횟수는 무한대다.
4. F. Nietzsche, *The Gay Science*(translation of *Die Fröhliche Wissenschaft*), Random

House, New York, 1974, p. 16. W. Kaufmann이 역자 서문에서 언급한 내용.
5. F. Nietzsche, *Complete works*, vol. IX, Foulis, Edinbergh, 1913, p. 430.
6. F. Nietzsche, *The Will to Power*, trans. W. Kaufmann and R. J. Hollingdale, Vintage, New York, 1968, stanza 1066.
7. H. Spencer, *First Principles*, 4th edn, Appleton, New York, 1896, p. 550.
8. 스티븐 제이 굴드 등 과학해설가들은 진화 과정의 카오스적인 예측 불가능성에 대한 믿음을 근거로 진화 과정의 예측 불가능성을 주장한 것으로 보인다. 그러나 그 주장은 카오스적인 과정에 대한 오해를 드러낸다. 카오스적인 계에서 비록 개별적인 궤적은 예측할 수 없지만, 평균적인 행동은 일반적으로 매우 부드럽고 예측할 수 있고 카오스적이지 않게 진화한다. 거시적인 규모의 진화는 많은 소규모 요동에도 불구하고 강인하게 자신을 유지한다.
9. G. S. Kirk & J. E. Raven, *The Presocratic Philosophers*, Frag. 272, Cambridge University Press, 1957. 에우데무스(기원전 350~기원전 290)는 아리스토텔레스의 제자다.
10. 무한한 우주에서 우리는 우리와 동일한 '쌍둥이'를 무한히 많이 만나게 되는 문제에 직면한다. 그러나 기초적인 문제는 유한한 우주에도 있음을 간과하지 말아야 한다. 유한한 우주가 충분히 크다면, 우리들 각각의 '쌍둥이'가 유한히 많이 존재할 것이다. 빛의 이동 속도가 유한하기 때문에 우리는 무한한 우주에서도 유한한 수의 쌍둥이들만 만날 수 있다.
11. M. Tegmark, 'Parallel Universes', *Scientific American*, May 2003.
12. 생명이 자연적으로 발생할 확률이 0이라고 생각하는 것은 생명의 탄생을 특별한 창조나 '지적인 설계'의 결과로 돌리는 것과 동일하다.
13. *Quarterly Journal of the Royal Astronomical Society* 20, 37~41(1979).
14. Ecclesiastes I v9.
15. P. C. W. Davies, *Nature* 273, 336(1978); J. D. Barrow & F. J. Tipler, *The Anthropic Cosmological Principle*, Oxford University Press, Oxford, 1986.
16. S. Webb, *Where is Everybody?*, Copernicus, New York, 2002.
17. A. Linde, "The Self-reproducing Inflationary Universe", *Scientific American* 5, 32(May 1994); A. Vilenkin, *Physics Letters* B 117, 25(1982).
18. E. Maor, *To Infinity and Beyond; a cultural history of the infinite*, Princeton University Press, 1987, p. x iii에서 재인용.
19. J. L. Borges, "Avatars of the Tortoise".
20. R. Price, *Johnny Appleseed: Man and Myth*, Indiana University Press, 1954.

21. 우리가 여기에서 말하는 무한은 칸토어적인 의미에서 셀 수 있는 무한이다. 셀 수 없는 무한에 대해서도 동일한 결론들을 주장할 수 있다.
22. C. S. Lewis, *Out of the Silent Planet*(1938), *Perclandra*(1943), *That Hideous Strength*(1945).
23. 몇몇 기초적인 이타적 행위는 다른 개체들과 함께하는 진화적인 '게임'에서 최선의 전략이라는 것을 우리는 안다. 이 전략의 결과로 '수감자 딜레마'에 등장하는 것과 유사한 협동이 발생한다. 그 딜레마 상황에서 최선의 원칙은 '네가 내 등을 긁어주면, 나도 네 등을 긁어주겠다'는 것이다. 어느 개체라도 이 원칙을 벗어나면, 모두가 불행해진다. 그러나 흥미롭게도 인간의 이타적 행동, 특히 많은 사람들이 동경하고 더 많은 사람들이 존경하는 행동은 이기적인 이유에서 발생하는 최소한의 주고받기 이타주의를 훨씬 능가한다. 최소한의 주고받기 이타주의는 피상적으로만 이타주의다.
24. J. D. Barrow & F. J. Tipler, *The Anthropic Cosmological Principle*, Oxford University Press, 1986; J. D. Barrow, *The Constants of Nature*, Jonathan Cape, London, 2002.

9장

1. I. Newton, *Opticks*, Prometheus, New York, 1952(based on 4th edn, London, 1730), pp. 400~404.
2. C. S. Lewis, *The Lion, The Witch and The Wardrobe*, Penguin, Harmondsworth, 1976 edn, p. 49.
3. C. Bailey(ed. and trans), *Epicurus: the Extant Remains*, Oxford University Press, 1926, p. 25.
4. 아리스토텔레스의 '세계' 개념은 그와 경쟁한 원자론자들의 그것과 유사했다. 스티븐 딕에 따르면, 에피쿠로스는 '세계'를, '천체들과 지구와 모든 천문학적 현상들을 포함한, 경계로 둘러싸인 하늘의 한 부분'이라고 정의했다. Steven Dick, *Plurality of Worlds*, Cambridge University Press, 1982, p. 13 참조. 이와 유사하게 아리스토텔레스는, 세계를 공간의 '최외곽 경계로 둘러싸인 구역'이라고 설명했다.
5. 아리스토텔레스의 두상, copyright ⓒ akg-images.
6. 칸트가 제안한 우주는 중심의 밀도가 매우 높고, 중심에서 멀어질수록 밀도가 낮아진다. 생명은 중심에서 떨어진 거리와 상관없이 모든 곳에서 발생한다. 그러나 생명의 특징은 그 거리에 따라서 매우 다르다. 그렇게 생명은 발생한 장소의 국지적인 물질 밀도를 반영한다. 칸트는 다음과 같이 말한다. "나는 중심에 가까운 곳보다 매우 먼 곳에 존재할

확률이 높은 가장 진보한 이성적인 종들을 연구하고 싶다. 이성을 지닌 존재들의 완전성은, 그 완전성이 그들을 구속하는 물질의 성질에 의존한다면, 그들의 지각과 반응에 영향을 미치는 물질의 섬세함에 크게 좌우된다. 물질의 관성과 저항은 정신적인 존재가 행동할 자유와 외부 사물에 대한 감각의 선명도를 제한한다. 물질의 관성과 저항은 감각이 둔하고 무디게 만들어, 외부 사물의 운동에 잘 반응하지 못하게 한다. 그러므로 짐작대로 자연의 중심 근처에 밀도가 가장 높고 가장 무거운 물질이 있고 중심에서 멀어질수록 물질이 더 섬세하고 가벼워진다면, 어떤 결과가 발생할지 예측할 수 있다. 창조의 중심에 더 가까운 곳에서 살고 번식하는 지적인 존재들은 그들의 힘이 발휘되는 것을 막는 단단하고 굼뜬 물질에 둘러싸여 있어서, 우주에 대한 인상을 선명하게 또한 효율적으로 전달하고 소통하지 못한다. 그러므로 그 생각하는 존재들은 하등한 종으로 간주해야 할 것이다. 다른 한편 중심에서 멀어지면, 영혼들의 세계의 완전성은 증가할 것이다…… 또한 생명은…… 무한한 시간과 공간을 무한히 성장하는 사유의 완전성으로 채울 것이며, 그 완전성은 한 걸음씩 지고의 신을 향해 나아갈 것이다. 그러나 신에게 도달하지는 못할 것이다." I. Kant, *Universal Natural History and Theory of the Heavens*(1755), trans. W. Hastie, University of Michigan Press, Ann Arbor, 1969, pp. 166~167(1900년에 *Kant's Cosmogony*에 실려 처음 출간됨). 우주의 어떤 장소도 특별하지 않다는 코페르니쿠스의 원리를 부정하는 이 흥미로운 생각은 당대에 그 중요성을 인정받지 못했다. 만일 우주에 중심이 있고, 중심에서 떨어진 거리에 따라 조건이 달라진다면, 생명이 가능하도록 만드는 조건이 갖추어진 장소들과 생명이 존재할 가능성이 가장 높은 장소들이 있을 것이다. 만일 생명의 존재 가능성이 가장 높은 장소가 중심 근처라면, 우리가 우주의 중심 근처에 있다고 믿을 (철학적인 선입견이 아닌) 물리학적인 이유가 있을 것이다. 현대 우주론에서 벌어진 인본원리에 관한 논의는 이런 생각을 더욱 발전시켰다. 예를 들어 J. D. Barrow & F. J. Tipler, *The Anthropic Cosmological Principle*, Oxford University Press, 1986 참조. (진화하는 우주에 대한 칸트의 이론은 10장에서 자세히 논의할 것이다.)

7. I. Kant, op. cit., pp. 139~140.
8. *The Complete Works of Montaigne*, trans. D. F. Frame, Stanford University Press, 1958. p. 390.
9. 윌킨스는 『달에 있는 세계의 발견(*Discovery of a World in the Moone*)』(1638)에 등장하는 명제 2에서 다음과 같이 말했다. "'세계'라는 단어를 두 가지 의미로 이해할 수 있다. 첫째, 별들과 지구를 포함한 우주 전체를 가리키는 넓은 의미로 이해할 수 있다. 둘째, 우주보다 지위가 낮은 세계(예컨대 달)를 가리키는 좁은 의미로 이해할 수 있다……

첫 번째 의미를 취한다면, 세계는 오직 하나뿐이다. 그러나 두 번째 의미를 취한다면, 다수의 세계들이 있을 수 있음을 나는 긍정한다.

10. 예를 들어 L. Susskind, "The Anthropic Landscape of String Theory", http://arXiv: hepth/0302219(2003).

11. 만일 공간의 차원이 넷 이상이면, 원자들과 행성들과 별들은 존재할 수 없다. 왜냐하면 차원의 개수는 자연의 힘들이 거리에 따라서 달라지는 방식을 결정하기 때문이다. 예를 들어 중력과 정전기력은 N차원에서 $1/(거리)^{N-1}$에 비례한다. 따라서 우리의 3차원 세계에서는 역제곱 법칙이 성립한다. 힘의 법칙과 공간의 차원의 개수 사이의 관계를 처음으로 주목한 사람은 이마누엘 칸트다.

12. 인플레이션이 없으면 팽창이 너무 느려서 자연적인 양자 요동에 의해 생성된 한 구역이 우리의 가시적인 우주 전체로 성장할 수 없다.

13. 이 연구를 계획하고 착수할 당시에는 명칭이 MAP이었다. 그런데 연구를 지휘한 사람 하나인 윌킨슨이 자료 분석 단계에서 사망하는 일이 발생했다. 그는 1967년 마이크로파 배경복사의 온도 요동에 관한 최초의 관찰에 기여한 인물이다. NASA는 연구 결과를 발표할 때, 윌킨슨을 기리기 위해 연구의 명칭을 WMAP으로 바꾸었다.

14. W. Allen, *Getting Even*, Random House, New York, 1988.

15. Andrei Linde의 허가하에 www.wisdomportal.com/Stanford/UniverseOrMultiverse.html에서 인용.

16. O. Stapledon, *Star Maker* in *Last and First Men and Star Maker*, Dover, New York, 1968, p. 419. *Star Maker*는 1937년에 처음으로 발표되었다.

17. 더 자세한 설명은 J. D. Barrow, *The Universe that Discovered Itself*, Oxford University Press, 1990 참조. 맥스웰의 도깨비 역설과 그 해결에 관한 포괄적인 논의는 H. S. Leff & A. F. Rex, *Maxwell's Demon*, Inst. Phys. Bristol(2003) 참조.

18. E. R. Harrison, "The Natural Selection of Universes containing Intelligent Life", *Quarterly Journal of the Royal Astronomical Society* 36, 193(1995), "Creation and Fitness of the Universe", *Astronomy and Geophysics*, 39, 27(1998).

19. 우주를 만들기 위해서는 엄청난 에너지가 필요할 것이라고 생각하는 사람들이 있을 것이다. 그러나 놀랍게도 우주의 에너지는 0이다. 아인슈타인의 일반상대성이론에 따르면, 우주에 있는 모든 질량과 기타 형태의 에너지를 합친 양의 에너지의 총량은 물질들 사이에 작용하는 중력적인 인력의 음의 에너지에 의해서 완전히 상쇄된다. 우주는 에너지 효율성이 매우 높다고 할 수 있겠다.

20. 해리슨은 이 과정을 우주의 '자연선택'이라고 부른다. 그러나 그 명칭은 오해를 일으킨

다. 이 과정은 비자연적인 선택에 의한 인위적인 번식에 더 가깝다.
21. J. D. Bernal, *The World, the Flesh and the Devil*; F. Dyson, *Life in an Open Universe Rev. Mod. Phys.* 51, 447~460(1979); J. D. Barrow & F. J. Tipler, "Eternity is Unstable", *Nature*, 176, 453(1978), *The Anthropic Cosmological Principle*, Oxford University Press, 1986.
22. J. D. Barrow & S. Hervik, "Indefinite Information Processing in Ever-Expanding Universes", *Physics Letters* B, 566, 1 (2003).
23. J. D. Barrow, *The Constants of Nature*, Jonathan Cape, London, 2002 참조.
24. 물론 여기에서 '무작위로' 선택된다는 것이 무엇을 의미하는지가 불분명하다. 일반적으로 우주나 가능한 우주들에 적용되는 확률에 관한 모든 명제는 본성적으로 불명확하다.
25. 폴 데이비스는 이와 매우 유사한 주장을 한다. "모든 가능한 세계들의 집합은 전통적인 종교의 신 개념과 설계 개념에 어울리는 세계들로 이루어진 부분집합을 포함해야 한다⋯⋯ 시뮬레이션된 가상 세계의 거주자와 그 세계를 설계하고 창조한 지적인 시스템 사이의 존재론적인 관계는 인간과 전통적인 신 사이의 관계와 동일하다." P. C. W. Davies, "A Brief History of the Multiverse", *New York Times*, 12 April 2003.
26. J. K. Webb, M. Murphy, V. Flambaum, V. Dzuba, J. D. Barrow, C. Churchill, J. Prochaska, A. Wolfe, "Further Evidence for Cosmological Evolution of the Fine Structure Constant", *Phys. Rev. Lett.* 87, 091301(2001).
27. 시공의 한 구역의 표면적이 그 구역이 포함할 수 있는 정보의 양을 제한한다는 사실은, 우주의 부분 구역이 그 우주의 완벽한 시뮬레이션을 산출할 수 없음을 의미한다고 나는 믿는다. 임의의 시뮬레이션은 말하자면 현실의 저해상도 버전일 수밖에 없을 것이다.
28. S. Wolfram, *A New Kind of Science*, Wolfram Inc., Champaign, I L., 2002.
29. K. Popper, *Brit. J. Phil. Sci.* 117 & 173(1950).
30. D. Mackay, *The Clockwork Image*, IVP, London, 1974. p. 110.
31. J. D. Barrow, *Impossibility*, Oxford University Press, 1998, chapter 8.
32. 허버트 사이먼은 많이 인용된 논문 「선거 결과 예측에서 대세 효과와 약자 효과」(*Public Opinion Quarterly* 18, 245~253, Fall issue, 1954)에서 반대되는 주장을 했다. 그 주장은 유명하지만, 옳지 않다. 그 논문은 S. Brams, *Paradoxes in Politics*, Free Press, New York, 1976, pp. 70~71에도 실려 있다. 그 논문의 오류는, 변수들이 연속적이지 않고 이산적인 상황에서 브라우버르의 고정점 정리를 무리하게 이용한 데 있다. 자세한 설명은 K. Aubert, "Spurious Mathematical Modeling", *The Mathematical Intelligence*, 6, 59 (1984) 참조.

33. J. D. Barrow, *The Constants of Nature: From Alpha to Omega*, Jonathan Cape, London, 2002.
34. R. Hanson, "How to Live in Simulation", *Journal of Evolution and Technology* 7(2001), http://www.transhumanist.com
35. David Hume, *Dialogues concerning Natural Religion*(1779), in Thomas Hill Green and Thomas Hodge Grose(eds), *David Hume: The Philosophical Works*, London, 1886, vol. 2, pp. 412~416.
36. 이 질문들은 레이 커즈와일의 책 『정신적인 기계의 시대(*The Age of Spiritual machines*)』(Viking, New York, 1999)에서 논의된 주제들과 밀접한 관련이 있다. 그 책은 가상 현실 속의 정신적인 가치와 미적인 가치, 그리고 여러 형태의 인공지능을 다룬다.
37. R. Hanson, "How to Live in a Simulation", op. cit.

10장

1. J. F. Thomson, "Tasks and Super-Tasks", *Analysis*, 15, I (1954).
2. C. Wright, "Strict Finitism", *Synthèse* 51, 248(1982).
3. 정확하게 말하면, 슈퍼태스크는 유한한 시간 안에 셀 수 있게 무한한 일들을 완수할 것을 요구한다. 셀 수 없게 무한한 일들을 완수하라고 요구하는 과제는 하이퍼태스크라고 부른다.
4. 등식 $S=\frac{1}{2}+\frac{1}{4}+\frac{1}{8}+\frac{1}{16}+\frac{1}{32}\cdots\cdots$의 양변에 1/2을 곱하자. 그렇게 하면, 등식 $\frac{S}{2}=\frac{1}{4}+\frac{1}{8}+\frac{1}{16}+\frac{1}{32}\cdots\cdots$을 얻을 수 있다. 이 등식의 우변은 S에서 첫항 $\frac{1}{2}$을 제외한 것과 같으므로, $\frac{S}{2}=S-\frac{1}{2}$이 된다. 따라서 $\frac{S}{2}=\frac{1}{2}$, 즉 S=1이다.
5. H. Weyl, *Philosophy of Mathematics and Natural Science*, Princeton University Press, 1949, p. 42. 결정 과정과 기계에 대한 바일의 이러한 언급은 흥미롭다. 당시에 수학은 세계대전 이전의 단계를 막 벗어난 상태였다. 그 단계에서 튜링은 '튜링 머신'의 개념을 발표했고, "유한한 계산기계가 임의의 수학명제의 진위를 유한한 시간에 결정할 수 있을까"라는 질문에 부정적으로 대답했다. 그는 계산 불가능한 문제들이 존재한다는 것을 증명했다. 그 문제들의 진위를 알아내는 일을 기계에게 맡기면, 기계는 영원히 작동을 멈추지 못한다. 이런 개념들에서 출발한 계산기계 시나리오는 1939~1945년 사이에 실제로 계산기계(컴퓨터)가 만들어지면서 더욱 힘을 얻었다.
6. A. Grünbaum, *Modern Science and Zeno's Paradoxes*, Allen and Unwin, London, 1968, and *Philosophical Problems of Space and Time*, 2nd edn, Reidel, Dordrecht,

1973, chap. 18. 그륀바움은 무한히 많은 중간 지점들을 거치는 여행이 운동학적으로 (kinematically) 불가능한지를 누구보다 자세하게 연구했다. 운동학적인 불가능성은 역학적인 불가능성이나 물리학적인 불가능성과는 다른 문제다.

7. 예를 들어 M. Black, "Achilles and the Tortoise", *Analysis* II, 91~101(1950~1951) 참조.
8. 정보 처리 과정은 엔트로피를 산출한다.
9. J. Earman & J. Norton, "Infinite Pains: The Trouble with Supertasks", in A. Morton and S. P. Stich(eds.), *Benacerraf and His Critics*, Basil Blackwell, Oxford, 1996 참조.
10. 톰슨 자신은 그 장치가 논리적으로 불가능하다고 생각했다.
11. 1은 바일이 고찰한 무한 등비급수의 합이다.
12. 스위치를 한 번 누르고 또 누를 때까지의 시간 간격이 10^{-43}초가 되면, 어떤 과정이 필요한 만큼 정확하게 일어나는 것이 공간과 시간의 양자중력적인 구조에 의해서 금지된다. 스위치를 겨우 148번 정도 누르면 이 양자적인 한계에 도달한다. 스위치가 원자들로 이루어져 있다면, 다른 물리적인 한계들에는 훨씬 더 일찍 도달한다. 질량이 M이고 식별할 수 있는 최소 시간 간격이 t인 시계가 신뢰할 수 있게 작동하는 최대 시간을 T라고 하면, $T < t^2 M/h$이다(이때 h는 플랑크상수). T가 지나면, 축적된 양자 요동 때문에 시계는 무용해진다. E. Wigner, "Relativistic Invariance and Quantum Phenomena", *Rev. Mod. Phys.* 29, 225(1957); J. D. Barrow, "Wignaer Inequalities for an Black Hole", *Phys. Rev. D.* 54, 6563~6564(1996).
13. 톰슨 램프와 관련된 논의에서 시간이 반드시 1분으로 제한되어야 하는 것은 아니다. 우리는 그 시간을 쉽게 무한대로 바꿀 수 있다. 그렇게 하면 양의 정수의 수열의 관련성이 뚜렷이 드러날 것이다. 예를 들어 0분에서 1분까지의 시간 t를 T=1/(1-t)로 바꾸면, T는 1에서 무한대까지가 된다.
14. 거의 모든('거의 모든'은 특수한 경우들을 제외한 전부를 뜻하는 전문용어다. 이때 특수한 경우들은 약간의 변형을 통해서 특수하지 않게 만들 수 있다) 실수의 십진수 표기는 통계학적인 특징들을 가진다. π의 십진수 표기는 현재 알려진 범위 내에서, 예상된 통계학적인 특징을 가진다는 것이 밝혀졌다. J. D. Barrow, "Chaos in Numberland", PLUS issue II(2000), www.plus.maths.org./issueII/features/cfractions/index.html; S. Wolfram, *A New Kind of Science*, Wolfram Inc., Champaingn, I L., 2002 참조.
15. 사실상 π의 십진수 표기 속에는 가능한 모든 수열들이 포함되어 있을 가능성이 높다. 따라서 자연의 법칙들을 암호화한 수열들도 포함되어 있을 것이다. 그러나 그 수열들은 그 자체로 유용한 정보가 아니다. 왜냐하면 그 수열들에서 정보를 추출하는 작업이 반드시 필요하기 때문이다.

16. A. K. Doxiades, *Uncle Petros and Goldbach's Conjecture*, Faber, London, 1992.
17. 흥미롭게도 몇 년 후에 클레이 재단이 문제당 100만 달러의 상금을 걸고 제시한 문제들 중에는 골드바흐의 추측이 포함되지 않았다. 골드바흐의 추측은 수학의 심층적인 구조와 밀접한 관련이 없는 고립된 문제인 것으로 보인다. 그 문제를 해결하는 것은 다른 문제들을 해결하는 데 기여하지 못할 것이다. 최소한 우리는 그렇게 믿고 있다.
18. A. Wiles & R. Taylor, "Ring-theoretic properties of certain Hecke algebras", *Ann. Math.*, 141, 553~572(1995).
19. E. Maor, *To Infinity and Beyond: a cultural history of the infinite*, Princeton University Press, 1987, p. 33.
20. 아벨의 초상화. www.gap.dcs.stand.ac.uk/~history/BiogIndex.html에서 인용.
21. '마니피캇(The Magnificat)'이라고도 불리는 이 가사는 기독교의 예식에서 흔히 쓰인다.
22. C. S. Chihara, "On the Possibility of Completing an Infinite Process", *Philosophical Review* 74, 80(1965).
23. 실수의 집합은 정수의 집합을 무한한 부분집합으로 포함한다.
24. 2 Peter 3 v8.
25. '진공에서'라는 단서가 붙은 것은, 매질 속에서 운동하는 빛의 속도가 완벽한 진공에서의 속도보다 약간 작기 때문이다. 놀랍게도 매질 속에서 물체들은 그 매질 속에서 빛이 이동하는 속도보다 빨리 (그러나 진공에서 빛의 속도보다는 느리게) 운동할 수 있다. 그런 운동이 일어나면, 운동하는 입자들은 복사파를 방출한다. 이 현상은 케렌코프 효과라고 불리며, 흔히 관찰된다. 케렌코프 효과는 우주에서 지구로 매우 빠르게 날아오는 우주복사선 입자들을 탐지하는 데 이용된다.
26. 최근에 모파트와 알브레히트와 마구에이조와 나는 우주 역사의 매우 이른 시기에 빛의 속도가 바뀌었을 가능성이 있다고 주장했다. 그 당시에도 우리가 논의한 성질들을 가진 우주적인 한계속도가 존재했을 수 있다. 그 한계속도는 중력적인 신호가 진공에서 이동하는 속도였을 것이다. J. Magneijo, *Faster than the Speed of Light*, Weidenfeld, London, 2002.
27. 앞에서 논한 톰슨 램프에는 물리적인 불가능성이 내재한다. 왜냐하면 그 램프의 스위치는 1분 동안에 무한히 먼 거리를 움직여야 하기 때문이다. 그렇게 하려면 빛의 속도보다 더 빠르게 움직여야 할 것이다. 따라서 그것은 물리적으로 불가능하다. 하지만 이 결함을 제거하는 방법들이 있다. 예를 들어 A. Grunbaum, "Modern Science and Zeno's Paradoxes of Motion", in W. Salmon(ed.), *Zeno's Paradoxes*, Bobbs-Merril, Indianapolis, 1970, pp. 200~250 참조.

28. G. Alexander, "An Olympian Feat", *Independent*, 7 August 2004, p. 3.
29. Z. Xia, "The Existence of Non-collision Singularities in Newtonian Systems", *Ann. Math.*, 135, 411~468(1992). 무한한 시간에 무한대로의 확장이 임의로 빠르게 일어날 가능성에 관한 논의는 D. G. Saari & Z. Xia, "Oscillatory and Superhyperbolic Solutions in Newtonian Systerms", *J. Differential Equations* 82, 342~355(1989).
30. J. D. Barrow, "Sudden Future Singularities", *Classical and Quantum Gravity*, 21, L79~L89(2004).
31. P. Cook, *Tragically, I was an only twin*, Century, London, 2002.
32. 고유 슈퍼태스크가 아닌 유사 슈퍼태스크는 철학적인 글에서 흔히 '분기된(bifurcated) 슈퍼태스크'라 불린다.
33. I. Pitowsky, "The Physical Church Thesis and Physical Computational Complexity", *Iyynn* 39, 81~99(1990).
34. 가속하는 관찰자는 자신의 시공 궤적을 따라 흘러가는 유한한 고유시간을 경험할 수 있다. 그러나 그는 그 궤적상의 어느 한 점에서 시선을 뒤로 돌려 임의의 가속하지 않은 관찰자의 시공 궤적을 따라서 흘러간 무한한 역사를 관찰할 수 없을 것이다.
35. I. Pitowsky, "The Physical Church Thesis", 81; M. Hogarth, "Does General Relativity Allow an Observer to View an Eternity in a Finite Time?", *Foundations of Physics Letters* 5, 173~181(1992); J. Earman and J. Norton, "Forever ia a Day: Supertasks in Pitowsky and Malament-Hogarth Spacetimes", *Phil. of Science* 60, 22~42(1993).
36. Macbeth, I. vii.I.
37. C. W. Misner, "Mixmaster Universe", *Phys. Rev. Lett.*, 22, 1071~1074(1969); C. W. Misner, K. Thorne and J. A. Wheeler, *Gravitation*, W. H. Freeman, San Francisco, 1972.
38. C. W. Misner, "Absolute Zero of Time", *Phys. Rev.*, 186, 1328(1969).
39. 믹스마스터 우주가 가지는 이 성질은 J. D. Barrow & F. J. Tipler, *The Anthropic Cosmological Principle*, Oxford University Press, 1986에서 매우 상세하게 논의하고 있다.
40. J. D. Barrow & S. Hervik, "Indefinite Information Processing in Ever-expanding Universe", *Physics Letters* B 566, 1~7(2003). 허빅과 내가 무제한적인 정보처리 과정을 창조하기 위해 이용하는 특징은 매우 미묘하다. 그 특징은 미래의 우주 팽창에 대한 가장 일반적인 모형들에서만 나타난다. 그 특징은 공간의 곡률의 방향에 따른 차이다. 그 차이가 방향에 따른 온도 차이를 충분히 크게 산출할 수 있을 때, 그 차이를 이용해서 정보를 처리할 수 있다.

41. 이 사실을 최초로 지적한 사람은 배로와 티플러다. J. D. Barrow & F. J. Tipler, *The Anthropic Cosmological Principle*, Oxford University Press, 1986, p. 668.

11장

1. S. Ertz, *Anger in the Sky*, Harper and Bros, New York, 1943, p. 137.
2. M. de Unamuno, *The Tragic Sense of Life*, trans. J. E. Crawford Flitch, Dover, New York, 1954, p. 224.
3. *Observer*, 27 May 2001, p. 30에서 재인용.
4. 브램스와 킬구어는 게임이론을 이용하여 행위자들이 한정된 미래의 전망을 가질 때와 한정되지 않은 미래의 전망을 가질 때 발생하는 전략과 결과에 관해 논의했다. 행위자들은 먼 미래까지 달하는 전망과 계획을 가질 때 협동 정신이 강해진다. 반면에 전망이 짧은 행위자들은 책임감과 도덕성이 덜하다. 예를 들어 당신이 조직적인 범죄나 테러에 참여하고 있다면, 당신은 분노한 정부의 검거망이 미치지 않는 피난처가 있을 것이라고 믿을지도 모른다. 당신의 전망이 짧을수록, 당신은 더 안전하다고 느낄 것이다. 그러나 당신이 먼 미래까지 내다본다면, 당신은 시간이 지나면 피난처들을 보장해주는 법이 바뀌거나 무시될 가능성이 높다고 믿을 것이다. S. Brams & D. M. Kilgour, "Games that end in a Bang or a Whimper", in G. F. R. Ellis(ed.), *The Far-Future Universe*, Templeton Press, Radnor, PA, 2002, pp. 196~206.
5. 여기에서 우리는 자연적인 원인에 의한 죽음은 일어나지 않고, 사고에 의한 죽음과 안락사와 자살은 일어날 수 있다고 가정한다. 조지 버나드 쇼의 희곡 「다시 므두셀라에게로」에 등장하는 고대인들은 자연적인 원인에 의한 죽음을 예상하지 않는다. 그러나 그들은 지진이나 벼락 같은 '신의 행위'에 의한 죽음은 예상한다. 기대하는 삶의 길이만 다를 뿐, 그들의 상황은 우리의 상황과 다르지 않다.
6. A. Lightman, *Einstein's Dreams*, Pantheon, New York, 1993, p. 117.
7. *Ibid*.
8. M. de Unamuno, *op. cit.*, p. 248.
9. S. Butler, *Further Extracts from Notebooks*, ed. A. T. Bartholomew, Jonathan Cape, London, 1934, p. 27.
10. K. Čapek, *The Makropoulos Secret*(1923), trans. P. Salver, Robert Holden, Branden, New York, 1927.
11. B. Williams, "The Makropulos Case: reflections on the tedium of immortality",

http://www.wfu.edu/~crossaa/361/articles/bw1.htm. 불멸에 찬성하거나 반대하는 현대의 철학적인 논의들은 T. Nagel, "Death", in *Mortal Questions*, Cambridge University Press, 1979; F. Feldman, *Confrontations With the Reaper: A Philosophical Study of the Nature and Value of Death*, Oxford University Press, 1992; M. Heidegger, *Being and Time*, trans. J. Maquarrie and E. Robinson, Blackwell, Oxford, 1978 참조.

12. 과학이 언젠가 자연에 대한 설명을 완성할지, 그리고 그 완성의 의미는 무엇일지에 대한 광범위한 논의는 J. D. Barrow, *Impossibility*, Oxford University Press and Vintage, 1998 참조.

13. 셀 수 있게 무한한 미래의 순간들이나 생각들은 셀 수 없게 무한한 잠재적인 정보와 경험을 포함한 우주에 아무 영향도 미치지 못할 것이다.

14. A. C. Clarke, *The City and the Stars*, Harcourt, Brace and World, New York, 1959.

15. S. L. Clarke, *How to Live Forever : science fiction and philosophy*, Routledge, London, 1995, p. 16.

16. 물론 기독교의 교리는 우리 인간의 본성이 변화하고 완전해져서 우리가 영원한 삶에 어울리게 될 것이라고 말한다. 영원한 삶에 동반되는 단순한 문제들을 약화할 수 있는 근본적으로 다른 성품에 대한 탐구는 과학소설가들에 의해서 가장 풍부하게 이루어졌다. 이 책에 나오는 영원한 삶에 관한 가장 흥미로운 철학적 생각들은 스티븐 클라크의 *How to Live Forever: Science fiction and philosophy, op. cit.*에서 개관할 수 있다. 다음은 『걸리버 여행기』에서 묘사한, 걸리버와 불멸하는 사람들의 만남에 대한 클라크의 논평이다. "걸리버의 세 번째 여행의 목적지는 라푸타, 발니바르비 등의 섬이었다. 한 섬에서 그는 '영원히 사는' 운명을 가진 희귀한 돌연변이들인 스트럴드브럭에 관한 이야기를 듣는다. 걸리버는 만일 자신이 그들처럼 행운아라면 어떻게 행동할지를 상상하고 생각하면서 흥분한다. 그러나 스트럴드브럭은 노화에 따른 모든 불이익을 당하고, (불멸하지 않는 후손들을 위해서) 노화에 따른 특권들을 포기해야 한다. 그들은 그들의 시대와 친구와 젊은 시절의 언어가 사라진 후에도 살면서 노화에 따른 모든 소소한 고통과 모욕을 당해야 하는 가장 불운한 사람들이다. 만일 그들에게 재산의 소유가 허용된다면, 그들은 합리적인 필요를 넘어서 탐욕스럽게 재산을 축적할 것이다…… 건강과 건전한 정신의 모든 평범한 장점들이 추가되더라도 영원한 삶은 본질적으로 나쁜 것일까? 훨씬 더 심각한 문제는…… 외롭게 불멸하는 사람들이 끊임없이 친구와 가정과 문명과 이별할 것이라는 점이다. 스위프트가 묘사한 스트럴드브럭들은 심지어 더 나중에 태어난 동족들과도 소통하지 못한다. 왜냐하면 그들의 언어가 완전히 바뀌고, 그들은 새 언

어를 쓸 여력이 없기 때문이다…… 친구와 가족과 익숙한 세계는 어떻게 될까? 죽어야 하는 자들은 불멸자들의 관심을 오래 붙잡지 못할 테고, 불멸자들은 아마도 자기들끼리의 관계를 특별하게 유지할 것이다. 혹은 수천 년 동안 보아온 서로의 버릇을 더 이상 참을 수 없어서 최악의 관계를 유지할지도 모른다…… 그들은 불멸성 외에는 서로 간에 공통점이 없음을 발견할지도 모른다. 그들은 한때 그들이 잘 알았던 유형의 존재들로 주위의 친숙한 자리를 채우기 위해서 적당한 사람들을 양성할지도 모른다. 그들은 그들이 원하는 역할을 어떤 사람들이 잘 수행하는지 관심 있게 지켜볼까? 아니, 도대체 관심을 가지거나 할까?…… 또 다른 심각한 문제는 지루함이다. 숨막힐 정도로 똑같아지더라도 반드시 익숙하게 느껴지도록 만들어야 하는 이 바쁘고 끝없는 시간을 무엇으로 채울 수 있을까? 오직 매우 적은 불멸자들만이 '시간 때우기' 이상의 의미가 있는 흥미로운 일거리를 발견할 것이다…… 불멸자들은 제정신으로 또는 일관적으로 살 수 없다. 그들은 모든 일을 너무 많이 반복해서, 결국에는 할 가치가 있는 일이 전혀 없게 된다."

17. 흥미롭게도 불교에서 열반은 모든 욕구가 사라진 상태를 뜻한다. 따라서 열반에 든 사람은 심리적으로 안정된 상태로 영원히 산다고 상상된다.
18. 영화 〈추억(*The Way We Were*)〉(1973)에 삽입된, 마빈 햄리시, 앨런 버그만, 매릴린 버그만이 작사한 노래. http://lyricsplayground.com/alpha/songs/t/thewaywewere.html
19. 무한급수 $1 + \frac{1}{2} + \frac{1}{3} + \frac{1}{4} + \frac{1}{5} + \frac{1}{6} + \frac{1}{7} + \frac{1}{8} + \cdots$ 은 무한한 합을 가진다.
20. C. S. Lewis, *Perelandra*(1943), Pan, London, 1953, p. 200.
21. M. Dibdin, *Medusa*, Faber, London, 2003, p. 248.
22. 더 자세한 논의는 J. D. Barrow, *Impossibility*, Vintage, London, 1998.
23. D. Deutsch, "Quantum Mechanics Near Closed Time-like Lines", *Phys. Rev.*, D, 44, 3197(1991); D. Deutsch and M. Lockwood, "Time Quantum Physics of Time Travel", Scientific American, 270, March 1994. 68~74: D. Deutsch, *The Fabric of Reality*, Penguin, London, 1997.
24. M. MacBeath, "Who was Dr Who's Father?", *Synthese* 51, 397~430(1982); G. Nerlich, "Can Time be Finite?", *Pacific Philosophical Quarterly* 62, 227~239(1981).
25. W. Churchill, speaking of the Government in the House of Commons, Hansand, 12 November 1936, col. 1107.
26. S. W. Hawking, "The Chronology Protection Hypothesis", *Phys. Rev.* D 46, 603(1992); M. Visser, *Lorentzian Wormhole-from Einstein to Hawking*, Amer. Inst. Phys., New York, 1995.
27. A. Huxley, "Wordsworth in the Tropics", *Do What You Will*, Chatto & Windus,

London, 1929.
28. S. Butler, *Erewhon Revisited*, 1901, chap. 14.
29. R. Silverberg, *Up the Line*, Ballantine, New York, 1969.
30. J. Varley, *Millennium*, Berkley, New York, 1983.
31. J. D. Barrow & F. J. Tipler, *The Anthropic cosmological Principle*, Oxford University Press, Oxford, 1986의 9장 참조.
32. H. A. Dobson, "Paradoxes of Time", *Proverbs in Porcelain*, Kegan Paul, London, 1905.
33. M. R. Reinganum, "Is Time Travel Impossible?: A Financial Proof", *Journal of Portfolio Management* 13, 10~12(1986).
34. D. Adams, *The Restaurant at the End of the Universe*, Tor Books, London, 1980.
35. H. Hupfeld, As Time Goes By, song(1931).
36. L. Dwyer, "Time travel and changing the past", *Philosophical Stud.*, 27, 314~350(1975); "Time travel and some alleged logical asymmetries between past and future", *Can. J. of Phil.* 8, 15~38(1978); "How to affect, but not change, the past", *Southern. J. of Phil.* 15, 383~385(1977).
37. 미국의 철학자 멜러먼트는 할머니 역설 때문에 "시간 여행은 전혀 터무니없으며 논리적인 모순을 일으킨다"는 상식적인 주장에 대해 다음과 같이 논한다. "우리는 그 주장을 뒷받침하는 논증을 알고 있다. 만일 시간 여행이 가능하다면, 우리는 시간을 거슬러 올라가서 과거를 없애버릴 수 있을 것이다. 우리는 시공상의 어느 시점에서 조건 P와 -P가 모두 성립하도록 만들 수 있을 것이다. 예를 들어 나는 과거로 가서 아기인 나 자신을 죽여 그 아기가 성장하여 내가 될 수 없도록 만들 수 있을 것이다. 나는 이런 종류의 논증들이 내게 설득력을 발휘한 적이 없음을 밝혀둔다…… 이런 논증들의 문제점은, 의도한 결론에 이르지 못한다는 것이다. 물론 내가 과거로 돌아가 아기인 나 자신을 죽일 수 있다면, 모종의 모순이 발생할 것이다. 그러나 이로부터 얻어지는 유일한 결론은, 내가 과거로 돌아가 아기인 나 자신을 죽이려 한다면, 나는 모종의 이유 때문에 실패하리라는 것뿐이다. 일반적인 논증들은 시간 여행의 불가능성을 증명하지 못한다. 그것들이 증명하는 것은, 만일 시간 여행이 가능하다면, 특정한 행위들이 수행될 수 없다는 것뿐이다." (*Proc. Phil. Science Assocn.*, 2, 91, 1984) 일반적인 견해에 맞서 할머니 역설에도 불구하고 시간 여행이 합리적이라고 주장한 또 한 명의 저명한 철학자로 데이비드 루이스가 있다. 1976년에 그는 「시간 여행의 역설(The Paradoxes of Time Travel)」 (*Amer. Phil. Quarterly* 13, 145~152, 1976)이라는 논문에 다음과 같이 썼다. "시간 여

행은 가능하다. 시간 여행의 역설들은 특이하지만 불가능한 것들은 아니다. 그 역설들이 증명하는 것은 다만 거의 모든 사람이 의심하지 않는 다음과 같은 사실뿐이다. 시간 여행이 일어나는 가능한 세계는 매우 낯선 세계일 것이며 우리가 생각하는 우리의 세계와 근본적으로 다를 것이다."

38. F. Nietzsche, *Joyful Wisdom*, F. Ungar Publ. Co., 1964, pp. 271~271.
39. 2000년 정치적 경쟁자인 상원의원 존 맥케인을 처음으로 만난 자리에서.
40. 원숭이 떼가 아무렇게나 타자기를 두드렸는데 결국 셰익스피어의 작품이 타자되었다는 전설적인 이야기는 긴 세월 동안 차츰 생겨난 것으로 보인다. 조너선 스위프트가 1782년에 출판한 『걸리버 여행기』에는 라가도 그랜드 아카데미에서 일하는 신비로운 교수가 등장한다. 그 교수는 학생들로 하여금 인쇄 기계로 무작위한 문자열들을 계속 만들어내도록 함으로써 모든 과학 지식의 목록을 작성하려고 한다. 최초의 타자기는 1714년에 특허를 받았다. 18세기와 19세기에 여러 프랑스 수학자들은 아무렇게나 타자를 쳐서 위대한 책을 만드는 것을 극도로 개연성이 낮은 사건의 예로 들었다. 원숭이가 처음 등장한 것은 1909년이다. 그해에 프랑스 수학자 에밀 보렐은 무작위로 타자를 치는 원숭이들이 언젠가는 프랑스 국립도서관에 있는 모든 책을 만들어낼 것이라고 주장했다(Emile Borel, *Élements de la théorie des probablités*, Paris, 1909). 아서 에딩턴은 1928년에 출판한 유명한 저서 『물리적 세계의 본성(*The Nature of the Physical World*)』(Cambridge University Press, 1928)에서 이렇게 말했다. "만일 내가 타자기를 아무렇게나 두드린다면, 읽어낼 수 있는 문장이 만들어질 수도 있다. 만일 원숭이 떼가 여러 타자기를 두드린다면, 영국박물관에 있는 모든 책들이 만들어질 수도 있다."(p. 72) 여러 저자가 거듭 언급한 이 예는 결국 무작위한 행동에 의해 재창조될 수 있는 탁월한 후보로 '셰익스피어 전집'을 선택하기에 이르렀다. 흥미롭게도 과거에 어느 웹사이트에서 무작위한 타자 치기를 시뮬레이션하면서 '셰익스피어 전집'과 일치하는 문자열을 검색하여 공개한 적이 있다. 원숭이의 타자 치기를 흉내 낸 그 시뮬레이션은 2003년 7월 1일에 원숭이 100마리로 시작하여 며칠마다 원숭이 마릿수를 두 배로 늘리면서 최근까지 진행되었다. 원숭이들은 문자 2000자가 들어가는 페이지를 총 10^{35}장 만들어냈다.

그 결과 철자 19개(단어 3개)가 일치하는 문자열을 여러 개 만들어졌고, 현재까지 최장 일치 문자열은 철자 21개짜리다. 원숭이들의 작업을 보려면 http://user.tninet.se/~ecf599g/aardasnails/java/Monkey/webpaes를 참조하라. 이 사이트에 가면 최장 일치 문자열들을 볼 수 있다. 오늘 내가 보니 철자 18개로 이루어진 아래의 문자열이 게시되어 있다.

…… Theseus. Now faire UWfllaNWSK2d6L;wb ……

처음 19자(마지막 공백 포함)가 「한 여름밤의 꿈」에 나오는 다음과 같은 문자열과 일치한다.

Theseus. Now faire Hippolita, our nuptiall houre ……

아래와 같은 21자짜리 문자열도 있다.

……KING. Let fame, that wtlA' ' ' yh!' ' VYONOvwsFOsbhzkLH ……

처음 21자가 「사랑의 헛수고(*Love's Labour's Lost*)」에 나오는 다음 대목과 일치한다.

이 결과들이 시사하는 바는 이렇다. 원숭이 떼가 셰익스피어 전집을 만들어내는 것은 단지 시간 문제다!

찾아보기

ㄱ

가속 팽창 191~192, 243, 256, 304
가시적인 우주 41, 182~188, 190, 193,
　　208~209, 224, 242, 246~247, 251, 257
가우스, 카를 66, 117
갈릴레이, 갈릴레오 10, 15, 62, 87, 90~92,
　　101, 105, 160, 163
감속 팽창 191
강한 핵력 247
거품 186~188, 212~213, 246~247,
　　249~252, 254
고어, 헨리 234
고유 슈퍼태스크 296~298
고유시간 288, 296~298
고흐, 빈센트 반 13
곡률 135, 174~175, 177, 179~182, 189~190
골드바흐 추측 278~280, 298
골디락스 246
공집합 108
광년 48, 183~184, 198, 246
괴델, 쿠르트 132, 152~153, 278, 316,
　　322~323
　　~의 불완전성 정리 278

구트만, 발리 114
구트베를레트, 콘틴탄틴 122~123, 126
궤도운동 294
기하학 63, 107, 123, 134, 181, 298
긴스버그, 앨런 144
끈이론 13, 138~141

ㄴ

나이븐, 래리 325
　　~의 「시간 여행의 이론과 실제」 325
누네스, 페드로 174
뉴턴, 아이작 134~135, 174~177, 227,
　　285~287, 291~292, 294, 296, 312
뉴턴, 존 56
니체, 프리드리히 153, 204~205, 221~222,
　　335

ㄷ

다중우주 249, 257~258
대붕괴 14, 166, 174
대수학 115
데모크리토스 234
데우나무노, 미겔 21

데카르트 62~63, 177
도이치, 데이비드 323
도일, 아서 코난 133
동위원소 169
되튕김 140
되틀맞춤 137~138
드부엘르, 샤를 244
드위어, 래리 334
디리클레, 페터 114
디캔터 174~175, 189~190
딕스, 토머스 158~162

ㄹ

라이트, 크리스핀 269
라이트먼, 앨런 312~313
러셀, 버트런드 132, 215
레그런드, 미첼진 28
레인가넘, 마르크 330
렘니스케이트 25
로빈슨, 아브라함 132
론코니, 루카 5, 17, 71, 204
루이스, C. S. 229
루크레티우스 229
리만, 베른하르트 114, 183, 221, 257
리콕, 스티븐 78
리크머스톱, 알베르트 84
리튬 169
린데, 안드레 242

ㅁ

마이스너, 찰스 301
마이크로파 187

마푸즈, 나기브 87
만물의 이론 13, 238~240, 337
만유내재신론 64
매카이, 도널드 262
맥스웰, 제임스 클러크 252~253, 285
맥크리, 빌 194
맬러먼트 호가스 우주 299
맬러먼트, 데이비드 298
멜란히톤, 필리프 234
먹집합 108~110
모건, 프랭크 69
모케니고, 조반니 164
목적론 231
몽테뉴, 미셸 234
무게 16
무리수 103, 276~277
무신론 59, 231
무한 복제 역설 201, 204~205, 207~208, 212~213, 221, 233
무한 호텔 67, 70~73, 78~79, 108, 274
무한급수 97, 99, 270, 274, 281~282, 317
무한기계 267, 270, 277, 279, 283~285, 291, 294, 296
무한대 14, 60~61, 78, 97, 106, 140, 146, 208, 294, 299, 302~303, 311
무한성 31, 61~ 66, 123, 125, 150~151, 159, 195~196, 205, 232~234, 236
무한소 60~61
무한집합 15, 87, 92, 102, 105~106, 108, 116, 123, 125
물리법칙 186, 244, 248~249, 266, 326
물리적 무한 131~133, 135~136, 138~140,

142, 144, 146~149, 154
물질 구름 144
미탁레플러, 구스타 118~120
믹스마스터 301~303
밀도 14, 48, 135, 140~142, 146~147, 149, 165~170, 185, 188~189, 193, 197~199, 212, 220, 227, 243, 246~247, 322

ㅂ

바벨탑 30
바울 94
바이어슈트라스, 카를 114
바일, 헤르만 47, 270~272, 274, 284~285
바티칸 141
발리, 존 328
　~의 『밀레니엄』 328
배비지, 찰스 274
버그먼, 앨런 28
버턴, 데이비드 115
버틀러, 새뮤얼 315, 327
범신론 64
베르누이, 자코브 25
베르크만, 페터 142
베이컨, 프랜시스 127
보니파티우스 25
보렐, 에밀 185
보르헤스, 호르헤 루이스 93, 213~218
　~의 「끝없이 두 갈래로 갈라지는 길들이 있는 정원」 216
　~의 「바벨의 도서관」 213
　~의 『모래의 책』 217
보어, 닐스 193

복사 168, 182, 187, 191~192, 199, 256, 303~304
복사파 148, 166, 191, 198, 243, 299, 302
볼차노, 베른하르트 105~106
부분집합 64, 86, 92, 108~109, 297
부시, 조지 336
부정신학 151
분기 249~250
분수 102~106, 113
분자 103, 136, 167, 170, 191, 209, 252~253, 329
분할 13, 33~35, 51~53, 60~62, 227, 252, 272, 284, 294, 300
불확실성 58, 245, 262
브라마굽타 49
브라우버르, 라위천 132, 270
브라헤, 튀코 160
브런드릿, 제프 208
브레인 세계 187
브루노, 조르다노 162~64, 234~236
블랙홀 145~146, 148~149, 171, 246, 294, 298, 323
블레이크, 윌리엄 34
비유클리드 기하학 107, 123
빅뱅 14, 141~142, 300~303
빅크런치 14, 300, 302~303
빌렌킨, 알렉스 242

ㅅ

사건 지평 145
사고실험 252
사그레도 88~89

살비아티 88~89
상대성이론 285, 288, 291~292, 295, 297
상대속도 286
상수 61, 187, 192, 213, 224, 238~240, 242, 247~250, 254~255, 259, 262
세이건, 칼 277
　~의 『콘택트』 277
셰익스피어, 윌리엄 40, 127, 160, 163, 256, 300, 337
　~의 『뜻대로 하세요』 256
　~의 『햄릿』 161
소피스마 85
소행성 255
소형-우주 254
속성 26, 29, 54, 57, 150~153, 213, 230, 238~240, 242~243, 249, 255, 277, 280, 287, 292, 299, 303, 320
수소 168, 170, 198, 246
수열 51, 54, 63, 276~277, 280
수학적 무한 23, 25, 63, 108, 131~133, 142, 153~154
순열 215
슈퍼태스크 269~270, 272~274, 277~279, 283~284, 290~291, 295~298, 302
스콧, 저스틴 203
스퀘어 원 74
스테이플던, 올라프 252, 319
　~의 『스타 메이커』 319
스토아 학파 176
스트라이샌드, 바브라 318
스펜서, 허버트 206
스피노자 64

시뮬레이션 11, 172, 256~266
시뮬레이터 259~261, 264, 266, 269
시아, 제프 292~293
실무한 14
실수 연속체 104
실재 14, 24, 26, 42, 58, 65, 126, 136, 138, 140, 147, 177, 195, 289
실체 54
심플리치오 88
십진법 49
십진수 33, 276~277, 283

ㅇ
아기우주 255
아낙사고라스 50
아리스토텔레스 49~55, 61, 86, 129, 163, 176, 230~231, 234~236
아벨, 닐스 99, 281~282
아우구스티누스 29, 56, 206, 222, 233
　~의 『신국』 233
아인슈타인, 알베르트 16, 134, 140~143, 147, 165, 173~174, 177, 180, 185, 198, 270, 285~288, 290~291, 294, 298~299, 312, 322~323, 332, 336
아퀴나스, 토마스 132
아킬레우스 44
안셀무스 125~126, 151
알고리듬 37, 77
알레프 102, 104
알베르투스 마그누스 84
알베르투키우스 84
알베르트 84~87, 89, 101

~의 『소피스마타』 85
암흑물질 167~172, 178, 191
암흑에너지 168~192, 303~304
애덤스, 더글라스 330
　~의 『우주의 끝에 있는 식당』 330
애플시드, 조니 219~220
앨런, 우디 245, 310
야나체크, 레오시 315
약한 핵력 170, 247
양성자 148, 168~169, 171
양자역학 216, 252, 276, 303
양자이론 14, 148~149, 209
에너지 137~139, 145, 148, 165, 172,
　190~191, 199, 242, 248, 253, 256, 276,
　299, 303~304, 320~321, 323, 326, 329,
　332, 337
에너지보존법칙 304
에스허르, M. C. 173~174
에우데모스 207
에코, 움베르토 213
　~의 『장미의 이름』 214
에테르 164, 236
에피쿠로스 229~230, 234
에피쿠로스 학파 176
엔트로피 273, 289
엘리스, 조지 208
엘리엇, T. S. 289
　~의 『속이 빈 사람들』 289
엘피노 163~164
열역학 144, 211, 253, 273
영, 에드워드 197
영원회귀 210

예수 84, 206, 222~223, 233~234, 327
오렘, 니콜 95
오로보로스 25
올버스의 역설 195
와인드햄, 제레미 131
와일스, 앤드루 279
우나무노, 미겔 데 307, 314
우연 49, 58, 132, 186, 195, 204, 217, 231,
　239, 255, 257
우주배경복사 186, 212, 243, 244
우주적인 검열 146~148
운동 42~43, 60~61, 134~135, 138, 159,
　166~167, 174, 231, 236, 253, 270,
　286~289, 291, 293~296
울프람, 스티븐 261
원본 203
원뿔 238
원소 15, 102, 108~109, 169, 171, 198, 209,
　212, 215, 246, 249
원운동 54
원인 53~54, 96, 125, 168, 170, 224, 286,
　309
원자론 229~231, 233
원점 74
원주 58
월리스, 존 24~25
웜홀 323
웰스, 허버트 조지 321, 324
　~의 『타임머신』 321
위상수학 178~182, 193
윌리엄스, 버나드 315, 317
윌킨스, 존 234~235, 237

375

~의 『달에 있는 세계의 발견』 235
윌킨슨 마이크로파 비등방성 탐사(WMAP) 243, 245
유대교 66, 210
유사 슈퍼태스크 296, 297
유아론 266
유일신 29, 150
유전 암호 260
유클리드 기하학 107, 123
유한주의 116~117, 127, 133, 270
유한집합 102
음속폭음 135
이스터웨이, 롭 131
이슬람교 66
이신론 258
이중 무한 59~62
인플레이션 107, 185~188, 213, 242~250, 254
일대일대응 86, 91~92, 101~102, 106, 109, 284
일반상대성이론 298~299, 322~323
임계밀도 165~166, 178, 188~189
입자 14, 97, 137~139, 148, 168, 170~173, 209, 225, 227, 256, 291~294
입자가속기 288

ㅈ

자기언급 93
자연법칙 133, 136~137, 142~143, 146~147, 185, 227, 234, 238, 247, 251, 257, 259, 260~262
자연수 51, 60, 62, 90~91, 101~104, 108, 116, 126, 271
자유의지 40~41, 223, 252, 254
잠재적 무한 31, 45, 51~52, 60~63, 94, 117, 139, 232
장력 138, 140
장이론 142
재수축 166, 189
전자기력 192, 247
전지 23, 29, 152
절대자 125
절대적 무한 109, 123, 125~126, 131~132, 150~151, 154
정다각형 37, 39~40
정다면체 39~40
정상우주론 210, 212
정수 39, 75, 90, 103, 106, 108, 276, 284
정지길이 288
제곱수 88~91
제논 15, 42~44, 50, 55, 270, 272, 284, 300, 302
조화급수 95~97
조화수열 95
존재론적 신 증명 125, 153
중력 134, 141~142, 144, 145, 167~168, 170~172, 177, 180, 185, 190~192, 247, 291~294, 297~298, 303, 321~322
~이론 141, 165, 174, 291~292, 294
~장 145, 148, 167, 294
중성미자 170~172, 225
중성자 168~169
중수소 169~170
지구라트 30

지평 145~148, 183, 185, 187, 223, 229, 239, 247, 250~251, 298, 318
진공 61, 94, 137, 166, 191, 285, 287, 289
진리 13, 50, 58, 64, 110, 122~123
진화 24, 47~48, 144, 186, 198~199, 206~207, 212, 221, 224, 237~239, 252, 255, 257, 303, 323, 332
질량 135, 137, 144~146, 148, 165, 170~171, 175, 291~293, 337

ㅊ

차페크, 카렐 315
채프먼, 존 218~219
척력 168, 185, 303
천구 159~160, 163~164, 195
초소형 블랙홀 148
초월적인 무한 23, 150
초한 122, 132,
~수 125~126, 131~132

ㅋ

카드무스 94
카뮈, 알베르 106
칸딘스키, 바실리 31
~ 우주 250
칸토어, 게오르크 15, 100~103, 105~108, 110~111, 113~128, 131~133, 150, 153, 217, 284, 312
칸트, 이마누엘 64~66, 152, 221, 232
케이지, 존 79
~의 〈4분 33초〉 79
케플러, 요하네스 173

코발레프스카야, 소피아 114
코페르니쿠스, 니콜라우스 158~162, 196, 234~235, 251
쿠자누스, 니콜라우스 57, 64,~66, 213
쿰머, 에른스트 114
쿼크 225
크로네커, 레오폴트 114~120, 122, 124, 127~128, 133
크리스티, 애거사 113
클라크, 스티븐 7, 316
클라크, 아서 316

ㅌ

태양계 55, 158, 208, 231~232, 237, 257
테일러, 리처드 279
토러스 177~178
톰슨, 제임스 267, 272~275
~ 램프 274~276, 280, 285
튜링, 앨런 277
트리스트럼 샌디 93
특이점 14, 28, 134~135, 141~142, 146~147, 294, 298

ㅍ

파동 135~136, 182
파르메니데스 42
파스칼, 블레즈 30~31, 45, 58~62
~의 『팡세』 30
패턴 25~26, 35, 37, 39, 47, 133~134, 187, 251
팽창 48, 140~141, 165~166, 168~169, 172, 180, 183, 185~193, 198~199, 208,

210~212, 238, 242~243, 245~246,
248~249, 251~252, 254, 256, 294,
300~301, 303~304, 321~322
퍼식, 로버트 33
페르마의 마지막 정리 279
펜로즈, 로저 37~38, 143~144, 146
평행 거울 효과 94
포터, 콜 194
포퍼, 칼 262
푸앵카레, 앙리 115
프라카스토로 163
프랙털 37, 250
프톨레마이오스, 클라우디오스 161
플라톤 40, 51, 54, 126, 132, 233, 297
  ~ 입체 40
피타고라스 126, 207
피토프스키, 이타마르 297
필로테오 163~164

ㅎ

하모니아 94
하이젠베르크, 베르너 209
  ~의 불확정성 원리 209
할머니 역설 324~325, 333
항정선 173~174
해리슨, 에드워드 254~255
핵반응 168~171, 198, 246
핼리, 에드먼드 194~195, 197~199
  ~ 혜성 194
행성 47~48, 160, 162, 164, 168, 191, 196,
  198~199, 209~210, 222, 230~231,
  235~238, 252, 255, 292, 331

허치슨, 프랜시스 101
허펠드, 허먼 333
헤겔, 게오르크 64
헬륨 169~170, 198, 246
현실적 무한 9, 45, 47, 49, 51~53, 55, 57,
  59, 61, 63, 65~66, 85, 100, 117, 123, 131,
  133, 139, 270~271
혜성 194~195, 255
호가스, 마크 298
호킹, 스티븐 141, 143, 148, 325
화이트헤드, 앨프리드 노스 155
확률론 58
흄, 데이비드 263~264
힐베르트, 다비드 71~72, 132, 153, 270

숫자

10차원 240
3차원 39~40, 86, 134, 177, 180, 187~189,
  241

A~Z

M이론 239
MH 우주 299
WMAP 182, 243, 245

옮긴이 전대호
서울대학교 물리학과와 동 대학원 철학과에서 박사과정을 수료했다. 독일 쾰른 대학교에서 철학을 공부했다. 1993년 조선일보 신춘문예 시 부문에 당선되어 등단했으며, 현재는 과학 및 철학 분야의 전문번역가로 활동 중이다. 저서로는 『가끔 중세를 꿈꾼다』『성찰』 등이 있으며, 번역서로는 『로지코믹스』『위대한 설계』『스티븐 호킹의 청소년을 위한 시간의 역사』『기억을 찾아서』『생명이란 무엇인가』『수학의 언어』『산을 오른 조개껍질』『아인슈타인의 베일』『푸앵카레의 추측』『초월적 관념론 체계』 등이 있다.

무한으로 가는 안내서
가없고 끝없고 영원한 것들에 관한 짧은 기록

1판 1쇄	2011년 4월 21일
1판 2쇄	2011년 5월 26일
지은이	존 배로
옮긴이	전대호
펴낸이	김정순
책임편집	허영수 김자영
디자인	김진영 모희정
마케팅	한승일 임정진 박정우
펴낸곳	(주)북하우스 퍼블리셔스
출판등록	1997년 9월 23일 제406-2003-055호
주소	121-840 서울시 마포구 서교동 395-4 선진빌딩 6층
전자우편	henamu@hotmail.com
홈페이지	www.bookhouse.co.kr
전화번호	02-3144-3123
팩스	02-3144-3121

ISBN 978-89-5605-517-6 03400

이 도서의 국립중앙도서관 출판도서목록(CIP)은 e-CIP 홈페이지(http://www.nl.go.kr/cip.php)에서 이용하실 수 있습니다. (CIP제어번호: CIP2011001571)